TABLEAU

DE

LA GRÈCE EN 1825.

OUVRAGES NOUVEAUX.

LE MÉCANICIEN ANGLAIS, ou Description raisonnée de toutes les machines, mécaniques, découvertes, inventions et perfectionnemens, appliqués en Angleterre aux manufactures et aux arts industriels jusqu'à ce jour; par *Nicholson*, ingénieur civil; traduit de l'anglais sur la dernière édition (mai 1825), par ***, ingénieur. Quatre volumes in-8°, avec cent planches gravées de toutes les machines, mécaniques, etc. Prix, 40 fr.

BIBLIOTHÈQUE PORTATIVE, ou Galerie historique de tous les peuples anciens et modernes, par MM. Jouy, comte de Ségur, Villemain, de l'Académie française; Abel Remusat, Saint-Martin, de l'Institut; Mazure, Jay, Am. Jaubert, Ch. Nodier, baron de Stassart, L. Thiessé, Lallement, Chatelain, Bert, Rabbe, Depping, Marlès, etc. Cinquante-deux vol. in-32, avec cartes et grav., par P. Tardieu. Dédiée à la jeunesse et aux gens du monde. — La première livraison paraîtra le 31 mars 1826; elle comprendra l'Histoire de la Colombie, par M. Lallement; et l'Histoire des Juifs, par M. le comte de Ségur.

CHOIX DE RAPPORTS, OPINIONS ET DISCOURS, prononcés à la tribune nationale depuis 1789 jusqu'en 1815, recueillis dans un ordre chronologique et historique; seconde édition, revue, corrigée et augmentée de morceaux nouveaux. Vingt volumes in-8°, publiés par livraisons de deux vol. Il en paraît une chaque mois. La première est en vente. Prix de la livraison, 10 fr.

MÉMOIRES DU PRINCE DE MONTBARREY, ministre secrétaire-d'État au département de la guerre sous Louis XVI, grand d'Espagne de 1re classe, prince du Saint-Empire, grand préfet des dix villes impériales d'Alsace, etc., etc.: quatre volumes in-8°, avec un portrait de l'auteur et le *fac simile* de son écriture. L'ouvrage est publié en livraisons de deux volumes; la première paraîtra le 31 mars. Prix de la livraison, 14 fr.

DICTIONNAIRE DE SANTÉ, ou Traité de médecine et d'hygiène, contenant par ordre alphabétique le nom des maladies, la description des signes qui les font reconnaître, les moyens de les prévenir, le traitement qu'il convient de leur appliquer, d'après les doctrines les plus simples et les plus faciles à comprendre par les personnes étrangères à l'art de guérir; par M. Coster, docteur en médecine et en philosophie de l'université de Turin; un vol. in-8°. Prix, 7 fr.

ANDREA MIAOULIS.

TABLEAU

DE

LA GRÈCE EN 1825,

OU

RÉCIT DES VOYAGES

DE M. J. EMERSON ET DU Cᵗᵉ PECCHIO,

TRADUIT DE L'ANGLAIS,

Orné du Portrait de l'Amiral Miaoulis,

ET AUGMENTÉ D'UN PRÉCIS DES ÉVÉNEMENS QUI ONT EU LIEU DEPUIS
LE DÉPART DE CES VOYAGEURS JUSQU'A CE JOUR,

PAR JEAN COHEN,

ANCIEN CENSEUR ROYAL.

PARIS,

ALEXIS EYMERY, LIBRAIRE-ÉDITEUR,
RUE MAZARINE, N° 30.
ET A LA LIBRAIRIE FRANÇAISE,
RUE SAINTE-ANNE, N° 16.

1826.

PRÉFACE DU TRADUCTEUR.

Le vif intérêt qu'inspire généralement la cause des Grecs, luttant seuls depuis cinq ans contre les forces réunies de l'empire ottoman, fait rechercher avec avidité tous les ouvrages qui peuvent donner des notions claires, précises et récentes sur la situation de ce peuple et sur les événemens d'une guerre qui, par un privilége unique dans notre siècle, réunit en sa faveur les vœux des partis les plus opposés. Nous osons nous flatter d'après cela que le volume que nous présentons aujourd'hui au public sera lu avec plaisir : car on en chercherait vainement qui fît mieux connaître la véritable situation de la Grèce, et qui conduisît son histoire jusqu'à une époque plus rapprochée de celle où nous nous trouvons. Du reste, pour ne rien laisser à désirer à cet égard, nous avons ajouté à la fin de notre traduction le précis des nouvelles les plus authentiques qui sont parvenues de la Grèce depuis le départ de nos voyageurs. Nous allons maintenant prendre la liberté de soumettre à nos lecteurs quelques observations qui nous ont frappé en les traduisant.

Cet ouvrage se compose de deux relations distinctes des principaux événemens de la dernière campagne, relations données l'une et l'autre par des témoins oculaires, mais qui, étant placés dans des
positions différentes, ayant des intérêts différens, devaient par conséquent voir les mêmes circonstances
sous des aspects différens. Cette diversité même ne
pourra manquer, ce nous semble, de rendre ce double
récit d'autant plus digne de fixer l'attention du public.
Chacun des deux écrivains possède des qualités qui
lui sont propres et qui attachent à la lecture de son
ouvrage ; mais chacun aussi a quelques défauts contre
lesquels il est bon de se prémunir si l'on veut se
former une juste idée des événemens et de la situation
actuelle de la Grèce.

Le premier, M. James Emerson, est un Anglais
froid, raisonneur, attiré en Grèce par un pur sentiment philhellénique ; n'ayant aucun intérêt *personnel* à la réussite des Grecs, mais la désirant vivement,
et par l'intérêt général qui s'attache à leur cause, et
par celui que les Anglais en particulier prennent
aux peuples qui combattent pour la liberté. M. Emerson est d'ailleurs un homme instruit et parfaitement
versé dans la langue du pays. Il suit de là que ses
descriptions sont exactes, ses récits fidèles, ses ju-
gemens impartiaux tant sur les personnes que sur
les choses, lorsqu'elles ne regardent que l'intérieur
de la Grèce ; mais du moment où les autres états de
l'Europe, et surtout la France, s'y trouvent mêlés, il
redevient Anglais, et l'esprit national obscurcit parfois

son jugement. Il n'est question pour lors que de la *faction* française, des *intrigues* françaises, du renversement total de tous les projets de la France. Les Grecs n'espèrent que dans la nation de l'Europe la plus *puissante*, la plus *désintéressée*, dans *l'Angleterre*, tandis que, d'après le récit même de M. Emerson, on voit que le parti des Anglais en Grèce se borne aux îles, que le continent n'est que faiblement disposé pour eux; et comme il annonce que selon toutes les apparences les Hydriotes, les plus puissans de tous les insulaires, abandonneront leur rocher pour se fixer dans la Morée, leur position cessant pour lors de les attacher au parti anglais, on voit à quoi ce parti se réduira.

Le second récit que l'on trouvera dans ce volume est celui du comte Pecchio, réfugié piémontais. L'auteur, inspiré par une imagination italienne, écrit avec plus de feu et d'élégance que M. Emerson. Son style est rapide, et il a su répandre sur la relation de son voyage une teinte dramatique qui attache; ses fréquentes conversations avec les chefs grecs piquent la curiosité; mais comme il ignore la langue, et qu'il ne peut s'entretenir avec eux que par le moyen d'interprètes, on éprouve souvent le regret de les voir finir trop brusquement: cette même ignorance de la langue grecque est cause que les récits du comte Pecchio sont en général moins exacts que ceux du voyageur anglais. Il voit quelquefois trop superficiellement, et ajoute trop de foi aux choses qu'il n'a pas examinées lui-même. On dira peut-être encore que cédant aux opinions qui déjà l'ont forcé de quitter sa patrie, il est généralement porté à peindre en beau les hommes et les choses, et s'il censure, c'est plutôt avec humeur qu'avec le ton du regret. Aucun lecteur de bonne foi ne pourra méconnaître cette teinte répandue sur l'ouvrage du comte Pecchio.

Nous ne terminerons pas cette préface sans exprimer le vœu que la politique des souverains de l'Europe s'entende pour assurer le sort des Grecs : c'est, dit-on, le but de la mission de M. Stratford Canning. Puisse-t-elle être couronnée d'un heureux succès!

FIN DE LA PRÉFACE.

FIN DE LA TABLE DES MATIÈRES.

JOURNAL

DE

MON SÉJOUR PARMI LES GRECS,

DANS L'ANNÉE 1825.

CHAPITRE PREMIER.

VOYAGE DE MALTE A CLARENZA.

Le samedi 12 mars 1825, nous mîmes à la voile de Malte pour Corfou, dans le vaisseau de S. M. *la Biche*, capitaine lord John Spencer Churchill. Notre traversée fut courte, quoique le temps fût variable, ainsi que je l'avais toujours trouvé dans la mer Méditerranée, et sujet à des rafales soudaines et violentes. Après avoir doublé le promontoire de Leucate, que les marins appellent encore *le Saut de la Dame*, nous longeâmes la côte d'Albanie, tout près de Prévésa et de Parga, et le mercredi 16, dans la matinée, nous mouillâmes dans la baie de Corfou. Du lieu où nous nous trouvions, la vue était magnifique. Vers le levant, nous avions la chaîne des montagnes du Pinde et de l'Albanie, couvertes de brouillard et bordées de pourpre. Leurs pics arides s'élevaient bien loin au-dessus des vapeurs du matin, qui se développaient autour d'elles en légers tourbillons. Au couchant, les collines riches et boisées de Corcyre formaient un horizon délicieux, sur lequel se détachait, d'une manière pittoresque, la ville, avec sa citadelle imprenable, assise sur un double rocher suspendu au-dessus de la baie. Après avoir obtenu pratique, nous nous rendîmes à terre. Le quartier de la ville qui se présente d'abord à la vue est fait pour donner de l'île entière l'opinion la plus favorable : il offre une superbe esplanade, sur une partie de laquelle on a construit le beau palais élevé pendant la résidence du dernier gouverneur, sir Thomas Maitland ; à gauche sont les vastes rochers de la citadelle, ayant à leur pied l'ancien palais vénitien, qu'occupe aujourd'hui l'université ionienne. En face, il y a une belle pelouse, décorée d'une fontaine grecque, d'où l'on découvre une vue magnifique de l'Océan et des montagnes boisées qui formaient l'antique royaume d'Alcinoüs. Sur la droite, une rangée de bâtimens bien construits et une colonnade séparent ce quartier des rues étroites et des maisons basses et malsaines de l'ancienne ville. Celle-ci commence néanmoins elle-même à prendre un aspect plus agréable. Les principales rues ont été dépavées ; on y a percé des égouts, et on les a soigneusement repavées d'après le système de Mac-Adam, bien préférable à celui des Vénitiens, dont les travaux d'ailleurs se dégradaient partout. Les améliorations continuent, et dans peu de temps les Corfiotes auront un motif de plus pour bénir le séjour des Anglais parmi eux.

Peu d'objets méritent d'attirer l'attention du voyageur, si ce n'est la beauté naturelle du pays. A deux milles environ de la ville, on a découvert en dernier lieu un petit temple ; il est situé sur une éminence au bord de la mer, et, d'après sa position, il est probable qu'on l'avait dédié à Neptune. Il n'en reste aujourd'hui que quelques colonnes renversées et brisées, la chute du rocher au pied duquel il était construit en ayant, il y a quelque temps, enseveli la plus grande partie sous ses débris. La promenade qui y conduit de la ville est superbe. Une route récemment percée par les Anglais nous y mena à travers des bosquets de figuiers et d'oliviers, des champs bordés de géranium et d'acanthe, d'épaisses plantations de pêchers et d'orangers, qui nous abritaient contre l'ardeur du soleil, et qui remplissaient l'air de parfums suaves, mais portant un peu à la tête. Le chemin serpentait le long d'une colline très-boisée, où nous observions, à travers les cyprès et les aca-cias, des échappées de vue qui nous présentaient le lac magnifique à nos pieds, et les montagnes qui l'entouraient comme une bordure veloutée.

Corfou peut être regardé maintenant comme le siége de la littérature grecque, tant parce que son université tient la place de celle qui existait autrefois à Scio, qu'à cause du grand nombre de Grecs instruits qui résident dans l'île. A leur tête se trouve Psallidas (1) (Athanasios) que ses compatriotes considèrent comme le rival qui approche le plus du vénérable Coray. C'est un petit homme à la face ronde, à l'air jovial, et dont la largeur égale bien certainement la hauteur si elle ne la surpasse point. Ses traits, quoique bien dessinés, offrent plutôt l'expression d'un gour-mand que celle d'un homme de lettres. Il fut obligé de quitter Jannina, il y a quelques années, par la crainte que lui inspirait son patron Ali-Pacha, et il gagne maintenant sa vie à donner des leçons de grec littéraire et vulgaire dans une école à Corfou. J'allai le voir, et je trouvai sa con-versation spirituelle et animée ; la seule chose qui m'y déplut fut le mépris affecté avec lequel

----

(1) Voyez les notes du deuxième chant de *Childe Ha-rold* (A).

il parle du talent de Coray (1), mépris évidemment inspiré par l'envie pour une réputation justement acquise.

Une des premières choses que nous cherchâmes à connaître fut l'état de l'université grecque, et à cet effet nous ne perdîmes pas de temps pour aller voir le chancelier lord Guilford. Après avoir parcouru les longs et difficiles détours qu'offraient les obscurs passages de l'ancien palais, qu'habite sa seigneurie, nous fûmes enfin introduits dans une chambre antique, autour des murs de laquelle règnent des rayons remplis d'une précieuse collection de manuscrits orientaux et autres. Là, assis devant une table couverte de papiers, et à côté du beau feu de bois, nous trouvâmes lord Guilford vêtu comme on nous dépeint Socrate ; son manteau était attaché sur ses épaules avec une agrafe d'or, et ses cheveux étaient relevés dans un filet dont la broderie représentait l'olivier et le hibou d'Athènes.

C'est aux efforts non interrompus de sa seigneurie que l'institution actuelle doit son existence ; et même en ce moment elle ne subsiste pour la plus grande partie que par ses dons, le gouvernement ionien ne lui accordant que de très-faibles secours en argent. La bibliothèque, qui se compose

---

(1) Voyez les notes de *Childe Harold* (A).

d'environ quatre mille volumes, est due presque
tout entière aux libéralités de ce lord, et le don
le plus précieux qu'il ait fait à l'université est peut-
être celui du temps et des soins qu'il y consacre.

L'université est fondée sur les principes les
plus libéraux, car les dépenses nécessaires de
chaque étudiant ne sont qu'une bagatelle. Son
ouverture a eu lieu le 13 novembre 1824. Il y a
quatre facultés, celles de théologie, de droit,
de médecine, et de philosophie. Les professeurs
sont, ou devraient être, d'après les règlemens,
tous Grecs. Il y en a cependant deux Anglais :
celui de droit, M. Belfour, et celui de belles-
lettres, M. Lusignan. Les autres qui professent,
savoir, Thoclitus Pharmachidi la théologie,
Epaminondas la musique, Prossaleudi la sculpture, Caraudino, Asopio, Piccolo et Giovanni,
les différentes branches d'humanités, de sciences, etc., sont en effet des Grecs, soit des îles, soit
du continent voisin, soit de Smyrne.

Le costume des professeurs est celui des anciens philosophes grecs, et ne diffère de celui
du chancelier que par la couleur. Celui des étudians est également coupé d'après l'antique. Le
dessin en a été imaginé par le signor Prossaleudi; il est à la fois pittoresque et classique.

Ce dernier n'est porté que par les étudians ou
par ceux qui sont admis au degré de philologues :

les élèves plus jeunes, et qui ne fréquentent encore que les écoles de grammaire, gardent leur costume habituel.

J'ajoute avec plaisir que le succès de cette institution répond déjà pleinement aux espérances de son patron. Les classes inférieures sont extrêmement suivies, et le nombre des philologues passe déjà deux cents. La plus grande partie vient du continent de la Grèce ou de Corfou même, les autres îles n'en fournissant qu'un petit nombre. Les progrès de l'université sont un aiguillon pour les travaux littéraires. Plusieurs ouvrages en langue romaïque ont déjà été publiés à l'usage des différentes écoles. Quand nous allâmes voir M. Piccolo, professeur d'éloquence et de philosophie morale, nous le trouvâmes occupé à traduire pour sa classe un des Essais du docteur Brown, et il venait de publier peu de jours auparavant la *Recherche de la Vérité* de Descartes, en grec moderne.

Le nombre des étudians augmente tous les jours, et je ne doute pas que dans peu d'années cette institution vraiment patriotique ne contribue puissamment à répandre l'instruction dans ce pays aujourd'hui si peu civilisé, et à faire connaître aux Grecs le véritable prix de cette liberté pour laquelle ils soutiennent une si noble lutte.

Le 21 mars, après une navigation délicieuse de deux jours le long des côtes d'Albanie, de Sainte-Maure et de Céphalonie, nous mouillâmes le soir à la rade de Zante. Cette île est magnifique, surtout la partie qui fait face à l'Elide. Les montagnes, quoique escarpées et d'un accès difficile, sont couvertes de forêts superbes, qui, jointes à ses coteaux verdoyans et à ses bosquets d'oliviers, la rendent bien digne de conserver son ancien nom de *Nemorosa Zacynthus*.

Le lendemain de grand matin, nous allâmes à terre, et rien nous retenant dans l'île, nous résolûmes de passer en Morée le jour même. Nous arrêtâmes donc notre passage à bord d'un petit vaisseau qui devait partir le soir.

La ville de Zante, qui renferme 16,000 habitans, est bâtie au pied d'une rangée de collines en demi-cercle, qui forment le port. Les maisons, qui sont toutes blanchies, lui donnent un air gai et animé. Les montagnes derrière la ville sont formées d'une espèce de craie blanche ; et dans tous les lieux qui n'offrent pas des précipices ou des ravins creusés par les torrens, on voit croître en abondance des oliviers et des vignes. Au-delà de ces montagnes se trouve la célèbre vallée de Zacynthe, que je ne puis comparer, pour la beauté et l'étendue, qu'au Val d'Arno. Elle est richement plantée, parfaitement cultivée, couverte de maisons de campagne élégantes, entourée de montagnes pittoresques, et domine sur la mer d'Ionie, d'où la vue s'étend jusqu'aux montagnes éloignées de la Romélie ; de sorte que, réunissant tous les avantages de la situation et de la perspective, cette vallée mérite sans contredit tous les éloges qui lui ont été prodigués.

Les produits de Zante sont extrêmement abondans : on trouve dans l'île deux espèces d'oliviers et quarante espèces différentes de raisin. L'exportation d'une de celles-ci, connue sous le nom de raisin de Corinthe, se monte année commune à 52,000 livres sterl. (1,300,000 fr.). Tous les fruits de cette île sont délicieux ; elle produit des melons , des pêches et des abricots en abondance. Il n'y a que le blé qu'elle est obligée, du moins pour la plus grande partie, de recevoir du dehors. La population , qui se compose de quarante mille âmes, passe pour être la plus immorale de toute la république ionienne , et les nombreux gibets qui défigurent les collines en offrent une preuve triste et malheureusement incontestable. Il y a deux ans que tous les habitans furent désarmés par l'ordre du gouvernement ionien , et depuis ce moment la plus parfaite tranquillité a régné dans l'île.

On fait ici les mêmes améliorations qu'à Corfou, et l'admirable propreté des rues ainsi que
la magnificence des routes attestent la présence
et les efforts des Anglais. On ne peut contem-
pler qu'avec un vif sentiment de joie les progrès étonnans qu'un petit nombre d'années ont
fait faire à ces îles, progrès que l'on distingue
d'autant mieux que plusieurs traces de l'ancienne barbarie y subsistent encore. Il n'y a pas
dix ans qu'elles gémissaient dans l'anarchie, le
sang et la misère; aujourd'hui, le commerce
fleurit, ses intérêts sont protégés, la vie et
les propriétés des habitans sont en sûreté, tandis que les édifices publics qui s'élèvent, les
routes que l'on perce, l'amélioration des revenus, la répression des séditions populaires,
et la satisfaction que le peuple témoigne si hautement, rendent ces îles des objets d'envie et
d'admiration, et inspirent à leurs habitans une
reconnaissance sans bornes envers la Grande-
Bretagne.

Le 23 mars. — Hier à une heure assez avancée
nous nous embarquâmes dans un petit traboc-
colo, portant pavillon épiscopal, et ce matin à
huit heures nous prîmes terre au petit hameau de
Clarenza, situé sur l'emplacement de l'ancienne
Cyllène. C'était autrefois une ville assez considérable, ainsi que l'attestent les ruines qu'elle ren-

ferme, parmi lesquelles se trouvent celles de quelques églises construites sous le Bas-Empire. On n'y trouve plus aujourd'hui que cinq ou six mauvaises cabanes, et ce lieu ne doit son existence qu'à la commodité qu'il offre pour le débarquement aux petits bâtimens qui viennent de Zante, et qui entretiennent avec cette île un commerce peu important (1).

---

(1) On prétend que c'est à ce village que les ducs de Clarence, en Angleterre, doivent le titre qu'ils portent. Gouverné autrefois par des ducs, un d'eux s'allia avec la maison de Hainaut dans laquelle le roi Édouard III prit lui-même son épouse Philippine (A). On sait que Baudouin, comte de Hainaut, devint empereur d'Orient. Un de ses descendans, proche parent de la reine Philippine d'Angleterre, porta le titre de prince de Morée. C'est peut-être là ce que l'auteur veut dire (T).

CHAPITRE II.

SITUATION DE LA GRÈCE AU COMMENCEMENT DE 1825.

ARRIVÉ maintenant en Grèce, je vais, avant de passer au récit des événemens dont j'y fus témoin, esquisser rapidement la situation des affaires au moment où j'y débarquai.

Depuis le commencement de la révolution grecque, aucune campagne ne s'était ouverte sous des auspices aussi brillans ou dans des circonstances aussi favorables que la présente. Aucune, cependant, ne s'est terminée d'une manière en apparence aussi funeste, et n'a moins avancé la cause de la liberté. Indépendamment des causes particulières au caractère des Grecs, ce malheur doit, sans contredit, s'attribuer en grande partie à l'énergie et à l'activité peu communes que les ennemis ont déployées dans leurs mouvemens. En Morée, les Grecs n'eurent plus à combattre ces adversaires si souvent vaincus, les Turcs. Ils se trouvèrent en face d'un ennemi presque civilisé, des Égyptiens, dont les forces, à peu près égales aux leurs en nombre, les surpassaient de beaucoup en talent, et avaient par conséquent sur eux tout l'avantage que la discipline donne aux soldats de ligne sur des guerriers qui combattent sans ordre. Ces ennemis furent conduits par des généraux expérimentés, et qui possédaient en outre une parfaite connaissance des localités et du caractère national. Les commandans grecs ne sont que les chefs de paysans belliqueux, n'ayant d'autre talent et d'autre expérience que ceux que donne l'habitude d'une guerre irrégulière ; mais, pour les dédommager de ce qui pouvait leur manquer du côté des connaissances pratiques, ils avaient l'avantage d'être arrivés au point de n'avoir plus à réduire que quelques forteresses isolées, dont la conquête n'exigeait pas des plans de campagne raisonnés, et à l'égard desquels le défaut d'expérience aurait pu les induire dans de funestes erreurs.

Le manque de soldats disciplinés était un désavantage réel et grave pour les Grecs. Parvenus à la dernière période de la guerre sans avoir eu de troupes réglées et sans en avoir rencontré chez leurs ennemis, ils ignoraient complètement leur importance, et s'imaginaient qu'ils pourraient porter les coups décisifs à l'aide des kleftis et des guérillas, dont ils s'étaient servis jusqu'alors ; mais le bas peuple partageait seul cette idée. Le gouvernement voyait d'ailleurs que dans le cas même où ils parviendraient à s'affranchir, un corps si considérable de troupes indisciplinées, après avoir passé tant d'années dans l'oisiveté, auraient bien de la peine à retourner à des habitudes et à des travaux paisibles, et deviendraient une cause toujours renaissante de confusion, si aucun frein ne les retenait. On proposa en conséquence la formation d'une garde nationale. L'idée fut avidement saisie par le gouvernement, et l'on essaya même de la mettre à exécution ; mais les ignorans, toujours orgueilleux, la traitèrent avec tant de dédain, et y mirent une si forte opposition, que ce ne fut qu'avec beaucoup de peine que l'on parvint à réunir en un corps qui eût quelque apparence de régularité, un petit nombre d'hommes que leurs concitoyens tournèrent en ridicule au lieu de les imiter. Une autre cause mit aussi de grands obstacles à la réussite de ce projet. A cette époque, toute la force de la nation, et à vrai dire sa sûreté, résidait dans les *capitani* ou *kleftis*, qui, soutenus chacun de sa clientelle, n'étaient que trop convaincus de leur importance. Ceux-ci voyaient clairement que l'organisation de troupes régulières qui se trouveraient sous la direction immédiate du gouvernement, non-seulement diminuerait cette importance, mais servirait encore à les tenir en bride. Ils mirent donc tout en usage, tant en public qu'en particulier, pour décrier et faire échouer la mesure, et le gouvernement fut trop faible pour emporter de haute lutte un point si directement opposé aux vœux et aux intérêts de toute la force armée de la nation. On fut par conséquent obligé de mettre une prudence extrême dans l'exécution de ce projet, et à l'ouverture de la campagne on n'avait encore enrôlé que cinq cents hommes, nombre qui suffisait à peine pour former la garnison de la capitale.

Ce fut donc avec des troupes entièrement indisciplinées que les Grecs demeurèrent exposés à l'attaque d'un ennemi puissant et bien organisé; et le résultat de cette position fut, ainsi qu'on devait le prévoir, extrêmement désastreux. On pourrait à peine citer une occasion dans laquelle ils aient montré leur ancienne fermeté; presque toujours ils ont fui devant les baïonnettes égyptiennes ; cédant ainsi à leurs nouveaux ennemis, ou plutôt aux nouvelles armes employées contre eux. Chez un peuple léger comme les Grecs, les malheurs et les succès produisent tour à tour l'excès du découragement et celui de la confiance. Ici, les revers s'étant succédé sans relâche, ils parurent enfin succomber sous leurs défaites réitérées, et at-

tendre dans l'apathie et le découragement la
crise de leurs affaires. Mais j'anticipe peut-être sur
les événemens; je vais donc jeter un coup d'œil
rapide sur ceux qui précédèrent mon arrivée, et
je me hâterai ensuite d'arriver à ceux dont je
fus le témoin.

Les Grecs avaient passé l'hiver dans une inaction qui eut pour eux les suites les plus désas-
treuses. Le grand inconvénient qui n'a cessé de
paralyser tous leurs efforts est le défaut total
d'union entre leurs chefs : chacun d'eux semblait avoir un intérêt particulier, indépendant
de la cause commune, et cet intérêt, que les uns
trouvaient dans la popularité et les autres dans
une augmentation de pouvoir, a toujours prévalu
sur l'intérêt général, devenant de cette manière
une cause perpétuelle de dissensions et de querelles. Ces différends avaient été portés cet hiver
à un degré alarmant : il serait inutile de détailler
ici toutes les petites causes de jalousie qui peuvent exister parmi des barbares; il suffira d'observer qu'elles étaient telles et en si grand nombre, qu'elles donnèrent lieu à une très-vive
irritation dans l'esprit des Moréotes; la première
source en a peut-être été la préférence témoi-
gnée par le gouvernement aux habitans de la
Romélie. Le caractère des peuples de la Morée
se distingue, à la vérité, de celui de leurs voi-

sins septentrionaux par des traits qui disposent involontairement en faveur de ces derniers. Le cœur d'un Moréote renferme une bassesse et un penchant à la trahison et à l'avarice que ne connut jamais le sauvage, franc, mais féroce Roméliote : aussi le gouvernement donna-t-il à ceux-ci plusieurs marques de préférence qui irritèrent leurs rivaux. Les chefs moréotes étaient en outre mécontens de ce qu'ils ne partageaient point la puissance croissante du gouvernement. Leur conduite fit naître des soupçons qui donnèrent lieu à de fréquentes querelles ; et les deux partis montrant l'un et l'autre un esprit fort peu conciliant, il en résulta une insurrection des Moréotes contre le gouvernement. A la tête de ce mouvement se trouvaient Colocotroni et ses fils , dont le caractère remuant causait depuis long-temps de sérieuses alarmes au gouvernement, Niketas, Démétrius et Nicolas Deliyanni, le général Sessini, Andrea Zaimi, Andrea Londos, Giovanni et Panagiota Notapopoulo. Le gouvernement appela sur-le-champ les Roméliotes à son secours, et le commandement de ses troupes fut confié à deux d'entre eux, les généraux Izonga et Goura, soutenus par les conseils et la présence de Jean Coletti, membre du corps exécutif. Les Moréotes soutinrent pendant quelque temps la guerre civile avec beaucoup d'ardeur, et essayèrent même de se rendre maîtres de Napoli de Romanie; mais au bout de quelque temps et au prix d'un peu de sang, les insurgés furent dispersés, et vers le commencement de décembre on pouvait regarder la révolte comme apaisée. Cependant les déplorables effets de cette explosion d'anarchie populaire continuèrent à se faire sentir jusqu'à une époque assez avancée de l'année suivante; mais ce qu'elle eut de plus funeste, ce fut d'empêcher la réduction de la forteresse de Patras, dont le gouvernement aurait pu s'emparer durant l'hiver. Ce retard fut cause que le blocus ne recommença que vers le milieu de janvier; alors un petit nombre de vaisseaux remontèrent le golfe de Corinthe, et le reformèrent, avec le secours de quelques troupes de terre (1), tandis qu'on s'occupait de poursuivre avec vigueur les chefs de l'insurrection qui s'étaient réfugiés dans différens châteaux-forts de la Morée. Le gouvernement, sortant par degrés de la confusion où il avait été, se prépara à pousser ce blocus d'une manière convenable.

Cependant la Porte passait les mois de l'hiver

____

(1) Quoique ce blocus fût publié, ce n'en est pas moin un trait honorable de la part du gouvernement ionien d l'avoir sur-le-champ reconnu par un décret du sénat (A)

d'une façon bien différente : convaincue des
services importans que les Albanais pourraient
rendre pour la conquête de la Grèce occidentale,
elle crut devoir nommer au commandement de
ce district une personne douée d'une grande
influence sur les soldats. En conséquence Omer-
Pacha fut envoyé à Salonique, et le Roumeli
Valisi, que l'on regardait comme la personne la
plus capable de remplir les vues de la Porte, fut
appelé de Larissa, et nommé au pachalick de Janina et de Delvinatzi, auquel le sultan promit
d'ajouter la Romélie, Missolonghi et Anatolica,
dans le cas où il parviendrait à les soumettre.
Il était muni de pouvoirs et de moyens suffi-
sans pour lever toutes les troupes qui lui seraient nécessaires. Il commença sur-le-champ à
recruter son armée à Larissa, d'où il se disposa
à passer dans son nouveau pachalick, et, après y
avoir également augmenté ses forces, de descendre à Missolonghi, en continuant à recruter
sur la route, à Prévésa et à Arta.

Du côté des Egyptiens, les préparatifs se faisaient avec la même énergie. On dit que le sultan
avait promis à Mechmet-Ali d'ajouter la Morée
aux provinces qu'il gouvernait, s'il était assez
heureux pour la réduire. Il est difficile de savoir
si la Porte aurait en effet assez d'imprudence pour
céder une position si importante à son dangereux

voisin, le vice-roi d'Egypte; mais il est certain que durant cette campagne, le pacha a borné son intervention à la Morée seule, et que ses efforts pleins de vigueur ont été couronnés d'un succès sans exemple dans les annales modernes des peuples de l'Orient.

Sa flotte, qui avait hiverné dans le port de Sude, en Candie, mit à la voile le 23 décembre, sous le commandement de son beau-fils Ibrahim-Pacha, pour Rhodes, où elle arriva le 1er janvier 1825. Cinq mille soldats disciplinés l'y attendaient. Il devait retourner avec eux à Candie, et, après y avoir complété son armement, se mettre sur-le-champ en route pour la Morée. Pendant ce temps des navires se chargeaient à Constantinople de provisions pour les garnisons de Rhodes et de Patras.

Les affaires des Grecs étaient encore dans une situation favorable au commencement de février; les dernières étincelles de la rébellion étaient éteintes; un petit nombre de chefs nommés ἄνταρτοῖ avaient quitté la Morée pour se retirer à Kalamos, île que le gouvernement ionien avait indiquée pour servir d'asile aux Grecs réfugiés; le reste s'était soumis au gouvernement. Le même vaisseau qui ramena Conduriotti d'Hydra, pour reprendre ses fonctions à Napoli de Romanie, y retourna avec les chefs de la rébellion, le gouvernement ayant résolu de les reléguer dans cette île, comme étant plus éloignée du théâtre de la guerre, et devant par conséquent leur offrir moins d'occasions d'exciter de nouveaux troubles. En conséquence, le 17 décembre, Colocotroni et ses compagnons s'embarquèrent à bord de l'Enuo, et arrivèrent peu de jours après au lieu de leur destination, qui était le couvent de Saint-Nicolas, situé sur le sommet escarpé d'une des montagnes les plus sauvages de l'île d'Hydra.

Le blocus de Patras se poursuivait avec vigueur. On donnait chaque jour de nouveaux ordres pour lever des troupes et faire venir des vaisseaux d'Hydra. La présidence du gouvernement et la direction suprême des forces de terre et de mer furent conférées à Conduriotti.

Jamais, depuis le commencement de la guerre, les affaires des Grecs ne s'étaient présentées sous un aspect aussi brillant. Les libérateurs étaient en pleine possession de la Morée, à l'exception de Patras et des forteresses peu importantes de Coron et de Modon. Presque toute la Grèce occidentale se trouvait au pouvoir du gouvernement. Le pays venait d'être délivré d'une rébellion qui avait fait connaître les principes de trois chefs mal disposés, et avait mis le gouvernement dans le cas de les éloigner de ses conseils et de ses mesures; une quatrième portion de l'emprunt était arrivée , et l'on en attendait une cinquième; un second emprunt venait de s'effectuer en Angleterre, de sorte que les caisses du gouvernement étaient amplement fournies de tous les moyens nécessaires pour entreprendre une longue campagne. Trente vaisseaux formaient l'escadre qui bloquait Patras, et étaient soutenus par un corps considérable de troupes de terre. La garnison de la place était déjà fort embarrassée pour des provisions, circonstance que l'on avait découverte par des lettres arrivées à Zante, de personnes renfermées dans la ville , et l'on s'attendait d'un jour à l'autre à la voir capituler. De fréquentes communications avaient lieu entre Missolonghi et Larissa ; et dès qu'on eut appris l'activité que le Roumeli Valisi mettait dans ses mouvemens, on résolut de hâter les préparatifs de défense. A cet effet, Nota Bozzaris partit avec les généraux Suka et Milios , et un corps de troupes suffisant pour occuper les défilés de Makrinovo, l'ancien Olympe, par lesquels il fallait que l'ennemi passât. Ainsi disposés sur tous les points, les soldats montraient le plus haut enthousiasme, et tout semblait annoncer que la Grèce n'avait plus qu'un pas à faire pour vaincre ses barbares ennemis , délivrer le Péloponnèse et achever le grand œuvre de la liberté.

Ce fut pourtant à la fin de ce même mois que le premier événement désastreux arriva. Une foule de lettres de Crète avaient informé le gouvernement du retour d'Ibrahïm-Pacha, de Rhodes, et de la vigueur avec laquelle il s'appliquait à terminer ses préparatifs. Les regards se portèrent pour lors avec un redoublement d'intérêt sur le blocus de Patras, tant parce que l'on espérait à chaque instant apprendre que la place s'était rendue, que parce que le seul moyen d'arrêter les progrès des Égyptiens était de retirer l'escadre qui croisait devant cette forteresse. Cette mesure était avec raison considérée comme une résolution extrême, et à laquelle il ne fallait avoir recours qu'au dernier moment. Des avis arrivèrent enfin de Candie, annonçant que la flotte ennemie était sur le point de mettre à la voile. Tout retard devenait alors impossible ; et au moment où la garnison de Patras allait se rendre, l'escadre abandonna le blocus : pour comble de malheur, elle partit trop tard. Le défaut de communications dans l'intérieur de la Morée était si grand, que le départ de l'escadre de Patras eut lieu à peu près le même jour (24 février) où la flotte égyptienne, composée de quatre corvettes et de plusieurs bricks et bâtimens de transport, formant en tout trente voiles, mouilla devant Modon, et débarqua six mille hommes tant d'infanterie que de cavalerie bien disciplinés, et commandés par des officiers dont la plupart étaient Européens.

Les troupes campèrent sur-le-champ autour de Modon, tandis que les vaisseaux repartirent immédiatement pour Sude et Candie. Quelques jours après, Ibrahim-Pacha, à la tête de huit cents hommes, s'avança jusqu'au sommet des montagnes qui s'élèvent derrière Navarin. Les habitans, frappés de terreur, coururent aux armes, tandis que sept cents Roméliotes, sous les ordres du général Ciabella, se jetèrent dans la forteresse. Cependant, le but du pacha parut n'avoir été que d'examiner la situation de la place ; il demeura tranquillement dans sa position pendant quelques heures ; après quoi il rentra dans son camp ; il était dès-lors évident que Navarin et ses environs allaient devenir le premier théâtre de la guerre. L'attaque contre Patras fut en conséquence totalement abandonnée, et les troupes reçurent l'ordre de se porter vers le midi.

Les deux partis restèrent néanmoins tranquilles jusqu'au 20 mars, quand Ibrahim-Pacha, ayant reçu de Candie de nouveaux renforts, que ses vaisseaux, après avoir évité la rencontre de l'escadre grecque, lui avaient amenés, et se trouvant à la tête de quatorze mille hommes, vint placer son camp devant Navarin.

La prise de cette ville était un objet important pour les Turcs, tant à cause de sa position que parce que son port est sinon le meilleur, du moins un des mieux défendus de la Morée. Ce port, qui est très-vaste, est protégé à son entrée par l'île de Sphactérie, et cette entrée est si étroite, que celui qui est maître de l'île peut empêcher qu'aucun bâtiment n'entre dans la ville ou n'en sorte.

La situation de Navarin s'accorde parfaitement avec la description que Thucydide fait de celle de Pylos, et les restes d'antiquités qui se trouvent dans les environs ne permettent pas de douter de l'identité de ces deux lieux. Il y a plus : un village à un demi-mille de la ville, et qui est bâti précisément au pied du rocher sur lequel est placée la forteresse du vieux Navarin, porte encore le nom de Pylos. Le nouveau Navarin, appelé par les Grecs Neo-Castro, renfermait autrefois six cents Turcs et cent trente Grecs : les premiers, remarquables par leur conduite infâme ; les seconds, comme tous les Messéniens, par leur paresse et leurs mœurs efféminées. Il n'a plus maintenant que deux cents habitans et une faible garnison, étant tombé dans les mains des Grecs dès les premiers temps de la révolution. Les ouvrages ont été, ainsi que ceux de toutes les places de la Morée, construits par les Vénitiens, et sans être extrêmement forts, ils se trouvaient dans un assez bon état de défense. Dans ce moment, les Grecs ne négligèrent aucune mesure de précaution ; une garnison de deux mille hommes, commandés principalement par Hadji-Christo, Joannes Mavromichales, fils de Petro, bey de Maina, fut jetée dans la place ; un petit corps d'artilleurs, composé de cinquante à soixante hommes, y fut envoyé en toute hâte de Napoli, et le commandement de la forteresse fut confié au major Collegno, qui ne perdit pas de temps pour se rendre à son poste. De tous les points de la Morée on envoyait des provisions, afin de mettre la place en état de soutenir un long siége. Des corps considérables de Roméliotes, sous le commandement de leurs généraux respectifs Giavella, Karatasso, Constantin Bozzaris, frère du héros Marco, et Karaiscaki, prirent position sur les derrières de l'ennemi. Conduriotti et le prince Mavrocordato se préparèrent à partir de Napoli avec des troupes fraîches, de sorte que, malgré l'aspect menaçant qu'offraient les affaires, on espérait vivement, vu le bon esprit dont les soldats étaient animés, que la forteresse, bien pourvue de toutes choses, résisterait aux assauts les plus vigoureux.

Sur ces entrefaites, le Roumeli-Valisi s'avançait dans son pachalick avec une énergie sans exemple. Le 10 mars, il était déjà arrivé de Larissa à Janina; et le 20, il se trouvait avec quinze mille hommes à Arta, d'où l'on s'attendait, de moment en moment, à le voir partir pour Makrinovo ; mais comme on avait la plus grande confiance dans les troupes que l'on avait chargées d'occuper les défilés , on n'éprouvait à Missolonghi aucune inquiétude pressante.

Dans la Grèce occidentale, les affaires prenaient une tournure moins favorable. Ulysse, ce puissant chef livadien, s'était laissé persuader par quelques motifs extraordinaires, à se détacher du gouvernement , et semblait même favoriser les ennemis de son pays. Les circonstances particulières de cette affaire, et les raisons qu'il eut pour agir ainsi ne furent jamais bien comprises ni généralement connues ; mais il n'y a pas de doute qu'il n'ait été principalement poussé par l'intérêt personnel et par l'ambition. On croira difficilement pendant combien de temps ce rusé capitaine sut conserver toutes les apparences du plus ardent patriotisme ; mais il ne trouva de dupes que parmi ceux qui ne connaissaient ni son pays ni sa personne. Tous ceux qui vivaient sous ses ordres savaient jusqu'à quel point il était égoïste, mercenaire, rapace et cruel. Ses immenses ressources le rendaient d'un côté suspect au gouvernement, et de l'autre excitaient dans son âme une ambition qui, à ce que l'on prétend, ne tendait à rien moins qu'à lui assurer la souveraineté de la Grèce. Il voyait d'après cela, d'un œil jaloux, croître la puissance et la popularité du gouvernement, dont tous les membres, et surtout Mavrocordato, s'accordaient fort mal avec lui. Il venait depuis peu de s'établir dans une caverne du mont Parnasse, qu'il avait, dit-on, découverte lui-même, et dans laquelle il s'était fortifié. Pour y arriver, il fallait gravir un rocher perpendiculaire de cent pieds de haut, ce qui se faisait au moyen de trois échelles, que l'on retirait à mesure après les avoir montées. On se trouvait pour lors sur une petite plateforme, d'où l'on descendait à la caverne par de nombreux passages tournans, qui la mettaient tout-à-fait à l'abri des bombes. La caverne pouvait contenir commodément deux mille personnes, et renfermait une source d'eau douce qui ne tarissait jamais. Ulysse avait placé en cet endroit quelques pièces de canon, des fusils et des munitions de guerre et de bouche suffisantes pour soutenir un siége de dix ans, et s'y était caché avec ses trésors, sa famille, et un

Anglais, M. Trelawney, qui s'était attaché à sa fortune et avait épousé sa sœur.

De légères causes de dissensions ne manquèrent pas pour élargir la brèche, et le séparer de plus en plus du gouvernement, jusqu'à ce qu'enfin il se décida à retirer ses forces de l'armée des Grecs, à s'éloigner de leurs conseils, et à borner en apparence son attention à sa province et ses possessions particulières en Livadie.

Le pacha de Négrepont était un de ses plus anciens amis. Il renouvela connaissance avec lui, afin de faciliter l'exécution des desseins qu'il avait formés; desseins qu'on n'a jamais bien pénétrés, et pour la réussite desquels il faut avouer qu'il prenait des moyens fort suspects. Une correspondance suivie, et plus tard des conférences très-fréquentes, eurent lieu entre lui et le pacha, et le gouvernement en recevait des avis fort exacts. On dit qu'Ulysse voulait se rendre maître de Négrepont. Il est évident, tant par sa conduite précédente que par ses négocia-tions avec un agent inférieur de la Porte, qu'il n'a eu aucune intention de s'attacher au parti du sultan; il n'en fut pas moins déclaré traître par le gouvernement. Soit qu'il ne pût offrir d'expli-cation de ses motifs, soit qu'il fût trop fier pour se justifier en présence de ses ennemis, il se prépara à repousser la force par la force. Le

misérable Goura, qui avait servi sous ses ordres,
et qui devait sa fortune à Ulysse, fut placé à la
tête des forces en Attique, et chargé de bloquer
sa caverne. Ulysse assembla sur-le-champ ses
partisans, mais il n'accepta en aucune occasion
le secours des Turcs. Déjà quelques petits combats avaient eu lieu; mais les soldats d'Ulysse
désertaient tous les jours, soit parce qu'ils ne
voulaient pas se battre contre leurs concitoyens,
soit parce qu'ils étaient attirés par les menaces
et les promesses de Goura, de sorte que leur
chef commença à se sentir un peu pressé : il se
retira donc peu à peu dans le pays situé au nord
de l'Eubée, où il continua à se défendre contre
ses adversaires, tandis que sa caverne était
confiée aux soins de sa famille et d'une garnison
suffisante.

CHAPITRE III.

ROUTE DE CLARENZA A CRISTENA.

Tel était l'état des affaires lorsque je débarquai en Morée. De fréquentes escarmouches avaient commencé devant Navarin, mais rien d'important ne s'était encore passé. Le dernier corps de troupes venait de quitter le blocus de Patras pour se rendre à Navarin, et la garnison, délivrée de toute crainte, s'était procuré des provisions qu'elle avait achetées d'un vaisseau mouillé dans le port. En Romélie, on faisait les plus grands préparatifs pour bien recevoir le Roumeli-Valisi quand il se présenterait à Makrinovo, et le général Iskos reçut l'ordre de marcher vers le nord, et de se mettre à la tête des troupes qui occupoient les défilés. Pendant ce temps, Goura, dans l'Attique, observait les mouvemens de son ancien ami et patron.

Le 23 mars. —Avant de recommencer à décrire mon voyage, je ferai quelques observations sur les difficultés que l'on éprouve et sur les moyens

qui existent pour voyager maintenant en Grèce.
A l'exception d'une lisière large de quelques
milles et qui règne le long des côtes, toute la
Morée ne consiste qu'en montagnes entassées
les unes sur les autres; et dans la route peu
étendue que je vais décrire, de la côte occidentale à la côte orientale, c'est-à-dire de Clarenza à Napoli de Romanie, en passant par
l'Elide, l'Arcadie et l'Argolide, nous ne trouvâmes pas une plaine de plus d'un mille de
circonférence, à l'exception du seul plateau sur
lequel est située la ville de Tripolitza. Il n'y a
point de routes. Tant que les Turcs furent
maîtres du pays ils n'en percèrent point, disant
que c'est tenter le ciel que d'en faire; et, confon-
dant l'indolence avec la résignation aux volontés
de la Providence, ils disaient que si Dieu
avait voulu qu'ils se transportassent rapidement
d'un lieu dans un autre, il aurait eu soin de donner aux hommes des routes toutes faites. Quant
aux Grecs, le défaut de routes est, après leur
propre courage, leur meilleur moyen de défense:
puisque dans l'état actuel du pays, il serait impossible à une armée étrangère de s'éloigner des
côtes. Les seuls passages praticables dans les
montagnes sont les sentiers qui, de temps immé-
morial, ont été marqués, plutôt que frayés, sur les
rochers, par les pieds des mulets et des bidets.

Leurs conducteurs ayant l'habitude de prendre
les chemins les plus courts, et les montagnes du
Péloponnèse étant en général remplies de précipices, les montées et les descentes de ces défilés
ne laisseraient pas que de nous paraître excessivement dangereuses, quand même les sentiers
auraient été tracés et construits avec tout l'art
et toute la solidité des routes européennes. Bien
loin de là, ces sentiers offrant aux torrens le
moyen le plus facile de se décharger de leurs
eaux dans les rivières qui en baignent le pied,
ils ont fini par entraîner peu à peu jusqu'aux
moindres parcelles de terreau qui autrefois rem-
plissait les interstices des rochers; leurs lits sont
par conséquent remplis de pierres glissantes et dé-
tachées que les mulets et les bidets savent éviter
avec un instinct et une sûreté merveilleuse.
Quant à des ponts, il n'y en a pas non plus, à
l'exception d'un seul sur l'Alphée à Karitena, et
de quelques arches, d'une haute antiquité, jetées
par-ci par-là sur des ruisseaux. Nous passâmes
dans un bac l'Alphée près de son embouchure,
où il est le plus large; nous traversâmes à gué
le Pénée, l'Hélissus, et quelques autres rivières
rapides, mais peu profondes. Il est inutile d'observer qu'on ne trouve point de voitures à roues,
et dans un pays comme celui-ci, on peut bien
croire qu'il n'y a point d'auberges. En arrivant

dans un village, nous nous adressions pour l'ordinaire à l'éparque ou à l'astynome (le gouverneur ou son lieutenant), qui nous fournissait des logemens pour la nuit, c'est-à-dire quelques chambres dépouillées, où nous portions nos malles et nos lits. Ce n'était pas sans peine que nous obtenions ensuite du bois pour allumer le feu, sur lequel nous faisions cuire les provisions que nous avions apportées avec nous, ou bien celles que nous trouvions chez les paysans. Elles consistaient en pain bis, en œufs, quelquefois mais rarement en un peu de lait; et après avoir soupé, nous étendions nos manteaux sur la terre nue, qui tenait lieu de plancher, et nous jetant dessus, nous attendions le jour plutôt que le sommeil.

Désirant me rendre le plus promptement possible à Napoli de Romanie, je m'occupai, dès mon arrivée à Clarenza, à chercher des chevaux pour transporter mes effets à Gastouni. J'entrai donc dans une des cinq maisons ruinées, seuls restes d'une ville considérable. Le jour venait à peine de poindre, mais déjà les habitans étaient levés.

La maison ne consistait qu'en une seule grande pièce, au fond de laquelle un paravent cachait les tapis sur lesquels les propriétaires avaient passé la nuit. Sur le devant un tas de froment attendait qu'on le portât au marché, tandis qu'autour d'un grand feu allumé au milieu, on voyait étendus sur le terrain une demi-douzaine de Grecs mal habillés, seigneurs de cette noble demeure. Les murs étaient tapissés de pistolets richement ornés, d'ataghans, de sabres et de tophaïcs ou mousquets, ce qui, avec quelques vases de bois pour garder le vin, et deux ou trois ustensiles de cuisine d'une extrême simplicité, formaient tout l'ameublement de la maison. Il n'y avait ni siéges, ni tables, ni lits, et l'on n'y trouvait en un mot que les objets strictement nécessaires au soutien de la vie. La description de cette maison peut servir à faire connaître toutes celles de la même classe en Grèce : on ne saurait rien imaginer de plus misérable que la manière de vivre du bas peuple. Les seuls meubles que l'on trouve parfois à ajouter à ceux que je viens de citer sont quelques ustensiles de cuisine de plus, un plat, un gobelet (les couteaux et les fourchettes sont absolument inconnus), un tonneau pour le vin, un vase en terre et en osier pour conserver l'eau, et quelquefois un cône creux en terre cuite, que l'on chauffe et que l'on renverse sur une pierre aplatie, pour tenir lieu de four, et cuire soit du pain, soit de la viande.

M'étant procuré avec de grandes difficultés deux petits chevaux qui suffirent à peine pour porter

notre bagage, nous partîmes à pied pour Gastouni, qui est à huit milles de Clarenza. Notre
route traversait une plaine jadis célèbre pour sa
fertilité, mais qui reste aujourd'hui à peu près
sans culture. Le sentier que nous suivîmes était
si étroit que deux personnes ne pouvaient pas
toujours y marcher de front. Quoiqu'à l'entrée
du printemps, la terre était couverte de fleurs
sauvages et brillantes, lesquelles, jointes à l'immense quantité de thym qui croissait de toutes
parts, remplissaient l'air des plus suaves parfums. Le seul arbre, ou pour mieux dire le
seul buisson que je vis, était de distance en
distance un olivier solitaire qui s'élevait au milieu des myrtes et des lentisques, tandis que le
tronc était caché sous une profusion de crocus
et d'acanthes. De tous côtés autour de nous pais-
saient de nombreux troupeaux de moutons, et
le tintement de leurs clochettes, le chant des ci-
gales, le costume pittoresque des bergers qui
portent encore la houlette antique, tout nous
annonçait que nous approchions de l'Arcadie.
Après avoir passé les misérables villages de Ye-
trombey et de Kurdiokoph, nous nous trouvâmes
près des bords du Pénée. La plaine devint alors
marécageuse, et le coassement des grenouilles
qui frappa nos oreilles nous rappela l'antiquité bien moins vivement et surtout moins

agréablement que les clochettes des moutons.
Quoique notre chemin fût très-fréquenté, aucun
pont, aucun bac ne se présenta pour nous sur le
Pénée, et il fallut se résoudre à le passer à gué.
Nous montâmes donc sur un des deux chevaux
qui portaient nos effets, tandis que notre conducteur guidait le premier. Nous traversâmes ainsi
cette rivière classique dont les eaux n'arrivaient
pas même jusqu'à la poitrine de nos chevaux, et
débarqués en sûreté sur l'autre rive, il ne nous
fallut plus qu'une demi-heure pour arriver à
Gastouni, où nous entrâmes vers le milieu du
jour.

A mesure que nous approchions de cette
ville, la plaine offrait des traces d'une culture
plus soignée. Le blé commençait à pousser, et
les paysans se préparaient à tailler leurs vignes.
Dans le voisinage immédiat de la ville il ne manquait pas d'oliviers ; mais tous croissaient dans
les jardins abandonnés et incultes des anciens
habitans turcs.

Cette grande ville, qui ne présente plus aujourd'hui qu'une masse de ruines, était autrefois une des plus riches du Péloponnèse. Habitée
uniquement par des Turcs, ceux-ci faisaient un
commerce très-actif d'huile et de fruits qu'ils
chargeaient dans un petit port formé par l'embouchure du Pénée ; mais dès avant la révo-

lution grecque, elle avait déjà considérablement souffert, ayant été saccagée par les Schypelars, ou brigands cultivateurs du district voisin de Lalla. A l'époque où j'y passai, cette ville offrait un des tableaux les plus frappans de solitude et de misère qui jamais se soit présenté à mes regards. Située au milieu de la vaste plaine que je viens de décrire, la perspective qu'on y découvre n'est bornée que par la mer et par le ciel. Ses maisons sont désertes et renversées ; l'herbe croît dans ses rues, et aucun son n'y vient frapper l'oreille ; sa population se composant presque exclusivement de Turcs, les Grecs victorieux détruisirent, selon leur coutume, les demeures de leurs ennemis lorsqu'ils s'en emparèrent ; et les passages sont maintenant obstrués par les herbes qui ont poussé au milieu des débris de leurs murs de boue. Les habitans sont aujourd'hui en fort petit nombre, et à notre arrivée ils faisaient sans doute la méridienne, car les seuls individus que nous rencontrâmes furent quelques militaires, qui, nonchalamment couchés au soleil parmi les ruines, daignèrent à peine lever la tête pour regarder passer les Francs, et nous traversâmes ainsi les rues désertes sans entendre d'autre bruit que le bourdonnement des insectes qui volaient par milliers dans les brûlans rayons du soleil.

Ayant découvert la maison de l'astynomos ou gouverneur, nous y déposâmes nos effets et nous acceptâmes son invitation à dîner, pendant qu'il envoyait chercher des chevaux qui devaient nous conduire à Pyrgos, où nous désirions passer la nuit: cette maison, l'une des plus belles de la ville, était située au fond d'une cour, et était élevée d'un étage au-dessus du rez-de-chaussée. Celui-ci servait d'écurie, et le premier, auquel nous arrivâmes par une échelle et une plate-forme à l'extérieur de la maison, se composait de deux pièces: l'une était à la fois la cuisine et le logement des domestiques et des soldats; l'autre formait la demeure et les bureaux du gouverneur et de son secrétaire : celle-ci était décorée à la mode turque ; elle avait des carreaux en verre peint, et sur un divan peu élevé qui régnait autour des murs étaient placés les tapis et les coussins sur lesquels les habitans de la maison se reposaient le jour et dormaient la nuit.

L'éparque était un Hydriote à figure noble et martiale, qui venait depuis peu d'obtenir cette place. Il portait un turban écarlate dont il s'était coiffé d'une manière bizarre, un des coins tombant sur son épaule, tandis que l'autre était relevé avec goût sous son menton. Son costume, était en général magnifique, et ses armes étaient

richement ciselées; ses manières douces et obli-
geantes contrastaient avec son aspect et son
costume guerriers. Pendant que nous nous
entretenions avec lui, les gens de sa suite, qui
se tenaient dans la cour, examinaient attentivement nos effets tant des mains que des yeux;
ils essayaient nos manteaux et les ressorts de
nos fusils. Le calibre et la force des canons de
nos pistolets fixaient leurs regards; mais ils ne
firent aucune attention aux platines, et les man-
ches n'ayant point d'ornemens, ils jugèrent
que c'étaient des armes tout-à-fait inutiles. Cependant nos chevaux ne tardèrent point à arriver, et quand nous eûmes achevé notre dîner,
qui se composait de poulets et de lait caillé,
nous prîmes congé de notre hôte et de la ville
de Gastouni.

Je ne puis m'empêcher de rendre ici un faible
mais sincère hommage aux vertus du jeune et infortuné seigneur qui rendit le dernier soupir
dans ce lieu inhabité. Lord Charles Murray, fils
du duc d'Athol, visita la Grèce en 1824. Ses
manières douces et pleines d'attention lui gagnèrent dans ce pays l'estime de tous ceux qui
le connurent. Le docteur Millingen, qui plus tard
me parla de lui, m'en cita plusieurs traits dignes
des plus grands éloges. Je n'en rapporterai
qu'un : le docteur Millingen ayant été attaqué

d'une fièvre dangereuse dans l'été de l'année 1824, lord Charles, seul Anglais qui se trouvât près de lui, ne cessa de lui prodiguer les plus grands soins pendant sa maladie ; il le veilla la nuit comme le jour, prépara lui-même ses alimens et ses remèdes, et souvent à minuit, quand tout le monde reposait, il se glissait doucement près de son lit pour voir s'il éprouvait quelque relâche à ses souffrances. Infortuné ! peu de temps après, ayant à peine un ami à ses côtés, et un domestique pour le servir, il périt dans ce lieu désert, victime de la même maladie épidémique dont ses soins avaient contribué à sauver son ami.

Notre route, en quittant Gastouni, suivait la même plaine que nous traversions depuis le commencement de la journée ; mais le chemin devenait plus difficile et plus inégal, tandis que les champs de thym qui le matin avaient parfumé l'air, étaient remplacés par de vastes marécages et par des fossés d'où s'exhalait une odeur qui, loin d'être aussi agréable, était pour le moins aussi forte que l'autre. Nous eûmes bien de la peine, en les traversant, à suivre le pas de nos chevaux, qui, accoutumés à la route, n'éprouvaient aucune difficulté à s'en dégager, quoique chargés de notre pesant bagage. Nous rencontrâmes un détachement de soldats grecs dont les habits déguenillés, l'air sauvage et les armes barbares ne nous donnèrent pas une haute opinion de leur origine : ils nous traitèrent pourtant avec civilité, et nous offrirent de leur vin , qui , sans être d'une qualité supérieure et quoique très-résineux , nous parut cependant un breuvage délicieux dans la brûlante ardeur du jour. En les quittant nous continuâmes notre route vers Pyrgos. L'heure était très-avancée quand nous y arrivâmes ; après une marche très-fatigante dans les marais , et par-dessus une petite chaîne de montagnes qui les traverse. Comme il était trop tard pour voir l'éparque , ou pour chercher à nous procurer d'autres logemens , nous descendîmes à ce que notre conducteur appelait *le Café* ; mais, juste ciel, quel café ! En ouvrant une petite porte pleine de crevasses, nous vîmes une longue chambre dont les murs en boue étaient tout nus, et garnis de quelques tables et bancs sales sur lesquels étaient étendus des soldats venant de Patras. Une douzaine d'autres soldats étaient couchés par terre au milieu de la pièce et autour des faibles restes d'un feu dont la fumée , s'élevant en tourbillons jusqu'au toit, ne trouvait d'autre issue pour s'échapper que les nombreuses ouvertures qui régnaient entre les tuiles. Ayant demandé un appartement pour y passer la nuit, on nous conduisit sur une petite plateforme élevée d'un pied au-dessus du terrain, et qui, située dans un coin de la maison, en était séparée par des planches. Là nous étendîmes nos manteaux sur nos effets, et nous goûtâmes le délicieux sommeil des gens fatigués; mais dès le point du jour notre repos fut troublé par la foule de personnes qui entraient l'une après l'autre dans le café, pour boire leur petite tasse de moka qu'elles payaient un para (1).

La ville de Pyrgos est la mieux conservée de toutes celles que j'ai vues en Grèce, ce qu'il faut attribuer à ce qu'elle n'a jamais été habitée que par des Grecs, qui autrefois faisaient un commerce considérable en vin, le pays des environs étant particulièrement propre à la culture de la vigne. Tout son commerce aujourd'hui se borne au transport de moutons et de gros bétail dans les îles Ioniennes, et à la vente des produits d'une très-riche manufacture d'habits, d'armes et de ceintures à pistolets. Les boutiques sont assez nombreuses, et en général bien fournies de ces objets, ainsi que de challs, de drap et d'étoffes de coton. Devant les portes des maisons, les enfans et même les hommes s'occupaient avec ardeur à faire du fil d'or et du galon pour la broderie des soubrevestes et

______

(1) Un liard.

des bottines. On voit à Pyrgos une belle église,
et la cathédrale de l'archevêque de Gastouni,
dont Pyrgos relève. Dans le cours de la matinée,
nous allâmes voir l'éparque pour lui demander
des chevaux, et il dépêcha un homme pour
nous en trouver. Ce gouverneur était un beau
vieillard plein de feu, et qui nous parut raison-
ner fort sagement sur la politique du jour; il
parla beaucoup de lord Byron, et exprima de
vifs regrets de ce que la Grèce avait perdu en
lui et en Marco Bozzaris ses deux plus zélés partisans. En parlant de la sainte alliance, ἱερα συμ-
μαχία, il plaça au commencement du premier
mot un μ., ce qui, sans altérer beaucoup le son
des paroles, en changeait considérablement le
sens (1).

Le soir, nous étant procuré des chevaux et
des passe-ports, nous repartîmes à pied pour
Agolinitza : la plaine continuait, moins coupée
à la vérité, mais sablonneuse et couverte de
chardons. A un mille environ de Pyrgos, nous
nous trouvâmes sur les bords de l'Alphée, qu'on
appelle aujourd'hui la Rouphia, rivière trouble
et turbulente que nous passâmes avec nos chevaux, moyennant vingt paras. Un peu plus loin,
des montagnes qui bordaient le chemin à notre

---

(1) Μιερος signifie criminel ou impie (T).

gauche s'étant ouvertes, nous aperçûmes de loin la plaine d'Olympie couverte de troupeaux de moutons paissant dans toutes les directions ; elle conserve peu de traces de son ancienne splendeur : le lieu précis où était placé l'hyppodrome est inconnu aujourd'hui, et il ne reste pas le plus léger vestige du fameux temple de Jupiter Olympien, qui renfermait jadis le chef-d'œuvre de Phidias.

En arrivant à Agolinitza, on nous donna une chambre dans une misérable chaumière. Notre souper fini, nous nous étendîmes sur nos manteaux ; mais nous fûmes long-temps sans pouvoir nous livrer au sommeil, car nos muletiers, qui partageaient notre logement, après avoir à leur tour dévotement achevé leur souper de carême, qui consistait en pain, en limaçons et en poireaux, se sentant échauffés par la vapeur du vin, dont les rigueurs de l'abstinence grecque ne leur défendaient point l'usage, nous donnèrent une sérénade, sinon harmonieuse, du moins fort bruyante ; mais nous leur pardonnâmes volontiers la petite contrariété qu'ils nous causaient, lorsque parmi leurs chansons nous distinguâmes le Δεύτε, παῖδες τῶν Ἑλλήνων (1), qu'ils entonnèrent avec un enthousiasme extraordinaire.

____

(1) Levez-vous, enfans des Grecs (T).

Le jour suivant, ayant éprouvé quelque difficulté à nous procurer des chevaux, nous ne pûmes quitter le village qu'à une heure avancée. Agolinitza est bâtie sur le penchant d'une montagne pittoresque, d'où l'on découvre une perspective étendue qui embrasse la mer d'Ionie, la contrée voisine et les détours de l'Alphée. La ville tombe en ruines, les maisons sont abandonnées ou détruites, et le petit nombre d'habitans qu'elle contient sont malades et réduits à la misère, n'ayant d'autre moyen de subsistance que la pêche et la culture de quelques oliviers. Notre maison, qui avait été autrefois une habitation turque, était située au milieu d'un jardin dont nous admirâmes la belle distribution ; il était rempli d'amandiers, d'oliviers et d'orangers en pleine fleur, et autour de leurs troncs des roses et des tulipes délaissées

« Dans le sein du désert exhalaient leurs parfums (1). »

La femme à qui la chaumière appartenait n'avait rien négligé pour nous procurer tout ce que nous avions demandé, et n'exigea pour sa peine que 60 paras, environ 15 sous de France, pour lesquels nous avions eu des œufs, du pain, du lait,

____

(1) Vers de la fameuse élégie de Gray sur un cimetière de campagne (T).

du feu et le logement. Sa reconnaissance quand nous lui comptâmes cette somme fut aussi singulière que l'avait été la modicité de sa demande.

Une fort belle route nous conduisit à Cristena. Jusqu'alors, n'ayant fait que longer la côte, la perspective n'avait point varié, et nous n'avions eu devant les yeux que la triste et éternelle plaine; mais tournant tout à coup vers la gauche, nous pénétrâmes dans le cœur du pays, par un défilé dans les montagnes, d'où nous eûmes une vue magnifique, tant de la plaine que nous venions de quitter, que des hauteurs pittoresques dans lesquelles nous allions nous engager. Ces montagnes étaient couvertes de superbes forêts de pins, et retentissaient du gazouillement de mille oiseaux, du chant de la cigale, et du bourdonnement des abeilles qui voltigeaient de fleur en fleur ou se reposaient sur les lits de thym et d'herbes aromatiques qui couvraient la terre. Le caractère paisible de la scène était parfois varié par le cri d'un aigle s'élevant du sein des rochers sauvages dont les sommets perçaient les bois touffus, et planant au-dessus des nuages paresseux qui demeuraient suspendus sur l'horizon. Après avoir descendu ces montagnes délicieuses, nous entrâmes dans une vallée non moins belle, le long de laquelle un faible bras de l'Achéron serpentait comme un fil d'argent à

travers des bosquets de pins et d'oliviers. En cet
endroit délicieux, et sur une petite éminence
couverte de lentisques et d'arbres fruitiers, nous
aperçûmes pour la première fois Cristena. Cette
petite vallée, toute solitaire qu'elle était, avait eu
sa part des malheurs de la guerre. Un détachement de soldats grecs venant de Patras y avaient
commis peu de jours auparavant de si grands
excès qu'à notre arrivée nous trouvâmes la ville
presque abandonnée, car il n'y avait qu'un petit
nombre d'habitans qui eussent encore osé y rentrer, et quitter les retraites qu'ils avaient cher-
chées avec leurs familles dans le sein des montagnes voisines.

CHAPITRE IV.

VOYAGE D'AGOLINITZA A NAPOLI DE ROMANE.

Le lendemain matin, après avoir, comme de coutume, passé la nuit dans une chaumière abandonnée , nous partîmes pour Andrut-zena, qui était à vingt-quatre milles, ou, pour parler comme les Grecs, à huit heures de distance , car ils regardent trois milles, à l'heure comme la marche d'un homme. Le pays conservait la même magnificence que la veille. Sa face agreste et le caractère particulier des montagnes lui donnaient une grande ressemblance avec la singulière vallée de Mallaverne en Savoie. Cependant le sol devenait graduellement plus riche, et produisait une plus grande variété d'arbres et de plantes : les oliviers , les chênes et les acacias se mêlaient en plus grand nombre aux branches robustes du pin des montagnes , tandis que le terrain était partout couvert de lentisques et des myrtes qui formaient souvent sur nos têtes des voûtes impénétrables aux rayons du soleil.

4.

Il ne sera peut-être pas sans intérêt pour le naturaliste d'apprendre que nous vîmes en cet endroit une singulière procession qui traversa la route devant nos pas. Elle consistait en plus de cent grosses chenilles noires qui se rendaient d'un lieu en un autre. Ces insectes étaient guidées par trois rangs sur deux de profondeur. Les autres suivaient en ligne, chacune s'attachant à la queue de celle qui la précédait, et toutes exécutaient leurs mouvemens avec la plus grande précision. La procession, qui se terminait comme elle avait commencé, par trois rangs de chenilles sur deux de profondeur, marcha avec lenteur et sans se déranger.

Vers midi, nous trouvant à environ dix milles d'Audrutzena, le pays changea d'aspect. Laissant derrière nous les délicieuses vallées et les forêts que nous avions traversées avec tant de plaisir, nous ne trouvâmes plus que des montagnes accumulées les unes sur les autres dans la plus sauvage confusion. Nous ne vîmes pas une vallée qui eût un mille de large, pas une plaine dont nous n'eussions pu faire le tour en une heure; toutes les traces de culture cessèrent; pas un sillon, pas une cabane, pas un être humain ne se présenta à nos regards, si ce n'est de loin à loin un chevrier, un berger ou un soldat traînard; tandis que du sommet de ces montagnes si élevées et si solitaires, nos yeux plongeaient sur une vaste campagne, séjour d'une fertilité négligée, et sur des vallées susceptibles de la plus belle culture, mais qui jamais peut-être, ou du moins depuis un grand nombre de siècles, n'avaient été retournées par le soc de la charrue. Notre route fut constamment mauvaise, n'étant qu'un sentier tracé sur le rocher, et qui ne se distinguait du désert environnant que parce qu'il était un peu plus battu et plus poli : tout indiquait qu'il servait de lit au torrent, et il répondait parfaitement à la description que j'ai donnée plus haut des chemins dans l'intérieur de la Morée. Presque tous les ruisseaux que nous avons passés aujourd'hui, et ils ont été en grand nombre, nous ont offert une couleur ferrugineuse : les rochers nous ont aussi paru contenir des substances métalliques, mais rien n'indique qu'ils aient jamais été exploités ; enfin, après avoir traversé maint ravin, maint ruisseau noir mais transparent, nous parvînmes à la dernière montagne aride, du sommet de laquelle nous devions apercevoir Andrutzena : mais avant d'y arriver, nous vîmes les ruines d'une autre ville, appelée Fanari ; elle n'était habitée autrefois que par des Turcs, et quoiqu'elle eût été détruite par la fureur révolutionnaire et la magistrature transférée à Andrutzena, elle continue néanmoins à donner son nom au district.

Après une ennuyeuse descente de plusieurs milles le long de l'étroit sentier qui tournait en spirale autour des bords d'une montagne, nous arrivâmes à Andrutzena, l'ancienne Trapèze, ville située au milieu d'un bosquet de cyprès sur le penchant d'une montagne, et dont les nombreux édifices présentaient de loin une fort belle perspective, qui en y entrant fut tristement remplacée par un affreux tableau de misère et de malpropreté. Le soleil se couchait, et comme nous montions avec lenteur la côte escarpée, nous observâmes quelques soldats rassemblés sur une petite butte, à l'entrée de la ville, d'où ils nous examinaient. Nous nous approchâmes, et leur ayant demandé la demeure de l'ἔπαρχος, un jeune homme d'un air martial, et vêtu d'un magnifique costume albanais, s'avança vers nous et se fit connaître pour le magistrat que nous demandions : nous le priâmes, selon notre coutume, de nous procurer un logement; il s'excusa sur la misère de la ville, et nous offrit tout ce que sa propre maison pourrait fournir. Nous acceptâmes de lui l'hospitalité, et nous le suivîmes en conséquence à son logis. Il était situé à l'entrée de la ville, et, de même que dans celui de l'éparque de Gastouni, il fallait traverser une

cour pour y arriver. Comme celui-ci, il avait un
rez-de-chaussée et un premier, élévation ordinaire des bonnes maisons grecques. Le rez-de-
chaussée servait ici de prison pour les malfai-
teurs, et nous montâmes au premier par un balcon
qui régnait tout le long de la façade et servait de
corridor aux diverses pièces qui n'avaient aucune
communication entre elles. Nous fûmes immédiatement introduits dans le salon du chef,
qui tenait la plus grande partie de la maison,
le reste se composant de sa chambre à coucher,
de la cuisine et des chambres de ses domestiques.

Le mauvais temps nous ayant forcés de demeurer quelque temps auprès de lui, nous
eûmes tout le loisir nécessaire pour observer
son caractère et ses manières : celles - ci ,
comme celles de tous ses compatriotes des
classes élevées, étaient entièrement turques.
La salle dans laquelle il nous reçut était décorée
dans le style ottoman, ayant des vitraux peints,
un plafond incrusté, des tapis, nattes et coussins magnifiques, et un grand nombre de vases
remplis de poissons d'or et d'argent. Dès que
nous fûmes assis, on nous présenta, selon la
coutume, un chibouqué et du café, tandis que
notre hôte obligeant nous demandait avidement
les nouvelles que nous apportions. Il était âgé

d'environ vingt-cinq ans ; il avait été précédemment chargé d'une commission de confiance, celle de disposer des biens qui avaient été confisqués sur les Turcs de sa province, et l'ayant remplie à la satisfaction du gouvernement, il avait obtenu en récompense l'éparchie d'Andrutzena. Son costume était purement national, et formé des matériaux les plus riches, avec une grande abondance de galons et de broderie; ses pistolets, son ataghan, à poignée d'argent, étaient de la forme la plus gracieuse et du travail le plus exquis. Quoique sa conversation fût animée, ses manières étaient pleines de l'indolence orientale ; il demeurait presque toute la journée étendu sur des carreaux de velours, entouré de ses domestiques, fumant son chibouqué, sirotant du café ou comptant les grains arrondis de son *combolojo* d'ambre. Il était surtout fier de son costume, et les louanges que nous prodiguâmes à sa richesse parurent lui faire le plus grand plaisir; il se levait quand nous en parlions, arrondissait le coude, tournait les pieds en dedans, et se considérant de la tête aux pieds, il disait avec une satisfaction visible : Ναῖ, τὸ φόρημα μας εἶναι ἀρκετὸν καλόν. (*Oui, il faut avouer que notre costume est vraiment beau.*)

Notre nourriture pendant le séjour que nous fîmes chez lui consista en agneau, poulets, œufs,

lait et légumes; et, quoique nous fussions dans le
carême , notre hôte accommodant ne fit aucune
difficulté de faire gras avec nous. Notre déjeuner, qui se composait pour l'ordinaire de lait
caillé et d'œufs, avec un peu de lait et de fromage,
se passait fort bien ; mais le dîner était une affaire un peu plus embarrassante. Nous n'avions
d'autre table qu'une petite planche ronde , à un
pied de terre , et il fallait nous asseoir à l'entour,
les jambes croisées comme des tailleurs , car si
nous avions voulu les étendre, nous nous serions
trouvés à une distance fort incommode des plats.
Telle était la position, fort peu agréable pour des
personnes qui n'y sont pas accoutumées, que nous
étions obligés de conserver pendant toute la durée d'un repas grec , c'est-à-dire pour le moins
une heure. Le premier service consistait en riz
bouilli mêlé avec du *yaourt* ou caillé aigre , en
œufs frits et nageant dans l'huile d'olive, et enfin en une espèce de macédoine de légumes ,
savoir, des poireaux, des épinards, de l'oseille et
des feuilles de sénevé hachés ensemble. Le second service se composait d'une volaille à l'é-
tuvée farcie de plumpudding, d'agneau rôti et
de *cairare*, plat dont le parfum ne nous invitait
guère à y toucher, et qui était un mélange d'entrailles de saumon et de sèche fermentées et
adoucies par de l'huile. Enfin dans le troisième

service on offrait du lait sous toutes les formes possibles, en caillé, en fromage, en présure, avec divers plats d'œufs bouillis, rôtis et fouettés, le tout arrosé de flots de vin de Samos, versé par un échanson qui, selon la coutume de l'Orient, se tenait constamment derrière le coussin de son maître. Comme nous étions en hiver, notre dessert consistait principalement en oranges et en fruits secs, tels que figues, dattes et raisins. A tout prendre, nos repas étaient non-seulement classiques, mais encore fort agréables au goût, et ce qui y ajoutait un nouveau prix, c'est que nous étions sûrs de trouver ensuite une chambre commode pour y étendre nos lits, faveur d'autant plus précieuse à nos yeux qu'elle était moins commune. Le lendemain de notre arrivée nous allâmes avec notre hôte visiter le temple sur le mont Cotylus. Ce fut alors que pour la première fois nous montâmes sur un cheval grec; et notre manière de nous tenir sur l'animal, jointe à l'inquiétude que nous causaient l'aspérité et la raideur des sentiers, nous ôtèrent presque tout le plaisir de notre promenade.

Nos coursiers, qui étaient de la petite race des montagnes, n'avaient rien de fort brillant; couverts de larges selles de bois sur lesquelles nous étions assis, et qui cachaient presque toute la surface de leur petit corps, ils eussent fait une

étrange figure dans une cavalcade à Londres.
Quoi qu'il en soit, nous suivîmes l'exemple de
notre hôte, et nous montâmes à cheval, les pieds
passés dans deux cordes garnies de nœuds cou-
lans qui tenaient lieu d'étriers, et qui étaient si
courtes que nos genoux touchaient presque à
nos cols. Le sentier, comme à l'ordinaire, serpentait dans les montagnes, et il était par momens si étroit que nos bêtes avaient à peine assez de place pour mettre un pied devant l'autre,
tandis que le moindre faux pas nous aurait infailliblement précipités au milieu des rochers.
Plus loin la descente devenait si rapide que la
queue de nos chevaux se trouvait sur une ligne
beaucoup plus élevée que leur tête. Cependant,
quelque peur que nous eussions, la honte d'une
part, et de l'autre le peu de largeur du sentier,
nous obligèrent de rester tranquilles ; d'ailleurs
nous ne tardâmes pas à découvrir que la précaution était aussi inutile que la crainte, et après
quelques vaines tentatives pour forcer nos bidets
à prendre la route qui nous paraissait la plus
sûre, nous fûmes obligés de renoncer à toute
idée de les diriger, et il fallut nous livrer entièrement à leur instinct et à leur discrétion. Nous
découvrîmes sur-le-champ que ce parti était aussi
le plus sage, et après deux heures de marche et de
glissades nous arrivâmes enfin à notre destination.

Ce temple était le premier que nous avions eu l'occasion de visiter en Grèce, et l'effet qu'il faisait dans le lieu où il était placé nous parut sublime. Il était construit dans un creux au sommet d'une haute montagne, d'où l'on ne pouvait distinguer que les crêtes des monts environnans ; autour de leurs pics neigeux, un épais brouillard se roulait en torrens et tombait en flots de pluie. Le repos le plus absolu, la plus parfaite solitude, régnaient autour de nous, et n'étaient interrompus que par les gémissemens du vent ou par le cri de l'aigle qui planait au-dessus de nos têtes. Ce fut dans ce temple que Pausanias se rendit pour apaiser l'ombre de Cléonice assassinée, et qu'il « enga- » gea les exorcistes d'Arcadie à forcer l'ombre » outragée à déposer sa colère. » (Byron, *Mainfroi.*) La terre est jonchée de colonnes, de chapiteaux brisés et de fragmens de marbre mutilés ; mais la plupart des colonnes extérieures sont encore debout et soutiennent la frise, de sorte que l'on distingue parfaitement la forme et la grandeur de l'édifice.

Je n'ai jamais vu de lieu qui inspirât des sentimens plus religieux, et je demeurai au milieu de ces ruines sacrées jusqu'à ce que de grosses gouttes de pluie nous donnassent le signal d'un départ obligé. En descendant la montagne, nous fûmes trempés, et nous arrivâmes à Andrutzena dans un tel état que nous ne pûmes songer à partir, d'autant que rien n'indiquait que le temps dût s'éclaircir. Nous passâmes donc encore cette nuit avec notre hôte obligeant, et le lendemain matin nous nous remîmes en route pour Tripolitza.

Le chemin qui conduit d'Andrutzena à Kaulena, qui est une des principales villes de l'Arcadie, traverse encore un pays sauvage, inculte et peu habité. Les routes, naturellement mauvaises, étaient devenues presque impraticables à la suite de la pluie ; et après une marche pénible de vingt milles, pendant laquelle nous n'avions fait que monter et descendre montagne sur montagne, nous arrivâmes à une heure avancée de la soirée à l'acropolis de Kaulena, qui couronne le sommet d'un rocher sourcilleux suspendu sur les bords resserrés et à pic de l'Alphée. On entre dans cette ville, qui n'est, à vrai dire, que le plus grand des cent trente villages qui forment l'éparchie, par un pont antique et pittoresque jeté sur les flots rapides de la rivière ; elle était autrefois l'une des plus importantes de la Morée, car la province à laquelle elle appartient est particulièrement riche, étant arrosée par tous les ruisseaux qui se jettent dans l'Alphée.

Kaulena faisait un commerce considérable en tabac, soieries, fruits secs et vins assez bons; elle était la demeure du célèbre klefti Coloco- troni ; et comme elle fut une des premières villes qui leva l'étendard de la liberté, elle éprouva toute la fureur des Turcs, au point qu'un détachement de troupes envoyées de Tripolitza la détruisirent presque de fond en comble, tandis que les malheureux habitans, obligés de quitter leurs maisons, cherchèrent un asile dans les montagnes des environs, ou se renfermèrent dans leur imprenable citadelle. Kaulena n'offre plus aujourd'hui qu'un monceau de ruines, et le petit nombre de maisons qui subsistent encore ne sont habitées que par des malheureux ruinés, qui soutiennent leur dou- loureuse existence en cultivant une faible partie des champs qui entourent la ville.

La route de Kaulena à Tripolitza, que nous parcourûmes le jour suivant, quoique très-sau- vage, était variée et intéressante. Presque tou- jours au sommet d'une chaîne de montagnes, nous jouissions de la vue d'une vallée étendue, arrosée par l'Alphée, qui s'enflait par degrés des eaux d'innombrables ruisseaux, et qui se per- dait enfin à nos yeux dans les détours des monts environnans.

Après une marche longue et pénible dans des

montagnes qui de loin paraissaient impossibles
à gravir, nous arrivâmes enfin, vers le coucher
du soleil, dans la superbe plaine qui renferme les
restes de Mantinée et de Tégée, et les ruines plus
modernes de Tripolitza. Après avoir été arrêtés
pendant quelque temps aux portes de la ville
pour l'examen de nos passe-ports, nous y fûmes
admis, et la police nous ayant fait donner un
logement, nous fûmes conduits dans un appartement qui, bien que fort misérable, était magnifique en comparaison de ceux que nous avions
jusqu'alors occupés.

Avant l'année 1821, Tripolitza, résidence du
pacha de Morée, était généralement regardée
comme la capitale de la péninsule. Cette ville
est située au sein d'une contrée singulièrement
favorisée par la nature, mais tellement négligée par les hommes, qu'elle n'offre aucune des
beautés dont elle serait susceptible. Une magnifique rangée de montagnes forme un amphithéâtre de quatre milles de large et de six
ou sept de long, et ce lieu, dont la culture pourrait faire un paradis, ne présente maintenant
qu'un terrain aride, monotone, et sur lequel on
rencontre à peine un arbre.

Tripolitza, comme toutes les villes turques,
ne renferme presque aucun monument; elle est
entourée d'un mur élevé ressemblant à celui

d'un jardin, lequel, joint à quelques mauvaises tours et à une citadelle faible et mal placée, constitue ces fortifications formidables qu'au commencement de la révolution les armes inexpérimentées des insurgés eurent tant de peine à réduire. Les rues sont pour la plupart étroites; mais étant arrosées d'une foule de ruisseaux d'eau courante, elles sont un peu plus propres que dans les autres villes de la Grèce. Le bazar contient des boutiques bien fournies; mais les marchandises qu'on y débite, de même que dans celles du Beyestin, se composent principalement d'armes et de vêtemens, qui sont ici de meilleure qualité et d'un prix plus modique que dans aucun autre lieu de la Morée. La plus grande partie de la ville tombe maintenant en ruine, surtout les quartiers qui avoisinent les remparts. Un petit nombre de maisons turques ont néanmoins échappé à la destruction, et l'une d'entre elles, qui est le palais construit par Vély-Pacha, fils de l'exécrable Ali, et pacha de Morée, sert maintenant aux bureaux de la police; mais l'intérieur offre un tableau dégoûtant de misère, de malpropreté et de dilapidation. Le gouvernement civil est ici, comme partout ailleurs, une éparchie; une garnison considérable, qui ne quitte jamais la ville, est sous les ordres du général Xidi, gouverneur du fort. Les églises

grecques de Tripolitza sont des édifices mes-
quins, quoique ornés de bas-reliefs et de colonnes tirés des ruines de Mantinée. Parmi les
mosquées turques qui n'ont point été renversées, l'une a été convertie en école d'enseignement mutuel, et les autres servent de magasins.

Aujourd'hui, vers midi, Conduriotti, président du corps exécutif, et le prince Mavrocordato, sont arrivés à Tripolitza, se rendant à
Navarin. Le canon des remparts et des batteries
annonça leur entrée dans la ville, et leur son ré-
pété par tous les échos des montagnes environnantes, en acquit une sublimité dont on ne peut
se faire une idée.

Il faut convenir que, pour un général, les
mouvemens du président ont été un peu lents.
Il a quitté Napoli dimanche passé, et il a mis
trois jours à se rendre à Tripolitza, qui n'en est
qu'à dix-huit ou vingt milles.

Jeudi matin, après avoir passé la nuit à un
petit hameau appelé Yaourgitika, nous partîmes
pour Napoli de Romanie. Nous devions traverser, ou, pour mieux dire, descendre l'effroyable
défilé du mont Parthénien : un sentier étroit,
connu sous le nom de la chaussée du Bey, serpentait le long des bords d'un affreux précipice,
tandis que sur notre gauche un ravin d'une im-

mense profondeur nous offrait, sous nos pieds,
un torrent qui roulait ses eaux avec un épouvantable fracas. Après avoir passé par cette scène
sublime, qui se prolongea pendant un mille et
demi, nous entrâmes dans une petite vallée où
nous vîmes les ruines d'un khan abandonné,
après quoi nous commençâmes à gravir la dernière chaîne de montagnes qui nous séparait
du golfe de Napoli. Le spectacle qui s'offrait à
nos regards avait en ce lieu une sublimité extraordinaire. De tous côtés, autour de nous,
s'élevaient des montagnes riches, mais solitaires;
l'ardeur du soleil était extrême, et des millions
d'insectes brillans se jouaient dans ses rayons;
une longue file de chameaux gravissaient lentement la côte escarpée, tandis que le vent apportait jusqu'à nous le tintement de leurs clochettes
et le chant de leurs conducteurs. Un détour nous
fit bientôt découvrir la mer; c'étaient les flots
profonds et azurés de la mer d'Égée, sommeil-
lant sous le ciel le plus calme, et baignant le
vaste rocher de Napoli qui s'élevait sur la côte.
Au bout d'une heure, la perspective s'étendit
encore; elle nous présenta la baie d'Argos, avec
les îles d'Hydra et de Spezzia, au loin vers son
entrée. A nos pieds étaient Napoli, Zérynthe,
Argos et les marais de Lerne; la vue était bornée
par la chaîne des monts d'Épidaure. Une des-

cente rapide nous conduisit sur le rivage où nous mîmes nos effets à bord d'un caïque à la petite *dogana* de Mylos, et nous débarquâmes, après une demi-heure de navigation, sur le quai de *Napoli.*

5

CHAPITRE V.

SÉJOUR A NAPOLI DE ROMANIE.

Le port de Napoli est formé par un rocher escarpé qui s'avance sur le côté nord-est de la baie ;
il est protégé par les batteries de la ville et par un
petit château bâti sur un autre rocher qui s'élève
du centre du port. L'aspect de la ville quand on
y arrive par mer est frappant et magnifique. Les
maisons, peu remarquables d'ailleurs, sont vastes
et s'élèvent en amphithéâtre sur les flancs du
rocher escarpé dont j'ai parlé. Une autre montagne considérable du côté de l'orient, et qui a
conservé le nom de mont Palamède, est sur-
montée d'une bonne batterie et domine la ville et
le port. On regarde généralement la citadelle
comme imprenable, et je ne doute pas qu'elle
ne le fût avec toute autre garnison que des
Grecs ou des Turcs. Les premiers ne purent
même s'en emparer que par un blocus et après
que la famine eut réduit à sept hommes tous les
canonniers turcs. Les fortifications de la ville

sont dues aux Vénitiens; elles consistent en un rempart élevé, aujourd'hui en mauvais état ; en trois batteries marines , et une quatrième placée sur le rocher sur lequel la ville est construite. Des trois premières, l'une, qui s'appelle *la batterie de Terre*, est montée de sept beaux canons de bronze de 48 livres de balle; la seconde, nommée *la batterie de Mer*, a été convertie en arsenal et en fonderie de canons; la troisième est appellée *les Cinq Pères* (1) , et commande la ville du côté de l'ouest, ainsi que l'entrée du port; elle tire son nom de cinq superbes canons vénitiens de 60 qui la garnissent. A tout prendre, la ville, avec une bonne garnison, peut être regardée comme imprenable, du moins par les ennemis qui l'attaquent aujourd'hui.

L'intérieur de la ville, si l'on en excepte une seule grande place, n'est composé que de rues étroites et sales, dont la plus grande partie tombent en ruines, tant par suite de la ridicule coutume adoptée par les Grecs de détruire les maisons des Turcs, que par l'effet de leurs canons dans le temps qu'ils battaient la ville du petit fort dont j'ai parlé. Les maisons qui restent sont spacieuses, et quelques-unes sont même commodes. Le rez-de-chaussée est partout con-

---

(1) Ces trois noms sont en français dans l'original (T).

sacré aux chevaux ; et un large escalier conduit de là au premier étage où se trouvent les appartemens habités. La meilleure maison est celle du dernier pacha : elle est maintenant habitée par le prince Mavrocordato.

Le commerce paraît être entièrement anéanti à Napoli (1) : avant l'année 1821, cette ville était le dépôt des produits de toute la Grèce, et exportait pour des sommes considérables d'éponges, de soie, d'huile, de cire et de vin. Maintenant son seul commerce consiste dans l'importation des objets de première nécessité. Les boutiques, comme celles de Tripolitza, sont remplies d'armes et de vêtemens, et les habitans portent tous le costume armé soit des Francs, soit des Albanais. Le climat est malsain, et la ville a été souvent

----

(1) Les vers suivans de *Childe Harold,* décrivant la ville de Lisbonne, peuvent s'appliquer parfaitement à Napoli de Romanie.

« Mais quiconque entrera dans cette ville, qui de loin brille d'un éclat céleste, la parcourra tristement en tous sens, au milieu d'objets de l'aspect le plus douloureux pour l'œil d'un étranger. La même malpropreté règne dans les palais et dans les chaumières ; les citoyens misérables naissent au milieu des ordures. Nul d'entre eux, quel que soit son rang, ne songe à nettoyer soit son manteau, soit son linge, quoique empreints de la peste égyptienne, non peignés, non lavés ; ils les portent sans éprouver de dégoût. » (A)

ravagée par la peste, surtout vers la fin du dernier siècle, quand cette contagion réduisit le nombre des habitans de huit mille à deux mille.

La malpropreté excessive des rues, et la position de la ville au pied d'une montagne escarpée qui intercepte la libre circulation de l'air, jointes aux habitudes naturellement sales d'une population considérable attirée en ce lieu par la présence du gouvernement, le rendent sujet à des épidémies presque continuelles, qui durant l'hiver dernier ont fait de grands ravages, et qui continuent encore en ce moment. L'air y est toujours épais et bien moins pur que celui d'Athènes et de plusieurs villes de l'intérieur de la Morée.

Les affaires du gouvernement ont été réglées avant le départ du président et de son secrétaire le prince Mavrocordato, de manière à ce que des communications non interrompues puissent avoir lieu tant avec les forces au nord de l'isthme qu'avec le camp de Navarin. Le vice-président Botazi, bon et honnête Spezziote, qui n'a pas plus d'esprit qu'il n'en faut, mais d'une réputation sans tache d'honneur et d'intégrité, a pris au corps exécutif le fauteuil de Conduriotti. Cristides, homme actif et intrigant, fait les fonctions de secrétaire, et les autres membres ont conservé leurs places accoutumées. Parmi ceux-ci, Jean

Coletti , médecin de profession , et qui a été en cette qualité au service d'Ali-Pacha, est sans contredit le plus habile et le plus intelligent ; quant à la sincérité de son patriotisme , il y a bien peu de personnes , soit en Morée , soit même parmi ses compatriotes, qui en soient très-intimement convaincues. Les exactions que ses agens ont commises en Morée, avec son approbation, l'ont rendu odieux au peuple qu'il représente , tandis que son esprit intrigant , sa physionomie dure et ses manières repoussantes, lui ont acquis généralement la réputation d'un homme rusé , avare, et d'un ambition dangereuse. Quoi qu'il en soit, ses talens reconnus lui ont procuré un si grand ascendant sur le président et sur le corps exécutif qu'il peut être regardé comme le ressort qui dirige tous ses mouvemens. Quant aux deux autres membres, l'un, Speliotaki, est un homme complètement nul , dont on n'entendrait jamais parler si on ne lisait son nom au bas des proclamations du gouvernement ; et l'autre, Petro Bey, le Mainote , est un bon vivant, à face rebondie , qui ne paraît remarquable que par son appétit et ses goûts épicuriens. Le seul individu qui se distingue parmi les membres du corps législatif est Spiridion Tricoupi, fils du dernier primat de Missolonghi , et qui représente cette ville. La place de secrétaire de lord Guilford, qu'il a occupée, et un séjour de quelques années en Angleterre, lui ont procuré une grande instruction et une connaissance approfondie de la langue anglaise. Les séances du corps législatif, quoique ce corps se compose de cinquante membres, sont communément silencieuses ou animées seulement par quelques discussions particulières. Tricoupi est le seul qui ait jamais essayé de prononcer un *discours*. On a proposé en dernier lieu de rendre compte des séances dans le journal d'Hydra, mais la proposition a été écartée par l'immense majorité des membres muets.

Pour ce qui regarde les ministres, Adam Ducas, chargé du portefeuille de la guerre, est incontestablement celui qui donne les plus belles espérances : je dis qu'il donne des espérances , parce que, descendu d'une des plus anciennes et des plus recommandables familles de la Grèce, il est encore jeune et peu au fait des fonctions de sa place; mais il paraît sentir ce qui lui manque, et il fait tous ses efforts pour y remédier.

Le plus singulier de tous les membres de la législature grecque est sans contredit le ministre de l'intérieur. Il s'appelle Gregorios Flescia : il a été dans les ordres et a commencé sa carrière par être intendant (δίκαιος) d'un monastère, de sorte qu'il est maintenant connu sous les deux noms de Grégorios Dikaios et de Pappa

Flescia. Des dispositions naturellement vicieuses lui donnèrent de bonne heure du dégoût pour sa profession, et au commencement de la révolution il se rangea comme volontaire sous les drapeaux de sa patrie. Ayant montré en diverses occasions une grande bravoure, il obtint un commandement dans lequel il se distingua par son courage. Ces circonstances l'engagèrent à abandonner entièrement le service des autels pour des occupations plus conformes à son goût, soit dans l'armée, soit dans les conseils, et il parvint effectivement, après avoir rendu de grands services au pays, à la place de ministre de l'intérieur. Dès-lors les moyens ne lui manquant plus, il s'abandonna sans frein à ses vices. Sa seule qualité est un patriotisme à toute épreuve et qui ne s'est jamais démenti. C'est à cette vertu qu'il doit la confiance du gouvernement, qui sous tous les autres rapports le méprise. En attendant il n'est point aimé du peuple et ne saurait l'être : le scandale qu'il a causé en affichant l'immoralité la plus éclatante lui a attiré le mépris de tous les partis, quoique ses talens diplomatiques, si l'artifice et la ruse méritent ce nom, lui aient assuré la bienveillance du gouvernement.

Le ministre de la justice, Téotochi, est peu connu : on sait seulement qu'il a été obligé de se sauver des îles Ioniennes, pour des manœuvres

frauduleuses. Quant au ministre de la police, je
ne l'ai jamais entendu nommer, et d'après l'a-
bominable malpropreté qui règne dans la ville ,
et l'état de dégradation des rues, je juge que si
la place existe, elle ne peut être qu'une sinécure.

Le 1ᵉʳ avril. — Hier à notre arrivée , nous fûmes enchantés d'apprendre d'un Grec que la
ville renfermait d'excellens hôtels (καλα ξενοδοχεια)
mais nous étant adressés à la *Locanda di Colocotroni* , sur le Marino , nous fûmes passable-
ment surpris quand on nous fit entrer dans une
chambre où il n'y avait ni lit, ni chaises, ni
table , rien en un mot que les quatre murs blanchis. Il fallut pourtant bien nous en contenter ;
les meubles et les lits portatifs dont nous nous
étions munis à Londres suppléèrent au plus
pressé , et nous prîmes possession de ce brillant
appartement, en attendant que nous pussions
en trouver un qui nous convînt mieux dans l'intérieur de la ville. Je ne dois pas oublier de dire
que dans notre *hôtel* il y avait aussi un restau-
rant. Parmi une longue suite de plats grecs qui
formaient la carte , se trouvait aussi du ροσβεφ,
probablement pour faire plaisir aux Anglais.

Nous sommes allés voir ce matin les seuls
philhellènes qui se trouvent maintenant à Napoli :
ce sont les comtes Porro et de Santa-Rosa, deux
seigneurs italiens expatriés , qui ont offert vo-

lontairement leurs services à la cause grecque. Le premier a obtenu une place qui équivaut à peu près à celle de conseiller d'état, et compte rester à Napoli auprès du gouvernement. Quant à M. de Santa-Rosa, ses talens législatifs étant inutiles ou n'ayant point été appréciés, il a pris la résolution de se rendre à l'armée comme Palikari, avec un mousquet et un ataghan.

C'est en effet là la seule situation dans laquelle aujourd'hui les services d'un étranger puissent être de quelque avantage réel au pays, à moins qu'il ne soit, par sa fortune et ses talens, en état de se mettre complètement à la tête des affaires; et l'on n'aurait *que trop besoin* d'un homme tel que je le décris. Toute autre personne qui entrerait comme simple soldat parmi des troupes indisciplinées, accoutumées à ne recevoir d'ordres que de leurs chefs domestiques, ne pourrait être utile qu'autant que s'étendraient ses forces physiques ; et sous ce rapport, il demeurera toujours inférieur à ses compagnons, habitués à toutes les privations et à toutes les difficultés d'une guerre de miquelets. Près du gouvernement, il ne saurait rendre aucun service, sans compter qu'on ne lui en demanderait pas, et qu'il s'exposerait à tous les désagrémens résultant des petites intrigues et des intérêts particuliers de ses collègues, qui, bien que privés de principes de conduite arrêtés, se croient néanmoins parfaitement en état de diriger leurs propres affaires. La commotion qui accompagne la crise actuelle oppose une barrière insurmontable aux efforts que l'on voudrait faire pour améliorer l'état moral du peuple, et jusqu'au moment où l'existence nationale, aujourd'hui menacée, sera à l'abri de toute crainte, les progrès intellectuels de la nation, quelle que soit leur importance réelle, ne pourrait être qu'un objet secondaire ; ainsi que je viens de le dire, le seul homme qui pourrait en ce moment rendre des services essentiels à la Grèce serait celui dont la fortune le mettrait en état d'acheter l'amitié des soldats, dont les talens leur inspireraient assez de confiance pour qu'ils le suivent, dont le rang et le caractère lui assureraient la coopération et l'appui du gouvernement, et dont l'influence serait assez puissante pour éteindre les factions. Je répète encore que la personne qui réunirait ces avantages pourrait seule servir efficacement la cause des Grecs, et que toute autre ne retirerait d'une résidence parmi eux que de la honte et des désagrémens.

Etant sorti des portes pour me promener du côté du mont Palamède, mes yeux furent frappés d'un spectacle que je ne me serais pas attendu à trouver dans un pays professant la religion chrétienne, dont la charité est la première loi.

Les corps de deux Arabes gisaient par terre,
pourissant aux rayons d'un soleil brûlant, et cela
à moins de cinquante toises de la partie habitée
de la ville , la religion ou plutôt les préjugés des
Grecs ne leur permettant pas même de jeter
un peu de terre sur les restes inanimés de leurs
ennemis infidèles. C'est encore là une des causes
qui contribuent à rendre si malsain le climat
de Napoli de Romanie. De pareils exemples
montrent tout ce qui reste à faire pour améliorer
le caractère abâtardi des Grecs; ils prouvent
également toute la malignité d'une guerre dans
laquelle la mort n'assouvit point la vengeance, et
l'impossibilité de pouvoir réunir de nouveau
sous le même gouvernement deux peuples séparés par une haine si implacable.

Le 4 avril. — Je suis allé aujourd'hui à midi
présenter mes lettres au ministre de l'intérieur ;
il dînait : j'attendis son loisir dans un salon de
réception que traversaient incessamment des
domestiques portant des plats dont le prix et la
variété prouvaient le goût raffiné de cet ecclésiastique diplomate. Au bout de quelques momens on me fit passer dans une autre pièce
magnifiquement meublée de coussins de soie et
de riches tapis, et le ministre ne tarda point à
paraître : il s'assit à la turque, pendant que ses
gardes se plaçaient autour de l'appartement,

sur des coussins disposés pour eux. On commença par me présenter une pipe et du café
dans une petite tasse de porcelaine entourée
d'un réseau d'argent ; après quoi le ministre lut
mes lettres, et me fit une réponse sur-le-
champ. Son air est celui d'un franc mauvais
sujet, et il a dans l'œil un clignotement qui
donne une apparence de mauvaise foi à des
traits qui du reste sont agréables et bien coupés.
Il est malheureux pour la Grèce que sa position la force à accorder des places si honorables
à de pareils individus.

On a reçu aujourd'hui des lettres du camp de
Navarin ; il paraît que l'on se bat déjà assez vivement sous les murs de cette ville. Le 28 mars l'ennemi a livré un assaut à la place ; mais il a été reçu
par les forces réunies de Carratazzo et de Joannes, le plus jeune des fils de Petro Bey. Le premier, après avoir fait des prodiges de valeur, s'est
trouvé engagé dans un gros d'ennemis d'où ses
soldats ne l'ont délivré qu'avec peine ; l'autre,
jeune homme de talens supérieurs et d'une
grande bravoure, a reçu au bras une blessure
qui, mal pansée par un chirurgien ignorant, a
donné lieu à la gangrène à laquelle il a succombé.
Cette action a coûté cent cinquante hommes aux
Grecs, et un nombre d'ennemis à peu près égal,
car les premiers se sont emparés d'une centaine

de fusils et de baïonnettes de fabrique anglaise,
qu'ils ont envoyés à Tripolitza, où ils ont été sur-
le-champ distribués à un corps d'artilleurs qui
partaient pour le camp. Une dépêche de Goura
vient aussi d'annoncer qu'Ulysse, entièrement
abandonné de ses troupes, s'est retiré à Tolanda,
situé sur les bords de la mer en face de l'île
d'Eubée, où il est serré de près par son ci-devant
élève, qui se flatte de pouvoir en très-peu de
temps le remettre entre les mains du gouvernement.

Le 10 avril (dimanche).—C'est aujourd'hui la
fête de Pâques, et à cette occasion Napoli présente
un spectacle tout-à-fait extraordinaire, c'est-à-
dire que la ville est propre. Cette fête, la plus
solennelle de l'église grecque, se célèbre avec
un respect et des réjouissances extraordinaires.
Le carême étant terminé, les fours sont remplis
de mets de mille espèces. Dès hier le sang des
agneaux et des chevreaux ruisselait dans les
rues ; et ce matin toutes les maisons respirent
l'odeur des tourtes et des viandes cuites au four.
Les habitans, en habits de fête, s'empressent
de rendre des visites et de recevoir des félicitations. Chacun, en rencontrant un ami, ne manque pas de l'embrasser sur les deux joues et
de lui dire Χρίστος ανεστη (le Christ est ressus-
cité). Toute la journée s'est passée en réjouis-

sances. On a tiré le canon des batteries, et les échos
du mont Palamède n'ont cessé de répéter le
bruit des pistolets et des tophaëcs des soldats.
Quand les Grecs tirent ainsi pour s'amuser,
ils ont la mauvaise habitude, soit par paresse,
soir pour rendre le son plus éclatant, de laisser
toujours la balle dans leur fusil, ce qui occasione de nombreux accidens. Un malheureux
a été tué aujourd'hui à sa fenêtre, et un autre a
été grièvement blessé. Le soir une grande cérémonie a eu lieu sur la place; tous les membres
du gouvernement, après avoir assisté aux offices
à l'église de Saint-George, se sont réunis devant
le palais du corps exécutif. Le corps législatif
étant le plus nombreux s'est placé sur une seule
ligne, et les membres de l'autre corps ont
défilé devant lui en descendant par la droite.
C'est alors que les embrassades ont commencé:
le corps exécutif en donnant l'accolade au corps
législatif a montré une ferveur et une affection
exemplaires. Avec un sénat aussi intrigant et aussi
factieux que l'est celui des Grecs, on peut har-
diment assurer qu'il y a eu dans le nombre
plus d'un baiser de Judas.

Dans la soirée, on a reçu un courrier de Mis-
solonghi avec des nouvelles très-défavorables.
Les défilés de Makrinovo, par lesquels le Roméli-
Valisi devait passer pour attaquer la Grèce occi-

dentale , avaient été confiés à plusieurs des plus braves généraux roméliotes : celui de Makrinovo même à Nota Bozzaris ; celui de Karbassura au général Izonga ; tandis qu'à Ponitza on avait placé un nombre suffisant de bonnes troupes commandées par divers capitani. Le général Iskos , chargé du commandement en chef, étant parti après un peu de retard pour se rendre à son poste , on reçut de lui , au bout de quelques jours , une lettre datée du 6 avril, dans laquelle il annonça qu'arrivé à Makrinovo , où il espérait joindre Nota Bozzaris , il avait trouvé l'ennemi campé sur les positions de Vlicha et de Japis-choris, de ce côté-ci de la montagne. Les Grecs ayant abandonné leur poste , avaient livré le dé-filé à l'ennemi, qui venait par conséquent de pénétrer avec toutes ses forces dans la Grèce occidentale. Izonga lui-même , avec ses propres troupes et avec celles postées à Itnizza , avait repassé l'Acheloüs sans livrer à l'ennemi le plus léger combat, laissant tout le pays au nord de cette rivière exposé aux ravages des Turcs. Les habitans de Keromero, de Valto et des autres villages les plus exposés , se sont retirés à Kala-mos , où ils ont été accueillis avec la plus grande humanité par le résident anglais. L'ennemi a donc déjà réussi dans la première partie de son plan , qui était d'entrer dans la Grèce occidentale ; mais comme il y a encore de nombreux défilés et positions capables d'arrêter sa marche sur Missolonghi, le sénat prend à cet effet toutes les mesures convenables.

Le 11 avril. — Ce soir, pendant une promenade que nous avons faite hors de la porte de Palamède, la plaine, à l'orient de la ville, nous offrit un spectacle animé et plein d'intérêt. La beauté du jour, jointe à la fête qui n'était pas encore terminée, avait engagé un grand nombre d'habitans à sortir de la ville pour errer dans la plaine. Une foule de femmes élégamment mises étaient groupées sur l'herbe, et prêtaient l'oreille aux sons de la guitare et de la flûte. Des troupes d'hommes à cheval, montés sur de superbes coursiers arabes, volaient sur le chemin, et lançaient le djerid, tout en guidant avec une adresse étonnante leurs petits chevaux pleins de vivacité ; ils se détournaient par les angles les plus aigus, et s'arrêtaient au milieu de leur course malgré sa rapidité. De toutes parts on voyait des musiciens entourés de danseurs, exécutant leur triste *romaïca*, et égayant ses monotones pirouettes par des coups de pistolet réitérés. D'un autre côté, des enfans, dans des habits de fantaisie, et couronnés de fleurs, jouaient autour de leurs parens enchantés. Il était impossible, en voyant cette scène, de croire que l'on fût dans un pays exposé à toutes les horreurs de la guerre, et entouré de familles au nombre desquelles il n'y en avait pas une seule qui n'eût déjà perdu au moins un membre dans la lutte.

CHAPITRE VI.

SUITE DU SÉJOUR A NAPOLI DE ROMANIE. — DÉPART
POUR HYDRA.

LE 20 avril. — Depuis quinze jours, aucun
changement important n'a eu lieu en Morée.
A Navarin, ce sont toujours les mêmes petits
combats. Cette manière de guerroyer est également
funeste aux deux partis : les Grecs, à la
vérité, sont plus souvent vaincus; mais comme
ils conservent leurs positions, chaque jour ne
fait qu'ajouter à l'exaspération qui amènera à la
fin un effort désespéré et peut-être définitif; tandis
que les Égyptiens, en voyant journellement
diminuer leurs forces, finiront infailliblement
par se décourager. Le président et le prince
Mavrocordato sont arrivés au camp, et ont pris
position dans le voisinage. L'armée entière du
gouvernement se monte, dit-on, à vingt-cinq
mille hommes; mais c'est un point dont on ne
peut jamais s'assurer, car une foule de soldats
ne cessent de quitter les drapeaux pour aller vi-

siter leur famille , d'où ils sont bientôt rappelés
au camp par l'espoir du pillage. D'ailleurs, on
ne peut trop compter sur les rapports des capitani , dont les rôles d'activité ne sont pas fort
exacts , puisqu'ils aiment mieux enfler que diminuer le nombre d'hommes dont on leur al-
loue les rations et la solde. Quoi qu'il en soit,
les forces que l'on possède sont plus que suffisantes pour la défense de la place , et l'on peut
espérer que , sous la prudente direction du président , elles feront échouer les projets de l'ennemi.

La flotte grecque est maintenant partagée en
deux escadres : l'une , composée de vingt-deux
bricks et de huit brûlots , en partie ipsariotes et
en partie hydriotes , croise dans l'Archipel et
devant Mytilène, pour observer le départ de la
flotte turque, qui n'a pas encore passé les Dardanelles , et qui attend à Gallipoli l'arrivée du
capitan-pacha ; l'autre , forte de vingt-six vaisseaux et bricks de guerre, avec six brûlots , est
commandée par Miaoulis ; elle croise entre le
cap Mytilène et Cérigo, pour avoir l'œil sur les
mouvemens de l'escadre égyptienne qui est at-
tendue de nouveau avec des renforts et des provisions.

Des vaisseaux autrichiens , ioniens et même
anglais, chargés de grains et de provisions turcs,

arrivent journellement à Napoli, capturés par l'une des escadres. Les papiers de ces bâtimens sont toujours en parfaite règle, et leur destination apparente est pour les îles ioniennes ; mais les aveux des capitaines sur quelques autres circonstances suffisent d'ordinaire pour les faire condamner. Plusieurs d'entre eux ont cependant été réclamés par leurs gouvernemens respectifs ; et quoiqu'il fût évident que leurs cargaisons appartenaient à des Turcs, cependant leurs papiers étant en règle, et de simples soupçons n'autorisant pas une condamnation, on s'est vu obligé de les relâcher.

On a fait courir en dernier lieu à Constantinople le bruit que Navarin s'était rendu, que Tripolitza était au pouvoir des Égyptiens, et que Napoli était assiégé par terre et par mer. Cette nouvelle paraissait si certaine, et l'autorité d'où elle émanait inspirait tant de confiance, que les ambassadeurs étrangers allèrent jusqu'à offrir leurs félicitations au sultan.

C'est peut-être sur la foi de ce rapport que trois vaisseaux portant pavillon autrichien se sont présentés le 13 avril, à l'entrée du port de Navarin, chargés de provisions pour l'ennemi. Le commandant de la place, soupçonnant leurs intentions, arbora le drapeau rouge sur la forteresse, et en conséquence les trois vaisseaux entrèrent en toute tranquillité; mais ils furent arrêtés, et après un examen légal, ayant été déclarés bonnes prises, on se mit sur-le-champ à les décharger pour l'usage de la garnison.

De nouvelles lettres de Goura confirment l'abandon d'Ulysse. Il est maintenant étroitement bloqué dans un monastère aux environs de Tolanda.

Le 21. — J'ai été présenté ce matin au ministre de la guerre et aux membres du corps exécutif. Leur résidence est dans une grande maison turque près des remparts. Le rez-de-chaussée de cette maison est une écurie, le premier étage sert de caserne; au second sont les bureaux du gouvernement, qui se tiennent dans une petite chambre fort simple, entourée d'un divan, et décorée d'une grande carte française de la Grèce et des îles. C'était là qu'autour d'une table de bois de sapin, couverte de papiers, étaient assis le petit nombre de descendans de Thémistocle et d'Épaminondas auxquels était confié le soin de régénérer le pays des dieux et des héros.

Dans la journée, le vaisseau *the Lively*, de Londres, a mouillé dans la baie, ayant à bord 20,000 liv. sterling de l'ancien emprunt, et 40,000 liv. sterling du nouveau, apporté par les comtes Pecchio et Gamba, fondés de pou-

voirs des entrepreneurs, MM. Ricardo. Des arrivées de ce genre répandent toujours la joie la
plus vive dans le cœur des Grecs , dont la plupart
ne se rendent pas très-nettement compte de ce
que c'est qu'un *emprunt,* et s'imaginent que c'est
une manière délicate et usitée en Europe pour
faire un cadeau. A la première nouvelle de l'entrée du *Lively,* les coups de pistolet ont recom-
mencé, et dans la soirée on a amené dans la
ville le trésor, pendant que la musique du régiment de troupes régulières, postée sur la place,
jouait l'air *God save the king,* que le peuple
accompagnait des cris de ζητω Γεωργιο (vive
Georges !)

Le 25. — Nous étant transportés ce matin avec
le comte Gamba dans un logement que le gouvernement nous a assigné dans le palais du ci-
devant pacha, nous ne tardâmes pas à recevoir
la visite d'un vieux Roméliote, le capitaine Démétrius, qui a été attaché à Lord Byron. En
voyant M. Gamba, il l'embrassa de la manière la
plus affectueuse, et fondit en larmes, dès que
le nom de Byron eut été prononcé, disant qu'il
avait perdu en lui un père, et la Grèce son ami
le plus sincère. Les expressions dont il se servit
furent à la fois remplies de sentiment et de poésie. Pour faire comprendre les espérances que
la réputation de Lord Byron avait fait naître dans

le cœur des Grecs, il nous dit que dès qu'ils eurent
appris qu'un grand effendi anglais arrivait pour
les secourir, ils avaient attendu sa venue comme
de jeunes hirondelles attendent leur mère, puis
il ajouta : « Et il vint, et il nous donna ses con-
» seils, et sa fortune, et sa vie ; et quand il mou-
» rut nous nous sentîmes comme des hommes
» frappés d'une cécité soudaine, tandis que rien
» ne pouvait égaler la douleur que nous causait
» sa perte, si ce n'est nos inquiétudes pour l'a-
» venir. »

Tels sont les termes dans lesquels j'ai toujours
entendu parler de Lord Byron, ce qui prouve
au moins que les Grecs sont reconnaissans envers leurs bienfaiteurs, quoique dans cette occasion leurs ennemis pourraient dire que leurs
regrets sont plutôt excités par la perte de leurs
espérances que par une reconnaissance bien
sincère.

Des lettres importantes sont arrivées aujour-
d'hui de tous les côtés. Dans le nombre il s'en
trouve une de Goura qui annonce qu'Ulysse s'est
enfin décidé à se rendre et qu'il a été envoyé à
Athènes pour être renfermé dans l'acropolis. Je
ne crois pas que cet infortuné chef ait jamais eu
l'intention de se réunir aux Turcs. S'il en avait
eu le projet, un homme aussi puissant et aussi
influent que lui n'aurait pas traité avec le pacha

de Négrepont ; il se serait adressé plus haut. Il est probable que son seul désir était de s'éloigner du gouvernement, avec les membres duquel il ne pouvait pas s'accorder, et que, tranquille sur le résultat définitif de leurs efforts en faveur de la liberté, il ne voulait qu'augmenter les biens et le pouvoir dont la délivrance de la Grèce devait un jour lui assurer la paisible possession. C'est pour cela qu'il avait ouvert une correspondance avec le pacha, et tout le monde est aujourd'hui à peu près convaincu que la négociation avait pour but de se faire remettre l'île à lui-même. En attendant, bien assuré que le gouvernement était mal disposé pour lui, et ne pouvant pas se justifier sur le fait évident de sa correspondance avec l'ennemi, il avait résolu d'opposer la force à la force, mais sans jamais invoquer ou accepter le secours des Turcs. En se soumettant il a particulièrement stipulé que son procès lui serait fait. On va sans doute s'en occuper aussitôt qu'on en aura le loisir ; et son résultat éclaircira l'affaire. La caverne est encore bloquée par les troupes de Goura ; mais comme elle est défendue par ses plus fidèles adhérens et par sa propre famille, et qu'elle est munie d'ailleurs de provisions suffisantes, il n'est guère possible de s'en emparer par force.

Des dépêches de Missolonghi annoncent

qu'aussitôt que l'on y eut reçu la nouvelle du passage de Makrinovo par les Turcs, une députation avait été envoyée aux généraux qui avaient abandonné leur poste, pour les engager à repasser l'Acheloüs et à tâcher d'occuper les défilés au moyen desquels la marche de l'ennemi pouvait être arrêtée; qu'en conséquence Izonga et le général Makres étaient partis pour Ligovitzi ; mais qu'au premier avis de leur approche, l'ennemi s'était avancé de son côté et s'était emparé de la position avant qu'ils n'arrivassent, de sorte qu'ils furent forcés de se replier sur Lesini. Toujours poursuivis par les Turcs, un léger combat s'y engagea, à la suite duquel l'ennemi, continuant sa marche, vint camper à Podololavitza; tandis que les Roméliotes, sentant combien peu ils étaient en état d'arrêter ses progrès, se retiraient à Missolonghi pour mettre la place en sûreté et disposer la garnison à faire une bonne défense.

On s'attend maintenant tous les jours à l'approche de l'ennemi. Dans l'intervalle le gouvernement civil de la ville a pris toutes les mesures nécessaires. Le général Stornari a été nommé commandant des fortifications, tandis que la garnison et les batteries ont été mises sous les ordres de Georgio Likatà et d'autres.

La défense d'Anatolia a été confiée à Nota

Bozzaris, Souka, Milios, etc., et on leur a donné un certain nombre de barques propres à naviguer dans les bas-fonds qui entourent la ville, afin de se procurer des provisions. Ils ont en outre reçu l'ordre de prendre tous les moyens possibles pour entretenir de constantes communications avec Missolonghi. La lettre ajoute que les fortifications des deux villes sont dans un état de défense admirable et pouvant résister à toutes les attaques, de sorte qu'ayant devant les yeux les glorieux exemples des défaites d'Omer-Vrione et de Skodra, il n'y a pas de doute que les garnisons ne fassent leur devoir.

Les lettres de Navarin parlent d'une action fort importante qui a eu lieu le 19 courant. Les Égyptiens avaient placé leur camp à l'orient de Navarin, et une batterie de quelques pièces de canon avait été élevée sur une petite éminence au midi des fortifications, d'où l'on faisait un feu continuel.

Les positions sur les derrières de l'ennemi avaient toutes été occupées, afin de couper s'il était possible ses communications avec Modon, et elles s'étendaient en demi-cercle. L'extrême gauche était commandée par Hadji-Christo, Hadji Stéfano, et Constantin Bozzaris, frère du célèbre Marco ; la droite était sous les ordres de Giavella et de Karatazzo, tandis que le centre était occupé par un corps de Moréotes, sous le général Skurtza, hydriote, qui a obtenu, par la protection de Conduriotti, ce poste éminent. Le soir du 13, on apprit par un déserteur que les ennemis avaient formé le projet d'attaquer le lendemain, et l'on en donna connaissance aux divers généraux. Les commandans des deux ailes étaient bien préparés à les recevoir; mais au centre, Skurtza avait négligé de construire les retranchemens et les petites lignes sans l'aide desquels les Grecs sont tout-à-fait incapables de garder leurs positions. Il demanda en conséquence du renfort, et de grand matin Bozzaris partit pour le rejoindre avec un petit corps d'élite. Vers neuf heures, l'attaque des Égyptiens commença contre la position d'Hadji-Christo, qui la soutint avec le plus grand courage. En même temps, un autre corps de troupes, ayant trois pièces de canon et un mortier, attaquait l'aile droite, et rencontrait une résistance non moins vive de la part de Giavella et de ses soldats; tandis qu'une troisième attaque, soutenue par la cavalerie des Mamelouks, avait lieu contre le centre. Les deux ailes gardèrent leurs positions avec une bravoure étonnante, quoique plus de trois cents boulets ou obus tombassent en deçà des lignes de Giavella; mais au centre, le défaut de leurs tambours accoutumés jeta bientôt la confusion parmi les troupes de Skurtza, et après une faible défense ils se retirèrent précipitamment, laissant les soldats de Bozzaris seuls en présence de l'ennemi. Ceux-ci furent bientôt taillés en pièce, et ce ne fut qu'avec peine qu'il se sauva lui-même avec vingt-sept hommes, après avoir vu tomber tous les guerriers d'élite de son frère Marco. Ce combat a coûté plus de deux cents hommes aux Grecs. Xidi et Zaffiropoulo, deux de leurs plus braves chefs, ont été faits prisonniers, et quatre capitaines distingués ont péri.

Le lendemain, l'ennemi, enflé de ce succès, tenta un assaut contre les remparts de la place ; mais les efforts de la garnison, assistée par un corps d'Arcadiens qui manœuvrait sur les derrières de l'ennemi, parvinrent à le repousser avec une perte de cent morts et de vingt prisonniers. Les Grecs s'emparèrent aussi de la nouvelle batterie des Égyptiens ; mais ne pouvant enlever les canons, ils se contentèrent de les enclouer, après quoi ils entrèrent dans la ville.

Le 5 mai. — Des lettres de Missolonghi, du 1ᵉʳ courant, sont arrivées aujourd'hui. Elles contiennent la nouvelle de l'arrivée des Turcs devant Missolonghi et Anatolia, et des détails sur leurs mouvemens. Le projet de les empêcher de passer l'Achéloüs ayant manqué, une partie des troupes qui étaient revenues à Missolonghi furent renvoyées pour occuper divers postes environnans, pendant que le reste attendait l'arrivée de l'ennemi, qui continuait sa marche sans éprouver de retard ou d'opposition. Dans la soirée du 23 avril, le premier détachement ayant passé l'Achéloüs près de la ville, vint camper devant Anatolia, et bientôt tout le pays sur les deux bords de la rivière fut occupé. Le 27, les Turcs parurent pour la première fois devant Missolonghi, campèrent dans les bosquets d'oliviers au nombre de cinq mille, auxquels de petits détachemens ne cessaient de venir se joindre.

Un déserteur qui passa le lendemain du côté des Grecs leur dit que la force entière de l'armée turque était de vingt-cinq mille hommes; mais que comme il y en avait beaucoup qui étaient encore en route ou à Arta, le nombre de ceux qui se trouvaient alors devant Missolonghi et Anatolia ne passait guère dix mille; qu'ils étaient fort à court de provisions, et que toute leur artillerie consistait en deux petites pièces de canon, le reste devant leur être envoyé de Patras.

Quelques petits combats avaient déjà eu lieu près des bosquets d'oliviers, dans lesquels des hommes avaient été tués de part et d'autre; mais au moment de l'expédition des dépêches, l'ennemi n'avait pas encore commencé d'opérations actives.

A Navarin, les travaux du siége continuent conformément à l'usage ; l'ennemi a placé de nouveaux canons sur la batterie, et fait un feu soutenu, mais sans avoir encore remporté d'avantages remarquables. Par malheur, des dissensions continuent à régner parmi les troupes, et le passage des Roméliotes par la Morée a été accompagné de grands excès, leur mépris pour les paysans Moréotes ayant encore été augmenté par l'issue de la dernière insurrection, qui s'est terminée par un triomphe si complet sur les antarti.

Depuis l'arrivée des Roméliotes au camp, il n'y a jamais eu de coopération sincère entre les troupes des deux districts. La défaite de Bozzaris le 19 , qu'il attribue avec raison à la négligence et à la pusillanimité des Moréotes commandés par Skurtza, n'a fait qu'agrandir la brèche. L'autorité du président a été sans force pour apaiser l'animosité réciproque ; et enfin, à l'arrivée des Turcs devant Missolonghi, les Roméliotes déclarèrent positivement qu'ils voulaient abandonner la défense de Navarin à sa garnison et aux autres troupes de la péninsule, tandis qu'ils iraient eux-mêmes au secours de leurs propres foyers. En conséquence, le 5o avril, ils sont arrivés au nombre de trois mille, commandés par leurs généraux respectifs Giavella, Karaiscachi et Bozzaris, à Lugos, où ils sont encore ; mais dans deux ou trois jours ils doivent partir pour les positions qui leur ont été assignées par le ministre de la guerre.

Les Moréotes, de leur côté, s'arment avec beaucoup d'ardeur pour remplacer les alliés qui les ont quittés, et les deux rebelles Zaimi et Londo, que le résident anglais a forcés d'abandonner leur retraite à Kalamos, sont revenus en Morée, se sont soumis au gouvernement, et lèvent maintenant des troupes dans leur district natal de Kalavrita.

Du côté d'Hydra, on a entendu, pendant les deux journées du 28 et du 5o., des canonnades fortes et continuelles qui paraissaient venir du midi de la Morée ; mais le calme qui a constamment régné depuis ce temps n'a permis de recevoir qu'aujourd'hui les nouvelles de ce qui s'est passé. Il paraît que l'escadre de Miaoulis, forte de vingt-quatre voiles, a rencontré le 28 avril la division égyptienne venant de Sude avec des soldats et des munitions. Une vive canonnade s'engagea sur-le-champ ; mais le vent étant trop faible pour qu'on pût se servir des brûlots, elle n'aboutit à rien; cependant, dans la soirée du 3o, une légère brise s'étant élevée, les brûlots firent une tentative qui ne réussit pas. Deux de ces bâtimens furent consumés inutilement, et les Grecs ne pouvant plus arrêter les Égyptiens, ceux-ci sont arrivés à Modon, où ils ont effectué leur débarquement.

Des navires chargés pour le compte des Turcs continuent à arriver journellement à Napoli, où, après un examen en règle, ils sont presque toujours condamnés.

Lundi 9 mai. — Hier au soir, je me suis embarqué dans un caïque du pays pour Hydra. Malgré les fréquentes communications qui ont lieu entre Napoli et cette île importante, il n'y a pas d'autre moyen de s'y rendre que par ces barques ouvertes. Il y en a quarante à cinquante qui vont et viennent continuellement; elles sont pour l'ordinaire du port de quinze à vingt tonneaux, portant une grande voile et un foc, et sont manœuvrées par deux ou trois hommes et un garçon; elles peuvent *contenir*, c'est le mot, une trentaine de passagers, qui ne doivent s'attendre, du reste, à aucune espèce de commodité. Elles partent communément de Napoli le soir, afin de profiter de la brise de terre, qui souffle régulièrement toutes les nuits dans la baie d'Argos, et elles arrivent à Hydra le len-

demain matin, la distance n'étant que de trente-
six milles. Nous avons appareillé de Napoli hier
au soir à neuf heures, notre caïque contenant
vingt-deux passagers ; mais le vent nous ayant
manqué pendant la nuit, nous ne pûmes faire
que dix milles, et en m'éveillant ce matin, j'ai
trouvé notre embarcation se traînant sur des
flots unis, et exposée sans défense aux rayons
d'un soleil brûlant. A notre droite s'élevaient les
montagnes agrestes de Sparte, et à notre gauche
celles de l'Argolide et de Crassidi ; en face nous
avions la petite île rocailleuse de Spezzia, devant laquelle nous passâmes vers midi avec le
secours de nos rames.

Cette île n'est autre chose qu'une masse de
poudingue, légèrement recouverte de terre végétale qui produit quelques lentisques et du
thym. La ville, située sur la côte orientale, contient environ sept cents maisons construites en
amphithéâtre sur le penchant de la montagne ;
elles sont toutes propres et peintes en blanc,
entremêlées de nombreux moulins à vent, ce
qui donne à l'île un aspect brillant et heureux.
Le calme était devenu tout plat ; et quand nous
eûmes doublé avec peine le cap Oursiris, défendu par une batterie et quelques pièces de canon, nous aperçûmes distinctement l'île d'Hydra, les bras blancs de la petite ville pressant le

sauvage sein du rocher sur lequel elle est située. Au lieu de nous diriger en ligne droite sur elle, nous fûmes obligés de passer au nord de l'île de Thoco, située entre celle d'Hydra et le continent. Nous y prîmes terre à six heures pour reposer nos rameurs, et là, étendu nonchalamment sur le rocher, je pus jouir d'une perspective délicieuse par sa tranquillité. La surface du détroit, qu'aucun zéphir ne ridait, n'était agitée que par une foule de veaux marins qui se jouaient dans ses eaux, et qui par intervalles la laissaient unie comme un miroir. Cependant le soleil se couchait derrière les montagnes d'Argos, et ses riches teintes, qui se développaient sous un ciel sans nuages, et qui se perdaient par degrés en approchant du zénith, réfléchies dans le sein uni de la mer, et, jointes au pourpre vif qui couronnait le sommet des montagnes, répandaient un éclat égal sur la terre et sur le ciel.

Nous paraissions être à l'endroit précis où lord Byron écrivit son inimitable introduction du second chant du *Corsaire*. Devant nous étaient les montagnes de l'Argolide; à droite nous apercevions vaguement la ligne du cap Colonna, avec l'entrée d'Égine et de Salamine, tandis que nous avancions lentement vers Hydra.

« Le soleil s'approche à pas lents des monta-

gnes de la Morée, et semble acquérir de nouveaux charmes à mesure qu'il s'avance vers le
terme de sa course. Ce n'est point cet éclat obs-
curci dont il brille dans les climats septentrionaux, c'est un torrent de lumière animée qu'aucun nuage n'affaiblit. Il jette ses jaunes rayons
sur le tranquille Océan, et dore le flot verdâtre
qui frissonne en étincelant. Au rocher de l'antique
Égine et à l'île d'Hydra, le dieu du bonheur sourit en partant; il ne les quitte qu'à regret, et
semble prendre plaisir à éclairer ces régions qui
lui appartiennent, quoique ces lieux et les autels qu'ils renfermaient ne soient plus sacrés aux
yeux des hommes! Sa marche devient plus rapide; les ombres des montagnes atteignent, invincible Salamine, le golfe témoin de ta gloire.
Leurs arches azurées, teintes d'un pourpre plus
vif, rejoignent dans le vaste espace son éclat
adouci. Les couleurs les plus suaves poussées
par les eaux marquent son cours, et arrivent
enfin à ce qu'on appelle le ciel, jusqu'à ce que
l'astre caché à la terre et aux flots, aille chercher
le repos derrière son rocher de Delphes. »

Vers neuf heures, après avoir de nouveau
longé péniblement la côte pendant près de deux
milles, nous entrâmes dans une petite baie où
les matelots proposèrent de passer la nuit. Nous
pénétrâmes ensuite dans l'île, et nous nous

adressâmes à une cabane de berger pour avoir
du lait et du pain tendre. Cette petite île, qui
est à environ six milles d'Hydra, et qui en dépend, produit quelques légumes, et fournit assez de verdure pour nourrir un petit nombre de
moutons. Les seuls endroits susceptibles de culture appartiennent aux Hydriotes, les habitans
étant excessivement pauvres. Nous retournâmes
la nuit vers notre barque; le temps était délicieux, il n'y avait pas un souffle d'air. La mer
d'Égée dormait autour de nous dans un silence
vague et vaporeux; les cieux étaient ornés d'é-
toiles qui brillaient du plus vif éclat, et sur chaque
buisson le ver luisant semblait essayer de rivaliser
avec elles. Ayant regagné notre caïque, nous nous
enveloppâmes dans nos manteaux, et nous nous
couchâmes dans l'attente de la brise du matin.

CHAPITRE VII.

SÉJOUR A HYDRA.

MARDI 11 mai.—Ce matin à dix heures, après avoir long-temps combattu contre un vent directement contraire, venant du N. E., qui dans ce détroit souffle presque tous les matins, nous avons enfin mouillé dans le port d'Hydra. Quand on approche de la ville par mer, elle offre un point de vue magnifique. Ses grandes maisons blanches paraissent sortir de l'eau le long des rochers escarpés qui forment le port. Sur chaque petite pointe avancée se déploient les blanches ailes d'une infinité de moulins à vent, et chaque crête est armée d'une batterie. Sur le dernier plan, les sommets arides des rochers qui composent toute l'île, sans offrir à peine un point de terre végétale ou un seul arbre, se couronnent de nombreux monastères. Sur l'un est placée une vigie pour observer l'approche des vaisseaux ; et sa vue s'étendant à une distance

immense, ce sont les Hydriotes qui en général
sont les premiers instruits des mouvemens maritimes un peu importans. Les rues de la ville,
ainsi qu'on peut le supposer d'après sa situation,
sont inégales et escarpées ; mais quand on arrive
du Péloponnèse, on est agréablement frappé de
leur propreté. Le quai, qui s'étend sur toute la
longueur du port, est bordé de magasins et de
boutiques dont le nombre suffit pour faire connaître quelle était autrefois l'étendue du commerce d'Hydra.

Les maisons sont construites avec la plus
grande solidité, et à l'exception des toits en
terrasse, elles ressemblent aux maisons d'Europe. Les chambres sont grandes et bien aérées,
les vestibules spacieux et toujours pavés de
marbre. Les murs sont si épais, que les fenêtres,
enfoncées dans leurs profondes embrasures,
pourraient se passer de persiennes. Mais indépendamment de la solidité des bâtimens, ils
sont encore remarquables par leur élégance et
leur extrême propreté, ce qui fait l'éloge des
goûts domestiques des dames d'Hydra, qui du
reste ne sont pas encore tout-à-fait délivrées de
la contrainte sédentaire si généralement impo-
sée dans l'Orient. Les meubles, mi-partie turcs
et européens, réunissent le faste des uns avec
la commodité des autres, tandis que leur soli-

dité jointe à l'absence des ornemens montrent qu'ils ont été faits plutôt pour l'usage que pour l'ostentation.

L'apparence extérieure du peuple est plus agréable que dans le reste de la Grèce. Les femmes sont en général jolies; mais l'usage où elles sont toutes de porter un fichu plié sur la tête et noué sous le menton détruit le beau contour de leur figure, et leur donne une face uniformément ronde. Un petit casaquin de soie très-enjolivé et un large jupon avec une immensité de plis et de lés, généralement d'une étoffe verte, bordé de deux ou trois raies de couleurs éclatantes, forment leur costume. La petite pantoufle, si commune dans le nord de l'Italie, et qui sied si bien à la cheville et au talon, se retrouve aussi chez les dames hydriotes, dont les cheveux, noirs comme du jais, les yeux brillans, la tournure gracieuse, et les superbes mains, contribuent avec leurs manières à demi européennes, à les rendre sinon les plus belles, du moins les plus intéressantes que j'aie vues dans le Levant.

Les hommes sont tous bien faits et ont les formes athlétiques; leur costume réunit la légèreté de l'habit oriental avec la grâce de celui des peuples de l'Europe. Leurs courtes jaquettes sont couvertes de broderie; l'unique ornement qu'ils portent sur eux est la poignée de leur *ma-chaira* ou couteau de chasse, seule arme des insulaires d'Hydra. Leur pantalon, qui ne va que jusqu'au genou, est la plus singulière partie de leur costume, n'étant rien autre chose qu'un sac de toile de coton très-large et très-peu profond avec deux trous aux deux coins d'en-bas, de sorte que quand ils y passent les jambes, l'étoffe superflue retombe par derrière, et les plis du devant ajoutent beaucoup à la grâce de la taille (1).

Quoique le port soit toujours rempli de vaisseaux, on n'y trouve que ceux de la flotte qui y rentrent pour des réparations nécessaires, et quelques petits bâtimens ioniens et maltais qui font le commerce de grains. La part glorieuse que cette petite île a prise à la régénération de la Grèce l'a rendue si célèbre que son histoire est bien connue. Quelques pêcheurs et d'autres individus, forcés par les actes d'oppression des Turcs à quitter le continent voisin, formèrent le premier noyau d'une ville à laquelle ne tardèrent pas à se rendre une foule d'autres per-

---

(1) Cette description est fort obscure dans l'anglais; mais il paraît que l'effet de ce vêtement par devant doit être à peu près celui des pantalons à l'Ypsilanti que l'on a porté à Paris. (T)

sonnes de l'Albanie et de l'Attique, qui se trouvaient dans la même position. Ce sont les descendans de ces réfugiés, joints à ceux qui sont
venus s'établir dans l'île après la malheureuse
expédition des Russes contre la Morée, qui forment sa population actuelle. Avant le commencement de la révolution française, leur commerce
n'avait aucune importance, se bornant uniquement au cabotage avec les îles voisines.
Mais quand les Français furent exclus de la
mer Baltique, les Hydriotes se chargèrent de
leur fournir du blé de l'Archipel. Ce fut alors
qu'ils commencèrent à construire de gros vaisseaux, avec lesquels ils naviguèrent jusqu'en
Angleterre et en Amérique. Selon M. de Pouqueville, ils possédaient en 1816 cent vingt
vaisseaux, dont quarante étaient du port de
quatre cents à six cents tonneaux. Il y en a
maintenant un bien plus grand nombre, qui
tous sont employés dans la glorieuse tâche de
la délivrance de leur pays. Leurs services dans
cette guerre sont d'autant plus honorables que
leur intervention est l'effet du patriotisme le
plus désintéressé : car, depuis plusieurs années,
ils avaient acheté de la Porte le droit de se gouverner eux-mêmes. Aucun Turc ne pouvait se
fixer dans l'île, ni même pénétrer dans la ville
au-delà du quai. Le tribut en argent auquel ils

étaient soumis était fort peu de chose , et la seule obligation qui leur coûtât était celle de fournir annuellement cent cinquante matelots pour la flotte ottomane : du reste , plusieurs d'entre eux servaient volontairement , et quelques-uns se sont même avancés jusqu'au rang de capitan-pacha.

Le commerce d'Hydra est entièrement anéanti, et, selon toutes les apparences, ne se relèvera plus : car dans le cas même où la Grèce réussirait à se rendre libre, il est probable que les Hydriotes chercheront quelque lieu plus avantageusement situé, et abandonneront l'île où la nécessité seule les a poussés.

Ce matin , à notre arrivée , nous sommes descendus chez M. Édouard Masson , chez qui nous comptons passer le peu de jours que nous resterons ici. C'est un aimable Écossais qui s'est fixé depuis quelque temps en Grèce , afin d'améliorer, s'il lui est possible, le caractère moral des habitans , tant par l'établissement des écoles que par les autres moyens qui seront en son pouvoir.

Dans le cours de la matinée , nous sommes allés voir M. Gicca Giouni , un des plus jeunes primats de l'île. Sa maison , très-vaste , est, sous tous les rapports , un modèle de goût et de propreté. De fréquentes relations avec des Européens

ont donné de la politesse à ses manières , tandis
qu'une éducation soignée , jointe à un jugement
naturellement sain et à d'excellens principes , le
rend un des hommes les plus intéressans de son
pays. Si j'ai cité son nom , c'est autant pour rendre
un juste hommage à son mérite, que parce qu'en
le dépeignant je fais en même temps le portrait
de plusieurs fils de primats hydriotes. On trouve
en général chez eux une grande instruction ; et
comme ils sentent le besoin de détruire la pré-
vention qui malheureusement, et souvent avec
trop de justice, s'attache au nom de Grec , ils
donnent de flatteuses espérances pour les principes d'honneur et de loyauté qui un jour anime-
ront le sénat de la Grèce. La littérature n'a pas
encore fait de grands progrès à Hydra : tout fait
croire néanmoins que c'est d'elle que sortira un
jour le rétablissement des lettres en Grèce. On
y trouve déjà de nombreuses écoles pour les
classes inférieures , et une pension tenue par
un élève du collége de Scio , dans laquelle les
enfans des citoyens riches peuvent apprendre le
grec littéraire et vulgaire , car la langue du pays
est l'albanais. Plusieurs primats possèdent des
collections de livres précieux ; et d'après la proposition de M. Masson , on s'occupe maintenant
à les rassembler pour en former une bibliothèque
publique. On publie dans l'île un journal intitulé

ὁ Φίλος τοῦ Νομοῦ (l'Ami de la Loi). La presse et les
caractères, qui suffisent à peine pour imprimer
deux petites pages in-folio, sont un cadeau du
comité de Paris. Le journal est rédigé par
M. Chiappa ; il paraît deux fois par semaine,
et se tire à cinq cents exemplaires.

Je n'ai vu nulle part une aussi grande avidité
d'instruction que parmi la jeunesse de cette île ;
et en effet, quoique le commerce des Hydriotes
soit dans ce moment plus que languissant, il n'y
a pas de doute que l'avance qu'ils possèdent déjà
sur leurs compatriotes, et leur penchant naturel
pour l'étude, ne leur donnent pendant long-
temps la plus grande part à la direction des affaires publiques. Ce petit coin de terre, jadis le
séjour de quelques obscurs pêcheurs, deviendra
probablement le lieu le plus éclairé, le plus civilisé et le plus illustre de la Grèce affranchie.

La plus vive inquiétude a régné pendant toute
la journée dans l'île : car, depuis le matin, on
avait signalé du haut de la montagne deux bâtimens nationaux que l'on jugeait porteurs de
nouvelles importantes. Les vaisseaux ne sont
arrivés que le soir, et les avis qu'ils ont apportés n'ont point été de nature à dissiper la tristesse des habitans. Venus de Navarin, on a appris d'eux que l'île de Sphactérie, qui commande
le port, a été prise par les Égyptiens dimanche

passé. N'ayant échappé qu'avec peine à la flotte ennemie, ils n'ont pu donner aucun détail de cet événement; mais comme la défense de l'île était confiée principalement aux Hydriotes, il est probable qu'il en a péri un grand nombre. Ces nouvelles si vagues n'ont pu que remplir les cœurs de tous les habitans d'inquiétude sur le sort de leurs parens et de leurs amis. La perte de cette position est un coup d'autant plus fatal, que les Égyptiens, tenant maintenant la garnison de Navarin bloquée par terre et par mer, la reddition de la place est presque inévitable : car bien que l'ennemi ne pût que difficilement la prendre d'assaut, un miracle seul l'empêchera de tomber par la famine.

Mercredi 12. —L'inquiétude continue à régner dans l'île, aucun autre vaisseau n'étant arrivé ; mais comme la vigie en a signalé quelques-uns, on peut espérer de recevoir des nouvelles dans la journée. Ce matin nous avons été voir M. Kriesi, un des plus anciens primats ; sa maison, comme toutes celles d'Hydra, est fort grande, d'une propreté recherchée, et meublée d'une manière à la fois riche et simple, qui offre un air d'opulence, d'ordre et d'agrément. Le vieux primat nous reçut dans son salon, dont les murs sont si épais qu'ils ressemblent à ceux d'un fort dont les fenêtres représenteraient les meurtrières :

le plafond est en stuc; le carreau est couvert d'une
natte égyptienne; les murs proprement blanchis
sont sans ornement; les meubles consistent en
un grand canapé qui remplit un des côtés de la
pièce, en plusieurs tables de bois d'acajou qui
occupent le côté opposé; et en cinquante chaises
en jonc qui garnissent les deux autres.

Le maître de la maison est presque octogé-
naire, et son grand-père ayant été un des premiers colons de l'île, il sait, tant par tradition
que par expérience, tout ce qui a rapport à son
histoire et à ses progrès. Il a sept fils, qui sont
tous maintenant sur la flotte au service de leur
pays. Il est principalement fier du plus jeune,
Athanasio : à peine âgé de vingt ans, il commande
déjà un des bricks de son père, et s'est plus d'une
fois distingué par sa bravoure.

Vers midi, le premier des vaisseaux que l'on
avait aperçus est arrivé. C'était celui du plus
brave officier de la flotte, du capitaine Anatas-
sio Psammadò, et malheureusement il est arrivé
sans son chef, qui a été tué dans l'île. Nous con-
naissons maintenant tous les détails de l'action.
Samedi 6, l'ennemi avait essayé de débarquer
un corps de troupes au château du vieux Navarin ou Pylos. A cet effet, de grand matin une
division considérable d'Egyptiens commença
une fausse attaque contre la forteresse, pendant

laquelle la flotte devait arriver et faire son débarquement. Mais leur projet échoua complètement : la résistance que leur opposa la garnison,
commandée par Hadji Christo et l'archevêque
de Modon, la tint en échec par terre , tandis que
l'approche de la flotte grecque ne leur permit pas
de débarquer leurs troupes au château. Le combat se prolongea pendant toute la journée; le soir
l'ennemi rentra dans son ancienne position de
Petrochori , et la flotte se retira du côté de Modon. L'escadre grecque continua à croiser devant
la ville, et huit vaisseaux seulement, parmi lesquels se trouvait celui de Psammadò , restèrent
dans le port de Navarin.

Le dimanche matin la flotte ennemie se montra de nouveau avançant dans la direction de la
place. Les vaisseaux grecs étaient par malheur
un peu trop éloignés du rivage, et comme le
temps était très-calme, n'y ayant qu'une fort
légère brise de terre, ils ne purent s'approcher
qu'avec lenteur de la ville, pendant que l'ennemi
suivait toujours la côte. On avait reçu quelque
avis d'un projet d'attaque contre Sphactérie , et
en conséquence on ne perdit pas de temps pour
mettre cette île en état de défense. Elle n'était
abordable que sur un seul point situé sur la côte
occidentale , et défendu par une petite batterie
de trois canons , et une garnison de deux cents

soldats, commandés par un brave jeune homme
d'Hydra, Stavro Sokini, et par le général Anagnostara. Mais afin de mieux servir les pièces, on leur
adjoignit quelques marins tirés de la flotte, sous
les ordres de Psamadò; et le prince Mavrocordato
se plaça dans l'île, avec le comte de Santa-Rosa
pour en diriger la défense. Vers une heure les vaisseaux du pacha se trouvaient fort près de l'île,
tandis que ceux de Miaoulis s'efforçaient vainement de s'en approcher. Les premiers se partagèrent en deux escadres, dont l'une prit position
à l'entrée du port, pour empêcher la sortie des
vaisseaux qui s'y trouvaient, et dont l'autre resta
devant l'île pour s'opposer à la flotte grecque.
Pendant ce temps cinquante chaloupes armées,
avec quinze cents hommes, furent envoyées pour
tenter une descente dans l'île. Aussitôt qu'elles
s'approchèrent, la petite garnison commença son
feu, et garda pendant quelque temps ses positions
avec courage; mais enfin, accablée par le nombre
et entourée de tous côtés, elle fut hachée en
pièces, un seul homme ayant échappé, et l'ennemi s'empara de la batterie. Parmi les morts se
trouvèrent les deux braves chefs Sokini et Anagnostara, qui tombèrent les derniers après la résistance la plus opiniâtre.

Les divisions postées sur d'autres points de l'île,
frappées de terreur, prirent la fuite en désordre;

les vaisseaux dans le port partageant l'effroi général appareillèrent sur-le-champ, et ce qu'il y
a de plus surprenant, c'est que la flotte égyptienne
qui devait leur barrer le passage les laissa passer
sans difficulté : elle craignait sans doute que dans
le nombre il ne se trouvât des brûlots. Le brick
de Psamadò demeura seul à Navarin, afin de
sauver son capitaine et le reste des Hydriotes qui
étaient dans l'île. Un premier détachement parvint en effet à gagner le vaisseau ; le prince Mavrocordato était du nombre : mais au moment où les
chaloupes retournaient au rivage pour en reprendre d'autres, une troupe de fuyards s'y jeta avec
tant de précipitation qu'elles coulèrent à fond.

Au bout de quelques instans l'équipage du
brick vit approcher le brave Psamadò, suivi d'un
petit nombre d'hommes, et affaibli par la perte
de son sang. Quoique dangereusement blessé il
parvint jusqu'à la grève, et s'asseyant sur une
pierre, il secoua d'une main son bonnet pour
demander à son bâtiment un secours que, faute
de chaloupes, on ne pouvait plus lui offrir, et
de l'autre il continua à brandir son ataghan
contre les ennemis qui s'approchaient à grands
pas. Ils arrivèrent, et ce brave guerrier tomba
avec ses compagnons sous une grêle de balles.

L'ennemi se trouva pour lors en possession de
l'île, sur laquelle il ne restait plus un Grec ; et le

vaisseau de Psamadò, demeuré seul de sa division, se prépara à se faire jour à travers la flotte
égyptienne, qui s'était rangée en demi-cercle devant le port. Un combat très-vif s'ensuivit, et le
brick soutint pendant quatre heures, que continua le calme plat, le feu de quarante vaisseaux
égyptiens. Il finit pourtant par échapper avec la
perte de deux morts et de six blessés; trois cent
cinquante soldats ont été tués dans l'île, et l'on
compte quatre-vingt-dix marins tant morts que
blessés ou égarés. Dans les quatre années entières
que la révolution a duré, Hydra a perdu moins
d'hommes que dans cette seule journée.

Le comte de Santa-Rosa est du nombre de
ceux qui viennent de répandre leur sang pour
la cause des Grecs. Forcé de quitter sa patrie, à
laquelle il avait vainement voulu rendre la liberté,
il forma le généreux projet de faire jouir la Grèce
d'un bonheur que son propre pays n'avait pu
obtenir, mais ses talens ne trouvèrent point l'occasion de s'y développer utilement. Au milieu
des membres intrigans et factieux de la législature grecque, comment aurait-il pu se placer
d'une manière convenable à son rang et à ses
connaissances? Il prit donc la résolution de se
joindre à l'armée libératrice en qualité de volontaire, sans exiger un grade dans lequel, vu son
ignorance de la langue et des usages du pays, il

aurait d'ailleurs été déplacé. Il arriva au camp
de Navarin sous l'habit d'un simple soldat, armé
d'un mousquet et d'un ataghan. Cette démarche
fut désapprouvée de ses meilleurs amis, qui la
regardaient à la fois comme imprudente, incon-
venante et sans aucun avantage pour la cause.
Poussé néanmoins par ses sentimens, il suivit
une résolution qui l'a conduit à la mort, et tout
en la blâmant, il est impossible de ne pas hono-
rer les motifs qui l'ont dictée et en déplorer les
résultats funestes. En attendant, son trépas a été
glorieux et sans doute heureux pour lui : séparé,
selon toutes les apparences, à jamais, de sa famille, dont le sort ne cessait d'occuper ses pensées, il n'avait à attendre qu'une longue suite
d'années de douleur et de vains regrets. Il est
tombé au champ d'honneur, et en accordant une
larme à l'ami, nous devons nous réjouir de ce
que son âme fière et patriotique est enfin hors de
l'atteinte des tyrans (1).

---

(1) L'amitié a sans doute égaré ici M. Emerson, qui
dans tout le cours de son ouvrage montre un esprit si
juste et un jugement si droit. Il est impossible qu'il ait
sérieusement considéré les souverains qui règnent aujour-
d'hui en Europe comme des tyrans auxquels on ne peut
échapper que par la mort. Ce sont là de ces phrases sonores
dont le vide se fait trop facilement sentir, et il aura de la
peine à placer le comte de Santa-Rosa à côté de Brutus (T).

Dans le cours de la journée plusieurs autres vaisseaux sont arrivés de la flotte, et les rochers du rivage étaient remplis de femmes qui attendaient avec impatience leur approche. A mesure qu'ils entraient dans le port, un concert de voix s'élevait pour demander des nouvelles d'un frère ou d'un ami, et les réponses n'étaient que trop souvent suivies de larmes et de sanglots. Je n'ai jamais été témoin d'un spectacle plus triste. Les pleurs rares mais amers des femmes âgées, la douleur bruyante des jeunes, la cruelle résignation avec laquelle les mères et les veuves apprenaient que leurs craintes n'avaient été que trop fondées, enfin l'horreur de l'espérance déçue dans le sein des filles et des sœurs!.... Mais ce sont là les trop funestes fruits de la guerre.

CHAPITRE VIII.

RETOUR A NAPOLI. — VOYAGE A SPEZZIA. — DÉPART
POUR LA FLOTTE.

LE 15 mai. — Je suis de retour à Napoli : des
lettres de Missolonghi du 7 courant, ont été reçues
par le gouvernement ; elles contiennent les détails
suivans. Le 30 courant on avait reçu des dépêches
du général Saphaca, posté dans les environs de
Cravari, qui annonçaient qu'une division de
l'armée ennemie, ayant passé l'Evenus, avait
pénétré dans le district appelé encore aujourd'hui
le Venetico, et que s'avançant par une marche
rapide, elle avait fait plusieurs prisonniers parmi
les paysans, qui, n'étant pas préparés, n'avaient
pu faire aucune résistance. Cette division s'était
ensuite approchée de Velvitzena, où elle avait
été arrêtée par les efforts réunis des habitans
et des troupes de Saphaca, qui, après un combat de trois heures, étaient parvenus à délivrer
tous les prisonniers et à repousser l'ennemi jus-

qu'à Neo-Castro , forteresse dans les environs de Lépante , tandis que les troupes grecques avaient sur-le-champ occupé les positions de Loidori-kion et de Velvitzena ; d'un autre côté l'ennemi commence à former les lignes et les retranche-mens pour l'attaque de Missolonghi et d'Anatolia, quoique fréquemment interrompu par des com-bats dans lesquels il reste de part et d'autre quel-ques hommes sur le carreau.

Il paraît , par les rapports des déserteurs , que les opérations de l'ennemi sont mal dirigées . que les provisons lui manquent , et que la disette occasione de fréquentes désertions parmi les soldats. Kiaoutachis, leur commandant, est parti pour Krioneri , afin d'avoir des communications plus faciles avec Yussuf, pacha de Patras, qui doit lui envoyer de l'artilleric et d'autres objets dont il a besoin , par une petite escadre turque qui se trouve maintenant dans le port de Patras, commandée par Mahmoud-Capitan.

Le 16 mai. — Les nouvelles d'aujourd'hui rap-portent, comme on s'y était attendu , les résul-tats funestes qu'a eus la perte de l'île de Sphactérie, savoir, la réduction de l'importante position de Palaio-Castro. Le soir même de la prise de l'île , l'ennemi s'avança de nouveau contre le vieux château ; cette antique forteresse est située sur un petit promontoire, ou, pour mieux dire, une péninsule jointe au rivage par deux étroites langues de terre; l'espace entre ces deux langues est rempli par un grand lac d'eau salée. L'une et l'autre étaient fortifiées et bien défendues ; mais au moment où le combat était le plus vivement engagé sur l'une, l'ennemi fit une diversion et s'empara de l'autre, ce qui le rendit maîtres de la seule source d'où le fort tirât de l'eau douce. Vers le coucher du soleil le combat cessa par la retraite de l'ennemi dans ses positions, mais il emmenait prisonnier avec lui Hadji-Christo, un des plus braves commandans moréotes.

La perte du puits était un coup fatal pour la garnison du fort ; tant qu'elle en était restée maîtresse, elle avait négligé d'apporter dans l'intérieur du château de l'eau pour un besoin urgent ; de sorte qu'elle se trouva renfermée avec une petite quantité de provisions et presque pas d'eau : elle n'en prit pas moins la résolution de se défendre jusqu'à la dernière extrémité (1).

----

(1) Le journal de Missolonghi , intitulé Ἑλλενικα χρόνικα (la *Chronique grecque*), contenait dans sa feuille du 25 avril v. s. (7 mai), l'article suivant que je donne en original avec sa traduction textuelle. On trouvera sans doute fort merveilleux le récit qu'il renferme.

« Ἀπὸ ἕν' οἴκημα κείμενον πλησίον τῆς Θάλασσης , ἠθέλησεν ἕνας στρατηώτης νὰ δροσισθῇ ἀπὸ τὸν καύσωνα, μέσα εἰς τὴν Θάλασσαν :

Le lendemain matin les Egyptiens recommen-
cèrent l'attaque, et les assiégés ayant soutenu
leur feu avec un courage étonnant, ils furent

κατὰ τύχην αὐτὸς ὁ ἄνθρωπος ἔλαβεν ὀλίγον Θαλάσσον ὕδωρ εἰς τὸ
στόμα τοῦ, καὶ τὸ εὗρε γλυκύτατον ἀντὶ ἁλμυροῦ. — Ἀπορᾶν διὰ
τὸ συμβεβηκὸς τοῦτο, τὸ ἐκοινοποίησεν εὐθὺς εἰς ὅλους, καὶ ἀμέσως
ἔτρεξεν ἕνα πλῆθος ἀνθρώπων εἰς τὸν αἰγιαλὸν, καὶ εὑρόντες ἀληθέ-
στατον τὸ συμβὰν, συνηθροίσθησαν ὅλοι μελαγήνους καὶ διάφορα
ἀγγεῖα καὶ, προσβλέφθησαν τοσον ἀπὸ νερον, ὥστε ἡ πολιορκουμένη
πόλις δεν Θελει πάσχει ἔλλειψιν οὔτε νερου, καὶ ἐπομένως οὔτε
δίψας. Την 19 καὶ 20 ἐξηκολούθε τὸ ἴδιον, καὶ ἐπληροφορήθησον
ἀπὸ τῆν πεῖραν καὶ ἐκεῖνοι οἵτινες πάντοτε εἰς τοιαῦτα παραξενα
συμβεβηκότα, αμφιβαλλον καὶ τὰ ἐκατηγόρουν.»

(Ἑλληνικα χρόνικα, Αριθμ. 33ος. Μεσολόγγιον, 25 Απρίλιου 1825.)

« Un soldat voulant se raffraîchir dans la brûlante chaleur, sortit d'une maison, sur les bords de la mer, et se
jeta dans les flots. Cet homme ayant pris par hasard un
peu d'eau de mer et l'ayant portée à la bouche, la trouva
tout-à-fait douce au lieu d'etre amère. Étonné de cet événement, il le dit sur-le-champ à tout le monde, et une
foule d'hommes se rendirent immédiatement sur le rivage,
où ils reconnurent la vérité de son rapport. En conséquence, ils y retournèrent tous avec différens vases qu'ils
remplirent d'eau, de sorte que la ville assiégée ne souf-
frira plus du manque d'eau douce et n'aura plus à craindre
la soif. Le 19 et le 20 (1 et 2 mai) la même chose eut encore
lieu et convainquit par leur propre expérience ceux qui
reçoivent toujours avec défiance des événemens aussi
étranges. »

(*Chronique grecque*, n° 33. Missolonghi, le 25 avril 1825.)

obligés de se retirer sans avoir obtenu d'autre avantage.

Mardi, l'ennemi s'approchait de nouveau de la place , et la petite troupe de héros qui y était renfermée s'apprêtait encore à le bien recevoir, quand tout à coup une capitulation leur fut proposée par deux officiers français au service du pacha.

La garnison délibéra long-temps pour savoir si, après tant d'exemples de perfidie, elle devait encore se fier à ses ennemis ; mais persuadée par les discours des négociateurs , espérant que le pacha d'Egypte agirait peut-être avec plus de générosité que ses prédécesseurs , mais surtout songeant que quand même un assaut ne lui ôterait pas tout droit à la miséricorde , elle serait bientôt obligée de se rendre par famine , elle se décida enfin à capituler.

Les conditions ayant donc été réglées , toute la garnison , au nombre de mille soixante-dix hommes, commandés par le général Luca et par M. Jarvis, philhellène américain, posa les armes aux pieds du pacha, et après avoir été escortée pendant quelques milles par un détachement de cavalerie, obtint la permission de partir en sûreté.

Jamais dans aucun pays le résultat probable des événemens de la guerre n'a été plus difficile à calculer que dans la Grèce , tant l'aspect des affaires varie sans cesse; un jour démentant les espérances du jour précédent, et les craintes de celui-ci se trouvant à leur tour dissipées le lendemain. Des dépêches ne cessent d'arriver de tous les côtés, et il est digne de remarque qu'il s'en trouve rarement deux dont le contenu soit également avantageux ou contraire. La tristesse qu'avait excitée ce matin l'arrivée d'une partie de la garnison de Navarin a été remplacée ce soir par de grandes réjouissances causées par une nouvelle singulièrement favorable.

Une dépêche de l'éparque de Calamata donne les détails d'une des tentatives les plus heureuses qui aient encore été faites par les effroyables brûlots des Grecs.

Immédiatement après la prise de l'île de Sphactérie, pendant que l'escadre grecque continuait à croiser sur la côte, la flotte du pacha se partagea en deux divisions, dont l'une demeura dans les environs du port de Navarin; et dont l'autre, composée de deux frégates et de quatre corvettes avec de nombreux transports, s'approcha lentement de Modon, où elle fut suivie le 12 par Miaoulis avec quatre brûlots et vingt-deux bricks. Dans la soirée une brise très-favorable s'étant élevée du S. E, il donna aux brûlots le signal d'entrer dans le port. Indépendamment de l'escadre égyptienne, il s'y trouvait plusieurs

vaisseaux autrichiens, ioniens et siciliens, au
nombre en tout de trente-cinq à quarante. L'ennemi, en voyant approcher les brûlots, voulut
couper ses câbles et se sauver; mais le même vent
qui favorisait les premiers l'empêcha de sortir du
port. La plus grande confusion se mit en conséquence dans ses vaisseaux; ils se heurtèrent, et
furent enfin poussés en masse derrière les remparts de la ville. Les brûlots continuant à avancer
sur eux, toute l'escadre égyptienne, avec quelques
vaisseaux autrichiens et autres, au nombre de
vingt-cinq bâtimens, devinrent la proie des flammes. Il n'y eut que très-peu des plus petits vaisseaux européens qui, étant à l'ancre à une plus
grande distance du rivage, parvinrent à s'é-
chapper et apportèrent cette nouvelle au pacha
à Navarin. En attendant, les débris des vaisseaux qui sautaient tombèrent sur un magasin
de munitions de guerre situé dans l'intérieur de la
ville, lequel sauta à son tour avec une explosion
si terrible qu'on l'entendit à plusieurs lieues en
mer. Les Egyptiens, frappés de terreur en
voyant arriver les Grecs, n'ont fait aucune résistance, et les brûlotiers, après avoir détruit l'escadre ennemie, ont réussi à regagner leurs propres
vaisseaux sans avoir perdu un seul homme. Cette
expédition terminée, Miaoulis fit voile sur-le-
champ pour Calamata, d'où la première nou-

velle de la victoire est parvenue à Napoli par
terre ; mais le temps ayant été fort orageux, il s'est
passé plusieurs jours avant qu'on ait pu en recevoir d'Hydra la confirmation ; les caïques
viennent enfin d'arriver et l'ont apportée.

La joie causée par une nouvelle aussi favorable est peinte sur toutes les physionomies,
qui, peu d'heures auparavant, offraient les traces
du plus grand désespoir. Le combat naval de
Candie, les défaites réitérées des troupes du
côté de Navarin, la perte de Sphactérie et la
reddition du vieux fort, avaient singulièrement
amorti l'ardeur des Moréotes. Ils commençaient
déjà à murmurer contre leurs chefs, et à regret-
ter que plusieurs de leurs capitaines les plus
braves et les plus aimés restassent en exil à
Hydra, tandis que leurs successeurs ne savaient
que se laisser battre. Ils rappelèrent tous les motifs de mécontentement qu'ils avaient contre les
Roméliotes, leurs exactions, leurs ravages, et
en dernier lieu leur désertion. Ils finirent par
demander que les Antarti fussent mis en liberté,
et que Colocotroni fût placé à la tête de l'armée
péninsulaire. Le corps législatif discutait cette
mesure, et ne s'était encore décidé ni pour ni
contre, quant tout à coup arriva fort à propos la
nouvelle d'un succès si brillant. L'espoir se ranima ; la délivrance des chefs rebelles fut ou-

bliée, et de nouvelles levées de soldats commencèrent à se faire dans la Morée avec une ardeur
peu commune. En même temps, une procla-
mation a été publiée à Napoli, par laquelle tous
les hommes au-dessus d'un certain âge sont engagés à prendre les armes pour secourir la forteresse de Navarin, sur le point de succomber,
mais dont la garnison, forte de douze cents hommes, sous le commandement du génértal Ia-
traco, du major Collegno, et du fils puîné de
Petro-Bey, se défend toujours, quoique privée
de toute communication, soit par terre, soit
par mer, n'ayant de provisions que pour vingt
jours, et sans troupes qui puissent occuper les
derrières de l'ennemi, et embarrasser ou gêner
ses travaux.

Ce soir, le président et Mavrocordato sont arrivés dans un brick de Calamata, où le premier
s'est retiré après la reddition du vieux château de Navarin et la dispersion de l'armée,
et où le second est arrivé après s'être sauvé de
l'île.

Je ne sais s'ils font bien d'abandonner dans
une telle crise le théâtre de cette importante
lutte. Quoique leur but avoué soit d'envoyer de
nouvelles forces au secours de la place, il me
semble qu'ils auraient mieux fait de rester dans
ses environs que de laisser ainsi la garnison blo-

quée de tous côtés, et livrée à ses propres moyens de défense.

L'extérieur de Mavrocordato n'a pas répondu à l'idée que je m'en étais faite. Il est petit, et n'a rien de noble ou qui prévienne en sa faveur. Sa figure, que l'on distingue à peine à travers ses cheveux touffus, ses sourcils épais et ses moustaches relevées, a quelque chose d'enfantin, quoique parfois animée par l'éclat d'un œil vif et pénétrant. Ses manières, comme celles de tous les Fanariotes, sont aisées et pleines d'obligeance, mais accompagnées d'un excès de politesse qui ressemble trop à de l'humilité et à de l'intrigue. Sa conversation est avec cela d'une légèreté affectée, et son rire un peu niais; l'impression qu'il fait lorsqu'on le voit pour la première fois n'est nullement favorable. Georges Conduriotti, président du corps exécutif, est un homme simple, peu agissant, sans talens, mais d'une intégrité à toute épreuve. Sa famille, originaire de Condouri, village des environs d'Athènes, habite depuis long-temps Hydra, où des succès sans exemple dans le commerce, joints à une réputation sans tache, l'ont mis, ainsi que son frère, au nombre des habitans les plus opulens et les plus respectés de l'île. Il ne doit sans doute qu'au désir de plaire aux Hydriotes, qui ont rendu des services si importans durant la révolution, une place que la nature et l'éducation l'avaient rendu si peu capable de remplir ; mais il faut avouer aussi que son caractère honorable donne à cette place un éclat que les talens les plus distingués n'auraient peut-être pas suffi pour répandre sur elle.

Le 20 mai (à Spezzia). — Cette petite île, où je suis arrivé aujourd'hui dans un caïque de Napoli avec le comte Pecchio, semble être le portrait en miniature d'Hydra : elle est, à la verité, moins pierreuse et mieux cultivée ; mais l'origine de ses habitans et leur caractère sont les mêmes. La ville est construite sur le rivage occidental de l'île, et contient environ trois mille habitans. Ses rues sont plus belles que celles d'Hydra, et ses maisons sont bonnes : on y retrouve la même propreté et les mêmes goûts domestiques ; elle fournit à la flotte grecque seize vaisseaux et deux brûlots. Les marins sont aussi actifs et aussi habiles que ceux d'Hydra ; mais les brûlotiers ne se sont pas encore distingués (1). La ville, par sa position, n'a presque

____

(1) Un brûlot fourni par les Spezziotes accompagne la flotte depuis cinq ans, sans avoir jamais encore tenté de se signaler. Son capitaine s'appelle *Athanasios* et le brûlot qui est le sujet perpétuel des railleries des Hydriotes est

pas de défense, et quelques batteries inutiles qui sont rangées le long de la côte ont toutes été démontées, et les canons portés à bord des vaisseaux. Les habitans ne craignent pourtant rien : car, d'un côté, le voisinage du continent leur permettrait de faire venir, en moins d'une heure, toutes les troupes dont ils auraient besoin, et d'un autre ils sont convaincus que la situation de leur île et le peu de largeur du détroit qui la sépare de la Morée, suffiraient pour les défendre contre les Turcs, qui, par la crainte des brûlots, n'oseront jamais tenter une descente chez eux.

En arrivant sur le rivage, l'éparque, vieux Spartiate de bonne mine, vint au devant de nous. C'est un pappa ou prêtre. Il nous parut, comme tous ses compatriotes du même rang, parfaitement instruit de la politique de sa nation, et il raisonna fort bien sur ce qu'elle doit attendre d'heureux ou de malheureux dans l'avenir. En parlant des désavantages de sa position, du défaut de talens et de principes dans les chefs du gouvernement, et du manque total de confiance et d'unanimité entre les capitanis et les

---

toujours appelé par Miaoulis *le brûlot immortel* (A). C'est un jeu de mots : le nom du capitaine venant d'ἀθάνατος, *immortel* (T).

9

soldats, il nous dit que la pauvre Grèce étant un pays encore dans l'enfance, il était injuste d'exiger d'un enfant la perfection de l'âge mûr, ou celle de la vertu d'un esclave affranchi. « Cependant, ajouta-t-il, notre gouvernement et nos chefs ne sont autre chose que cela. Deux hommes seulement fondèrent Rome ; et quoique ces hommes fussent *frères*, l'un des deux tua l'autre. »

Avant de quitter Spezzia, nous sommes allés voir la plus célèbre de ses habitantes, Mme Bobolina. Sa maison est une des plus belles de l'île, et ses cinq frères, ainsi que sa fille, qui l'habitent, forment une des plus belles familles que j'aie vues en Grèce. Quoiqu'elle ait un peu trop d'embonpoint pour avoir l'air d'une amazone, elle conserve encore des restes de son ancienne beauté. Ses manières, qui se rapportent à son caractère, sont un peu masculines ; mais l'accueil qu'elle nous fit fut plein d'obligeance et d'hospitalité. Elle nous régala de café, de chibouques et de confitures, et nous témoigna de grands regrets de ce que le temps ne nous permettait pas d'accepter un dîner qu'elle avait fait préparer pour nous. Alliée de Colocotroni, sa fille ayant épousé un de ses fils, elle exprima beaucoup de joie de sa prochaine mise en liberté, et elle ajouta que si on le replaçait à la tête de l'armée moréote, elle irait joindre ses drapeaux avec ses cinq frères (1).

Hydra, samedi 21 mai. — Trois brûlots qui viennent d'être équipés devaient partir ce matin pour rejoindre l'escadre qui croise à la hauteur du cap Matapan. Curieux de me faire une juste idée de la célèbre flotte grecque et de la manière dont elle est conduite, j'ai accepté l'offre qu'un des capitaines m'a faite de me conduire à bord du vaisseau de Miaoulis, pour qui j'avais des lettres de recommandation de sa famille. Avant de partir j'ai obtenu du gouvernement d'Hydra la permission de visiter les chefs rebelles détenus

---

(1) Cette femme extraordinaire n'a survécu que peu de jours à la visite que je lui ai faite, ayant été tuée d'un coup de fusil dans une émeute qui eut lieu le 2 juin suivant. Il paraît qu'un de ses frères avait séduit une jeune fille de l'île. Les amis de cette fille vinrent entourer la maison de Bobolina, pour forcer le jeune homme à l'épouser. L'amazone en les haranguant, avait, à ce qu'il paraît, un peu trop prodigué les termes injurieux, et le frère de la fille séduite mit fin, par un coup de fusil, à son éloquence et à sa vie.

En attendant, la vertu des femmes est en si haute estime dans l'île, que le meurtrier n'a été nullement recherché, et que la clameur publique a forcé le frère de Bobolina à épouser quelque temps après la victime de ses séductions (A).

dans l'île. On les a depuis peu transférés du monastère élevé qu'ils habitaient, dans une maison de la ville où ils sont confiés à une garde de Roméliotes.

La plupart d'entre eux n'ont rien de remarquable : ce sont, comme tous leurs compatriotes, des soldats à l'air sauvage, vêtus de courtes vestes garnies de vieilles broderies, et de sales *juctanella*. Il est pourtant facile de distinguer Colocotroni par son air encore plus sauvage et plus inculte que les autres ; il est de petite taille, ses membres sont ceux d'un Hercule, et son petit cou de taureau est surmonté d'une tête trop grande pour son corps ; de sorte qu'avec ses épais sourcils, ses sombres moustaches, sa barbe négligée (marque de deuil ou de vengeance non assouvie), et ses cheveux noirs retombant en boucles sur ses épaules, il pourrait servir d'éude à un peintre.

Il a servi autrefois l'Angleterre comme sergent aux gardes dans les îles Ioniennes, et il est très fier de sa connaissance avec plusieurs officiers anglais. Il avait entendu parler, je ne sais comment, de sir Hudson Lowe, et les expressions dont il se servit en nous entretenant de lui ne lui furent pas très-favorables. Il était enchanté de l'idée qu'on allait lui rendre la liberté, mesure à laquelle le gouvernement n'a pas encore re-

noncé ; du reste ses idées sur l'état de la guerre
et ses projets pour la délivrance de son pays
avaient quelque chose de vague. Il s'est absolument déclaré contre le projet d'organiser des
troupes réglées, projet qui, selon lui, ne réussira jamais en Grèce, où non-seulement les
préjugés, mais encore l'inclination du peuple,
s'y opposent. Son plan consiste, en premier
lieu, à chasser l'ennemi, par les moyens les plus
vigoureux et qu'il nous décrivit en détail, du
petit nombre de places fortes qu'il conserve en
Grèce, et à mesure qu'elles tomberont dans les
mains du gouvernement, de les démanteler toutes, à l'exception d'une des plus importantes que
l'on garderait pour servir de résidence au sénat.
De cette manière l'ennemi ne pourrait demeurer
ni conserver aucune position dans le pays, tandis que les kleftis et leur adhérens, possesseurs
des montagnes, continueraient comme par le
passé, à mettre en déroute toutes les forces que l'on
enverrait contre eux. Lui ayant fait l'observation
que ce moyen de rester libre empêcherait toute
espèce de progrès dans la civilisation, il m'a répondu que la sûreté politique était la première
chose qu'il fallait avoir en vue, et que la civilisation suivrait ; que son plan rendrait la nation
guerrière et la mettrait en état de maintenir son
courage dans toute son ardeur primitive ; que la

tactique en ferait des soldats francs, mais que de cette façon ils resteraient Grecs. Il paraît parfaitement certain de chasser les Egyptiens si on consent à lui rendre la liberté et à le remettre à la tête des Arcadiens. Il serait néanmoins difficile de décider si l'avantage que le gouvernement retirerait de sa coopération balancerait ce que lui ferait perdre une conduite si versatile, et d'un autre côté si la sûreté publique n'en serait pas compromise. Pendant ma visite, Colocotroni parla des ennemis qu'il avait dans le gouvernement avec modération et sans aucune apparence de ressentiment. On m'a pourtant assuré qu'il a montré beaucoup moins de prudence avec d'autres personnes qui l'ont vu avant qu'il eût l'espoir de regagner sa liberté. Ce n'est pas qu'il s'étendît en de longs discours ; mais quand le nom de Mavrocordato ou de Coletti était prononcé , il fronçait le sourcil, serrait les lèvres , et portant son large bras vers son épaule, il le lançait loin de lui avec l'expression d'une profonde et invariable résolution.

La soirée était déjà avancée quand un religieux d'un des monastères voisins arriva pour donner sa bénédiction au vaisseau ; mais une fois que la cérémonie fut faite, tout fut bientôt prêt, et vers le coucher du soleil nous apareillâmes d'Hydra. Le capitaine était un jeune homme appelé Theodorachi, neveu de l'amiral : il a servi en qualité de brûlotier depuis le commencement de la guerre, et il s'est conduit avec une bravoure distinguée en plusieurs occasions, et notamment à Mytilène et à Candie. Le vaisseau à bord duquel je me trouvais était un vieil ipsariote de 260 à 300 tonneaux que le gouvernement avait acheté 40,000 piastres ou 20,000 fr.; une somme pareille doit être ajoutée pour son équipement et pour les combustibles dont il était rempli. C'est le plus grand et le plus coûteux de tous les brûlots que l'on ait encore faits ; les autres ne passant pas 200 tonneaux reviennent par conséquent moins chers. Les vaisseaux employés à ce service sont pour l'ordinaire de vieux bâtimens achetés par le gouvernement (1). Quant à la manière de les disposer, rien n'est plus simple, car il suffit de les rendre d'une facile combustion. A cet effet, les bords et la cale du vaisseau, après avoir été bien goudronnés, sont remplis de fagots secs trempés dans de la poix, dans de la lie d'huile, et arrosés de soufre. On ouvre ensuite plusieurs écoutilles dans le

---

(1) Grukomachi Tombazi fait maintenant à Salamine des essais pour construire des brûlots en bois neuf, mais si légers qu'ils ne doivent pas coûter plus cher que les vieux (A).

tillac, et dans chacune on place un petit baril
de poudre à canon, de sorte qu'au moment où
le feu prend, chaque baril rejete son écou-
tille, et donnant de l'air aux flammes, empêche
que le pont ne soit trop promptement détruit
par l'explosion.

Les préparatifs en dessous sont complétés par
une mèche qui passe par toutes les parties du
vaisseau, communique avec tous les barils,
entoure le pont, et sort par la fenêtre de la
poupe; tandis que plus haut, chaque câble,
chaque vergue est bien goudronnée afin de porter rapidement le feu aux voiles; à l'extrémité
de toutes les antennes sont placés des crochets,
afin qu'une fois embarrassé dans les cordages de
l'ennemi, celui-ci ne puisse plus s'en détacher.
Pour prévenir les accidens, la mèche n'est jamais placée qu'au moment de s'en servir. Quand
tout est prêt et le vent favorable, on hisse toutes
les voiles afin d'augmenter l'intensité des flammes, et l'on gouverne sur la ligne de l'ennemi.
Arrivé tout près du vaisseau que l'on veut incendier, l'équipage, au nombre de vingt-cinq à trente
hommes, descend par le gaillard d'arrière dans
une chaloupe faite exprès, ayant des bastingues
très-élevées et deux petits anneaux. Au moment
du contact, le capitaine met le feu à la mèche
et les écoutilles s'ouvrent. Les flammes s'élan-

cent au même instant de la poupe à la proue du brûlot; montant par les câbles, elles ne tardent pas à se communiquer au gréement de l'ennemi; il n'y a pas encore eu d'exemple qu'il ait réussi à s'en débarrasser. Aussi la terreur que les brûlots ont inspirée aux Turcs est telle qu'il est rare qu'ils fassent la moindre résistance. Quand ils en voient approcher un de loin, ils tirent pendant quelque temps des coups de canon au hasard, puis, avant que leur redoutable adversaire soit arrivé à leur portée, ils se précipitent dans la mer et s'efforcent de gagner les autres vaisseaux, à peine un seul homme restant à bord pour essayer de sauver le bâtiment condamné. Quelquefois cependant des chaloupes armées sont envoyées à son secours, mais il ne leur est encore jamais arrivé de pouvoir empêcher l'approche du brûlot, ni même de s'emparer de l'équipage dans sa fuite; et quoiqu'en d'autres pays ceux qui s'embarquent sur des brûlots soient regardés comme dévoués à la mort, l'ineptie des Turcs est si grande qu'il est rare qu'un brûlotier grec soit blessé, et bien plus rare encore qu'il perde la vie (1). Cependant, comme ce ser-

______

(1) Je fis observer un soir à Miaoulis combien il serait facile aux brûlotiers de s'emparer de ces vaisseaux abandonnés au lieu de les brûler; mais il me répondit que cela

vice expose à de plus grands dangers que tout autre, les brûlotiers reçoivent une haute-paie, et chacun d'eux obtient une prime de 100 à 150 piastres à chaque succès qu'ils obtiennent.

Quant aux capitaines on leur a aussi souvent offert des récompenses, mais ils les ont toujours refusées, disant qu'ils croiraient se déshonorer en mettant un prix aux services qu'ils rendaient à leur pays. Ces héros sont au nombre de vingt-cinq à trente, et quoiqu'il y en ait plusieurs qui se sont distingués, un d'entre eux a cueilli des lauriers qui ont effacé ceux de tous les autres. Il est inutile d'ajouter que celui dont je parle est Constantin Canaris. Parmi ceux qui ont fait des actions d'éclat, mais dont la réputation ne s'est pas étendue aussi loin que la sienne, on compte le capitaine Pepino, compagnon de Canaris

---

n'était pas possible, attendu l'invincible antipathie des marins grecs pour l'abordage : ils craignent que s'ils passent à bord d'un vaisseau ennemi, quelque malade ou blessé qu'on y aurait laissé ne le fasse sauter pour l'empêcher de tomber entre leurs mains. « Du reste, ajouta-t-il, à quoi nous servirait de les prendre dans l'état actuel de notre marine ? Une fois un vaisseau turc capturé ayant été amené à Spezzia, de si vives discussions s'élevèrent pour savoir à qui il appartiendrait, que le gouvernement fut obligé de le brûler afin d'empêcher que la dispute des divers prétendans ne se terminât d'une manière fatale » (A).

dans sa fameuse expédition contre le vaisseau
du capitan-pacha à Scio, et qui, avec Georgio Potili et Alexandre Dimame , vient d'exécuter la
brillante entreprise dont j'ai parlé contre Modon.
Georgio Capa Antoine, Anastasio Calloganni,
Demetrio Raphaella et Giovanni Mondrosa ,
ont aussi donné des preuves du plus grand courage dans les dernières actions qui ont eu lieu à
Ténédos, à Mytilène, à Samos, à Scio, à Cos et à
Candie. Ils ont trouvé leur récompense dans les
éloges dont leurs concitoyens les ont comblés et
dans les chansons qui ont été composées en leur
honneur.

CHAPITRE IX.

DÉTAILS SUR LA COMPOSITION DE LA FLOTTE GRECQUE.

LE 23 mai, ayant appris que l'escadre de Miaoulis était mouillée à Marathouni, dans le golfe de Kolokythia, anciennement golfe de Laconie, nous avons passé ce matin au nord de Cérigo, et nous sommes venus jeter l'ancre ce soir avec la flotte à côté de l'ancienne Cranae. L'accueil que j'ai reçu de Miaoulis a été rempli de bonté et d'hospitalité, et dès qu'il eut appris que mon intention était de rester quelque temps dans la flotte, il me pria de demeurer à bord de son vaisseau et me fit donner une chambre d'honneur près de la sienne.

Miaoulis est un homme de cinquante à soixante ans, mais d'une tournure peu gracieuse et dont la physionomie porte une expression singulière d'intelligence, d'humanité et de bienveillance. Sa famille est établie depuis long-temps à Hydra, et il est accoutumé depuis son enfance à la vie de

marin. Son père lui ayant confié à l'âge de dix-
neuf ans un petit brick qui naviguait dans l'Archipel, ses succès dans le commerce égalèrent
ceux de ses plus heureux concitoyens, et il y a
environ quinze ans qu'il était au nombre des plus
riches habitans de l'île ; mais la perte d'un vaisseau qui lui appartenait ainsi que sa cargaison, et
qui fit naufrage sur la côte d'Espagne, lui ayant
coûté une somme de 160,000 piastres, il se
trouva réduit à la médiocrité. Cependant au bout
de quelques années il avait assez bien rétabli sa
fortune, pour pouvoir, au commencement de la
guerre, contribuer de trois bricks à la marine
grecque. Il a été pris une fois par lord Nelson
avec deux autres vaisseaux spezziotes. Ses camarades ayant soutenu contre l'évidence que
leur cargaison n'était pas propriété française,
furent condamnés, tandis que la franchise avec
laquelle il avoua que sa capture était juste engagea au contraire l'amiral anglais à lui rendre
la liberté. Je n'ai jamais vu d'homme dont les
manières soient plus simples et plus amicales. Il
paraît être entièrement au-dessus de toute espèce de forfanterie ou d'affectation. Il n'a qu'un
but, la délivrance de son pays, et, entièrement
livré à ce grand dessein, il ne s'occupe ni de la
malice et de l'envie de ses ennemis, ni des
louanges que lui prodiguent ses concitoyens. La

bravoure de ses compagnons est mêlée d'une assez forte dose d'ambition ; mais pour lui, sa conduite n'est dirigée que par un seul ressort, le patriotisme le plus pur et le plus désintéressé.

La flotte grecque se compose maintenant en
tout de soixante-cinq vaisseaux, dont quarante
appartiennent à l'île d'Hydra, seize à celle de
Spezzia, et dont le reste sont les débris de l'escadre ipsariote. Le nombre des brûlots varie
comme de raison sans cesse, mais il dépasse
rarement quinze bâtimens, et souvent il n'y en
a qu'un ou deux. Parmi les vaisseaux de guerre,
il y en a six ou sept à trois mâts, et du port de
trois à quatre cents tonneaux ; les autres sont
des bricks ou schooners à un mât et du port de
cent à deux cent cinquante tonneaux. Les plus
grands vaisseaux n'ont pas plus de dix-huit canons, encore sont-ils tous de calibres différens,
ayant été apportés de différens lieux ou achetés
en différentes occasions ; les plus gros, qui sont
des canons de dix-huit, se trouvent dans les
bricks de Miaoulis et de Sokini ; le reste sont
pour la plupart des pièces de douze. Toute la
flotte grecque appartient jusqu'à présent à
des particuliers, et quoique les matelots soient
payés par le gouvernement, et qu'il contribue
aussi aux frais, les propriétaires n'en sont pas
moins tenus à faire eux - mêmes la plus grande

partie des dépenses. Conduriotti et son frère ont fourni dix vaisseaux. Tombazi et Miaoulis chacun trois ; les autres ont été équipés par des individus, ou bien ils appartiennent en commun au capitaine et à sa famille. La beauté de leurs modèles et le goût qui règne dans la coupe des voiles ont inspirés aux marins étrangers une préfé-) rence décidée pour les vaisseaux hydriotes, et ce qu'il y a de remarquable, c'est que les charpentiers de l'île construisent leurs vaisseaux par routine, sans aucune connaissance des mathématiques, et à l'aide des outils les plus imparfaits : c'est ainsi, par exemple, que deux peaux de mouton préparées leurs tiennent lieu de soufflet. De tous les vaisseaux de la flotte il n'y en a que sept qui aient été bâtis soit à Toulon, soit à Livourne, soit dans quelque autre port de la Méditerranée ; ceux-ci se font remarquer plutôt par leur capacité que par leur grâce.

Le nombre de marins qui composent l'équipage d'un vaisseau grec varie depuis soixante jusqu'à cent hommes, et leur solde depuis 40 jusqu'à 70 piastres par mois. On sait jusqu'à quel point ils sont actifs et adroits à la manœuvre ; mais la plupart d'entre eux n'ayant jamais passé le détroit de Gibraltar, ils n'ont pas une grande expérience de la mer : parmi les capitaines mêmes, il n'y en a guère que dix à douze qu'on m'a nommés, qui aient étudié l'art de la navigation, dont ils ne sentent pas le be-soin, se bornant à faire de courts voyages pres-que toujours à la vue des côtes.

Quant à la discipline et au gouvernement de leurs vaisseaux, ce sont des choses qui existent à peine. Il y a cependant une espèce de système suivi dans quelques-uns, et qui va, dit-on, être adopté dans tous. Immédiatement au-dessous du capitaine, qui possède, comme de raison, tout le pouvoir intérieur, et qui ne reçoit d'ordre que de l'amiral, se trouve un autre officier, à qui, sous le titre de ναυκληρος, est confiée la navigation du vaisseau ; vient ensuite le γραμματευς ou secré-taire du capitaine, qui, outre l'emploi d'écrire les dépêches, est encore chargé de celui de com-mis aux vivres ; l'officier qui le suit est le muni-tionnaire qui distribue les rations à l'équipage ; enfin, reste de la discipline turque, le cuisinier vient clore la liste. On ne connaît à bord des vaisseaux grecs ni officiers de quart ni aucun des grades inférieurs qui se trouvent dans les nôtres, et ceux même dont je viens de parler ne se rencontrent que dans un très-petit nombre, car la même insubordination, le même défaut d'union qui, sur terre, a fait tant de tort à la cause des Grecs, se retrouve aussi sur leur flotte.

La principale cause de la discorde est la jalou-

sie que les Spezziotes ressentent du pouvoir et des
moyens qui ont permis aux Hydriotes de jouer
un rôle si important dans les affaires de leur
pays, et ils ne cessent d'en exprimer leur mécontentement. Ils blâment toujours ce que font
leurs camarades, et n'ont jamais encore voulu
coopérer franchement et sans réserve à des entreprises où la réunion de toutes leurs forces
était cependant nécessaire pour en assurer le
succès. Ils ont leur propre amiral, leur propre
système de discipline, leurs propres signaux;
leur escadre marche toujours en corps, loin du
reste de la flotte, dont elle ne semble aucune-
ment faire partie; aussi n'ont-ils jamais manqué
de désobéir aux ordres, ou pour mieux dire de
se refuser aux prières du commandant hydriote,
du moment où elles ne coïncidaient pas avec leurs
vues particulières d'intérêt, d'avantage ou de
convenance. Les Ipsariotes, au contraire, qui
n'ont plus de patrie à défendre, plus de supériorité nationale à maintenir, plus d'amis ou de
parens; qui ne combattent que pour délivrer une
terre où ils puissent un jour placer les déplorables
débris de leur fortune et de leur famille, les Ipsariotes, exempts de tout esprit de faction, ont toujours déployé la bravoure la plus éclatante; ils se
sont prêtés avec joie à tout ce qui leur était proposé pour l'avantage commun; et, comme ils

ont toujours été d'accord avec les Hydriotes,
ils partagent les effets de l'envie et de la mal-
veillance des Spezziotes leurs confrères.

Des motifs d'envie et d'ambition particulière ont
occasioné les mêmes divisions entre les *capitani*
de chaque petite île de l'Archipel ; il n'y a pas une
place qui procure soit du pouvoir, soit de l'honneur, soit même un simple traitement, qui ne
donne lieu à des dissensions, à des disputes et à
une insubordination continuellé. Mais parmi
les commandans, la cause de désunion la plus
fréquente est la vanité. Je n'ai jamais vu d'hommes
aussi avides de louanges que les capitaines hydriotes. L'espoir d'être célébré dans une ode,
dans une élégie, dans le journal d'Hydra , ou
d'être simplement nommé dans les journaux anglais, suffit pour les pousser aux entreprises les
plus hasardeuses. De là suit que le succès ou l'a-
vancement d'un d'entre eux, en obscurcissant la
gloire de ses confrères, crée un esprit d'envie et
de mécontentement qui réunit, comme dans une
même ligue, tous ceux dont l'ambition a été
trompée ; mais ce n'est pas là la seule ni la moins
honorable cause qui paralyse les mouvemens de
la flotte.

Après les exploits surprenans et la réputation
justement acquise de la flotte grecque, il paraîtra peut-être étrange de dire que ces exploits

sont dus uniquement aux brûlotiers, assistés de douze à quatorze vaisseaux tout au plus de la flotte ; tandis que les quarante-cinq ou cinquante autres n'ont rendu d'autre service à la cause commune que d'ajouter à la force apparente de la marine, et d'effrayer l'ennemi par leur nombre. C'est cependant là une vérité incontestable et un mal auquel le gouvernement n'a pas encore pu porter de remède. Cette circonstance provient de ce que tous les vaisseaux appartiennent à des particuliers ; et tandis que le petit nombre de braves guerriers, qui n'hésitent jamais quand il s'agit d'arriver à leur but, résistent sans sourciller à toutes les forces de l'ennemi, d'autres, moins avides de gloire et plus rusés, demeurent à l'écart, et se bornent à tirer de loin en loin quelques coups de canon qui n'arrivent point jusqu'à leurs adversaires. Le motif qu'ils donnent pour leur conduite, est l'inutilité de risquer plus de vies qu'il n'est nécessaire pour la protection de leurs brûlots ; ou bien, si on les presse davantage, ils avouent qu'ils n'aiment pas trop à exposer leurs petits vaisseaux au feu des grosses frégates turques, parce que la somme que le gouvernement leur accorde, jointe à leurs propres moyens, ne suffirait point pour réparer le dommage qui en résulterait. C'est ainsi que, privé par la vanité ou par l'égoïsme de la plus grande partie de sa flotte,

Miaoulis, avec une douzaine de fidèles et braves compagnons, a soutenu les *capitani* des brûlots toujours fidèles à leur devoir, et a fait toutes les belles actions qui ont si fort avancé l'ouvrage de la liberté en Grèce.

D'ailleurs ce n'est pas parmi les capitaines seuls que ces déplorables sentimens ont produit ces tristes résultats ; imitant l'exemple de leurs commandans, et sachant trop bien que le gouvernement n'a pas la force nécessaire pour punir la désobéissance, les équipages ne cessent de manifester le même esprit de turbulence et d'insubordination. Fiers de leur liberté nouvellement acquise, et ne pouvant supporter de contrainte, ils ne veulent pas même prêter l'oreille au mot de soumission. Ces équipages étant composés d'individus de la même famille et du même nom, et commandés par un homme allié par le sang ou par le mariage à chacun de ses matelots, le capitaine évite toujours d'en venir à des extrémités qui ne pourraient manquer de causer de la dissension parmi ses parens, et d'augmenter encore la désobéissance et le mécontentement, surtout sous un gouvernement qui n'a ni la force ni la volonté de soutenir son autorité. D'après cela, quand il s'agit de décider d'une mesure importante, ce n'est ni la volonté de l'amiral ni le vœu du capitaine que l'on consulte ;

c'est le consentement de l'équipage qu'il faut obtenir. Si l'expédition proposée se rapporte avec ses idées d'utilité ou de convenance, son exécution ne souffre pas de difficulté, sinon il n'y a pas de pouvoir au monde qui puisse la faire entreprendre. Du reste chacun connaissant bien toute l'influence des autres, on n'entend jamais parler de querelles ; si les ordres de l'amiral sont agréables au capitaine, et si ses mesures obtiennent l'assentiment de l'équipage, tout va bien ; si au contraire la proposition est rejetée, il n'en est plus question, et l'on adopte quelqu'autre plan sans se livrer à des disputes ou à d'inutiles récriminations.

Il suit de tout cela qu'il doit y avoir beaucoup de confusion et d'irrégularité dans la direction de chaque vaisseau. Les hommes n'ont point de poste ou d'emploi qui leur soit régulièrement assigné. Quand le capitaine donne un ordre, il vole de bouche en bouche, d'une extrémité du vaisseau à l'autre, et tout l'équipage s'empresse à rendre le service le plus frivole. Il en résulte un trouble et une confusion extrêmes, surtout à l'œil d'un étranger, et plus d'une fois j'en ai été sérieusement alarmé. J'entendais quelquefois de ma chambre des cris si grands et tant de pas au-dessus de ma tête, que je montais en hâte sur le pont, croyant le vaisseau en danger ; mais il ne s'agissait que d'exécuter quelque ordre peu important, tel que de hisser une petite voile ou de mettre la chaloupe à la mer.

La seule chose qui offre à bord l'apparence de la régularité, est la discipline qui s'observe aux repas. La nourriture des matelots n'est pas fort saine, consistant principalement en poisson sec et salé, en sardines et en merluche de Terre-Neuve ; mais par contre ils ont d'excellens biscuits, faits avec des tranches de pain levé, et du vin de Grèce de première qualité. Midi est l'heure du dîner, et le coucher du soleil celle du souper. Des tables de six couverts chacune sont préparées d'avance entre deux pièces de canon. Aussitôt que le signal a été donné, le munitionnaire vient placer sur chaque table les rations de poisson, de pain, d'huile, de vin et de vinaigre ; le plus âgé de la table sert les mets, et le plus jeune verse à boire. Pendant le repas, le munitionnaire ne cesse de se promener de table en table, pour s'assurer si chacun a tout ce qu'il lui faut en vin et en pain, et le plus grand ordre ainsi que le plus profond silence ne cessent de régner. La table des capitaines et surtout celle de l'amiral sont beaucoup mieux servies : car à chaque port auquel ils touchent, les habitans rivalisent entre eux à qui enverra à la flotte de plus beaux présens en provisions fraîches, en légumes, en fruits, en vin, en fromage et en confitures; ce qui, joint aux mets européens et aux vins français, rend leur ordinaire tout-à-fait recherché.

Puisque j'ai cité les noms des brûlotiers qui se sont distingués par leur bravoure, il est juste de ne pas passer sous silence ceux qui, dans la flotte, ont aussi rendu d'utiles services. Je devrais commencer par Anastasio Psamadò, dont l'intrépidité a fourni le sujet de plus d'une chanson hydriote; mais, hélas! il vient de périr de la mort des héros. Parmi ceux qui lui survivent, le plus remarquable est peut-être Giorgio Sokini, dont le nom est connu de tous les vaisseaux européens de la station du Levant, parce que c'est toujours à lui qu'ils s'adressent lorsqu'ils ont quelques communications à faire à la flotte ou au gouvernement grec. C'est lui qui a imaginé les signaux dont se servent les divisions hydriote et ipsariote. Son vaisseau est, de tous ceux qui portent le pavillon grec, celui qui est tenu avec le plus d'ordre et de propreté, et il s'est particulièrement distingué dans les actions de Spezzia, de Mytilène, et dans l'affaire qui a eu lieu à la hauteur de Zante. Le capitaine Antonio Kriesi est à la fois le plus actif et le plus intelligent des capitaines de la flotte, et par son courage intrépide il a rendu de grands services dans

presque tous les combats qui ont été livrés depuis le commencement de la révolution. Le capitaine Panagiota, homme lourd et mal bâti,
passe généralement parmi les Hydriotes pour
être un peu fou, à cause de la témérité qu'il
déploie dans toutes les occasions. Dès que l'on
voit un vaisseau prendre seul l'avance sur les autres, quand il s'agit soit de reconnaître l'ennemi,
soit de le combattre, on est toujours sûr que c'est
celui de Panagiota; et chaque fois que Miaoulis
a besoin d'un homme d'un courage éprouvé,
c'est toujours lui qu'il emploie. On ne saurait
trop louer les efforts du vice-amiral Saktouri,
des deux frères Alexandre et Antonio Raphaella,
de Jean Lallaho, d'Anargiro Libeschi, de l'a-
miral ipsariote Apostoli, et du petit nombre de
capitaines de cette île qui existent encore. Il
suffit de dire que toutes les belles actions attribuées à *la flotte grecque* n'ont été que les effets
de la bravoure et du patriotisme de ce petit
nombre d'hommes illustres, qui, par leurs actions et leur courage, ont acquis de justes droits
au titre glorieux de *descendans de Thémistocle*.

Le vaisseau de Miaoulis est un brick de construction hydriote, et du port de trois cents tonneaux; il est armé de quatorze pièces de douze,
et de quatre canons longs de dix-huit. L'équipage se compose d'environ quatre-vingt-dix

hommes, qui sont presque tous des parens plus ou moins proches de l'amiral. Son fils Antonio commande en second : c'est un jeune homme de manières agréables et d'un courage distingué (1). Son secrétaire, Hiccesios Latris, est un étudiant de Scio, et membre d'une des familles les plus respectables de Smyrne. La chambre est très-proprement meublée, et décorée de dessins représentant les combats les plus fameux où l'amiral ait assisté. Il y a un divan à l'usage de la foule de capitaines qui viennent sans cesse le trouver, et qui forment son conseil. Derrière la chambre, on trouve une petite chapelle, avec plusieurs tableaux de la sainte Vierge et de saint Nicolas, devant lesquels on tient des lampes allumées. Ceci n'est pas particulier au vaisseau de Miaoulis, qui s'appelle *le Mars*, ὁ Ἄρης ; tous ceux de la flotte ont leur vierge et leur lampe, devant laquelle le capitaine et les officiers font leur prière du matin et du soir ; en outre, au moment du coucher du soleil, on fait le tour du pont avec un encensoir, dont chaque homme de l'équipage

---

(1) Il a encore trois enfans, savoir : une fille maintenant veuve ; un fils aîné, Démétrio, négociant et l'un des jeunes primats d'Hydra, et un autre, le plus jeune de tous, appelé Jean, qui, âgé de dix-neuf à vingt ans, commande déjà un des bricks de son père (A).

respire le parfum, en faisant dévotement le signe de la croix et en récitant une prière à la Vierge.

Après l'incendie de l'escadre égyptienne à Modon, la flotte grecque a été obligée de se retirer dans la baie de Kolokythia, pour se radouber et pour embarquer de l'eau et des provisions. Son projet est maintenant de retourner avec de nouveaux brûlots, dont il en est arrivé plusieurs d'Hydra, et de faire une tentative pour détruire le reste des vaisseaux égyptiens mouillés dans le port de Modon. Les préparatifs se font avec promptitude, et nous espérons pouvoir mettre à la voile après-demain.

CHAPITRE X.

SÉJOUR A BORD DE LA FLOTTE.

LE 25 mai. — Ce matin la flotte a appareillé vers le point du jour. Elle offrait un spectacle magnifique. Les voiles levantines blanches comme la neige, brillaient aux rayons du soleil, et l'escadre, forte de quarante vaisseaux, ressemblait à autant de cygnes nageant sur le sein des eaux. Le vent était léger, mais favorable, et nous nous sommes dirigés lentement vers le cap Matapan.

Miaoulis avait pris, comme de coutume, sa place à la poupe. Il ne quitte jamais ce poste qu'il s'est assigné, dormant la nuit dans une petite chambre, construite au-dessus du gouvernail, sur lequel il reste assis tout le jour pour observer les mouvemens de la flotte. Rien ne saurait égaler l'exactitude et les soins infatigables avec lesquels il remplit les devoirs d'une place si pleine de désagrémens et d'inquiétudes, plutôt par les tourmens intérieurs qu'on lui suscite, que par la sollicitude que pourraient lui inspirer les mouvemens de l'ennemi. Assis pendant toute la journée à la turque, avec ses jambes pliées sous lui, il a pris l'habitude d'éplucher le cuir de ses pantoufles. Depuis un mois, les affaires ont paru si embrouillées, que les babouches du bon vieux amiral ne sont plus que des lanières.

Vers le soir, comme nous étions à la hauteur du cap, un schooner spezziote est arrivé de sa croisière devant Modon ; il nous a apporté la nouvelle désastreuse de la reddition de Navarin. Depuis la prise du vieux château, tous les efforts des Égyptiens se sont dirigés contre le corps de la place ; et, tandis que la flotte empêchait l'arrivée de renforts ou d'approvisionnemens, les troupes de terre occupaient tous les passages qui conduisent à la ville, de sorte que la garnison, manquant d'eau et de provisions, harassée par le feu continuel de l'ennemi, qui déjà avait presque formé une brèche dans le rempart, n'ayant aucune communication avec ses amis, soit par terre soit par mer, et prévoyant le moment où elle se verrait réduite par la force, a consenti à accepter une capitulation. Quelques vaisseaux européens, qui venaient d'arriver, se sont chargés de la négociation, et ont garanti l'exécution du traité, d'après lequel la garnison s'est rendue le 23, et a été transportée à Calamata, à l'exception du fils de Petro-Bey et du général Iatracco, qui sont restés prisonniers. Un jeune médecin anglais, n'ayant pu résister à l'offre de conserver son traitement avec une augmentation de 5o piastres par mois, a passé au service du pacha.

Cet événement ne peut manquer d'avoir l'influence la plus fatale sur tout le reste de la campagne : sans compter le découragement dont il remplira le cœur des Moréotes, il donne à l'ennemi une clef à toute la côte occidentale de la Morée, où il n'y a pas d'autre forteresse en état d'arrêter ses progrès, et qui étant un pays de plaines, ne présente aucun obstacle aux mouvemens de sa cavalerie ; mais la perte d'un si beau port en est la conséquence la plus déplorable, puisqu'elle procure à l'ennemi un lieu où il peut en sûreté passer l'hiver dans le sein même du pays.

Le 26 mai. — Résolu de continuer sa route vers Navarin, où il espérait encore trouver les vaisseaux égyptiens, Miaoulis avait à peine doublé ce matin le promontoire, quand toute la flotte ennemie se montra devant nous, à la distance d'environ dix milles et se dirigeant en apparence vers Candie. Son intention est sans doute d'amener au pacha de nouvelles troupes

avec lesquelles il puisse poursuivre ses succès.
Comme il serait d'une grande importance pour
les Grecs de pouvoir retarder ses mouvemens,
ils ont résolu de suivre la flotte ennemie et d'accomplir, s'il est possible, leur premier projet
d'y mettre le feu. Celle-ci, aussitôt qu'elle nous
eut aperçus, tira quelques coups de canon et fit
un signal pour se réunir, après quoi elle dériva
un peu vers le sud tandis que les Grecs se portèrent
sur sa ligne avec autant de rapidité que le permettait la faiblesse du vent.

Miaoulis a reçu ce matin des dépêches de Missolonghi du 12 courant. Elles rendent compte de
la situation des affaires et le prient d'envoyer
quelques vaisseaux au golfe de Lépante, pour
gêner les mouvemens des petits bâtimens turcs
qui continuent à croiser dans ces parages à la
hauteur de Patras. D'après ces dépêches il paraît
que la guerre se pousse avec vigueur dans le district de Cravari situé à l'orient de Missolonghi. Le 6 mai un corps de deux cents Roméliotes, sous divers capitani, attaqua près d'un
village appelé Pappadia, une position de l'ennemi défendue par deux mille hommes sous les
ordres de Banousa Sebrone. L'action commença
au point du jour et se prolongea jusque fort avant
dans la soirée ; elle se termina, comme à l'ordinaire, par la prise de la position avec une légère

perte du côté des Grecs et par la fuite de l'ennemi
laissant soixante morts et plusieurs prisonniers.
Le lendemain les Grecs ne repoussèrent pas avec
moins de bonheur une attaque de l'ennemi
contre Anatolia. A Missolonghi les Turcs avaient
continué leurs préparatifs jusqu'au 10 ; ils commencèrent pour lors à tirer contre les remparts
et à jeter des bombes dans la ville ; mais la garnison leur riposta par un feu non moins vif que
le leur. Une foule de Grecs au service de l'ennemi ne cessaient de déserter journellement de
ses rangs et apportaient des avis sur sa situation
et sur ses projets. Le 12 entr'autres neuf trans-
fuges arrivèrent dans la ville ; ils confirmèrent
tout ce que l'on avait entendu dire sur la disette
qui régnait dans le camp ennemi. Il paraît que
ses forces devant Missolonghi se montent à
quatorze mille hommes sous les ordres de Kiaout-
tachk et de Jussuf, pacha de Patras ; qu'il a
maintenant cinq pièces de canon et un mortier,
mais qu'il attend d'un jour à l'autre une artillerie plus nombreuse qui doit arriver de Lépante et de Patras ; que le reste de ses troupes
sont stationnées dans tout le district de Cravari,
et que le jour même du départ de ces transfu-
ges, on avait reçu au camp des Turcs des avis
de la position critique dans laquelle se trouvait
la division de Banousa Sebrone. Il paraît qu'après

sa défaite à Pappadia, elle s'était réfugiée dans un monastère entre Lodorikion et Cravari. Harassée encore par les Grecs, elle voulut fuir une seconde fois, mais ne parvint à se retirer qu'avec une nouvelle perte de soixante morts et de quatre-vingts blessés. Dénuée de toute espèce de provisions, cette division avait déjà été obligée de manger ses chevaux, et elle demandait avec instance des secours du camp. En conséquence on lui avait envoyé six mille cavaliers albanais, sous le commandement de plusieurs bons officiers turcs. Enfin les dépêches grecques annoncent que les fortifications de Missolonghi sont dans le meilleur état, et que la garnison ainsi que les citoyens sont remplis d'enthousiasme. Les boulets et les bombes de l'ennemi n'ont pas fait beaucoup de mal à la ville ; tout le monde s'y montre animé des meilleures espérances, mais on représente fortement l'avantage qui résulterait de la présence et de la coopération de quelques vaisseaux de guerre.

Il est malheureusement impossible d'en envoyer dès ce moment; mais, comme on en attend d'un jour à l'autre d'Hydra, on les fera partir dès qu'ils seront arrivés.

Les vents ont été si légers et si variables pendant toute la journée qu'aucune des deux flottes n'a pu faire de mouvement important. Vers

midi les Grecs se trouvaient à quatre milles
de la ligne ennemie, qui commença aussitôt à
tirer, et continua son feu jusqu'à ce que le capitaine Alexandre Raphaelle Goletta, qui se trouvait le premier de la flotte grecque, fût tout près
de celle des Egyptiens. Il commença pour lors une
vive canonnade avec une corvette ennemie; mais
quelques autres vaisseaux étant survenus, et le
vent ayant changé, les Turcs virèrent de bord,
et continuèrent leur route vers le sud. Cependant les Grecs ne cessèrent de les poursuivre, et
le feu continua de part et d'autre pendant toute
la journée, sans que les Grecs perdissent un
seul homme. Je n'ai jamais vu de gens aussi em-
barrassés que les Turcs paraissaient l'être. Sachant que le vent était trop faible pour que les
brûlots pussent agir, ils faisaient de temps à
autre mine de vouloir se battre, et laissaient
arriver quelques-uns des petits bricks grecs, puis
virant de bord, après quelques coups de canon,
ils se sauvaient en forçant de voiles. Ainsi tantôt
avançant, tantôt demeurant tranquilles, tantôt
fuyant, ils restèrent sur le qui-vive pendant la
journée entière, perdant une énorme quantité de
poudre et de boulets qu'ils usaient à tirer contre
les Grecs sans jamais les atteindre. Au coucher
du soleil, les deux escadres étaient à environ deux
milles l'une de l'autre. Les Turcs s'étaient for-

més en ligue ; et le vent étant tout-à-fait tombé, ils parurent vouloir se mettre à l'abri de l'attaque des Grecs en tirant continuellement pendant toute la nuit , comme pour les tenir à une distance respectueuse. Ils ne cessèrent pas un instant leur feu, tandis que les Grecs , ayant mis en panne , ne daignaient pas leur répondre par un seul coup. Vers le soir le spectacle était magnifique : c'était un de ces beaux couchers du soleil que l'on ne connaît que dans l'Orient ; le ciel offrait un vaste dôme d'un azur adouci ; et sa sérénité contrastait avec l'agitation qui régnait sur la mer. On n'apercevait pas le moindre nuage , à l'exception de ceux que formait la fumée du canon, que l'absence du vent faisait rester immobiles sur la surface des flots et qui se teignaient des couleurs brillantes du couchant. Quand la nuit arriva , la scène, quoique différente , ne fut pas moins sublime. Le feu du canon brillait seul dans l'obscurité , et la majestueuse tranquillité répandue sur les eaux n'était troublée que par le tonnerre de l'artillerie turque.

Le lendemain , le vent restant toujours faible, les Grecs continuèrent la même manœuvre, et l'embarras des Egyptiens parut continuer. Ils changeaient de mouvements chaque fois que le vent variait, ce qui arrivait assez fréquemment. Une fois ils essayèrent de prendre une direction

tout-à-fait opposée et de retourner à Navarin ;
mais, trouvant partout l'escadre de Miaoulis sur
leurs pas, ils reprirent leur premier dessein et
remirent le cap vers Candie. Parfois ils semblaient vouloir porter sur l'escadre grecque qui
sur-le-champ se préparait avec joie à combattre;
mais son espérance était toujours déçue, les
Turcs virant constamment de bord après quelques vaines démonstrations. Il y aurait eu de
l'imprudence de la part des Grecs à les attaquer
les premiers, car ils avaient plus de cinquante
vaisseaux, dont onze frégates et un grand nombre de corvettes ; le reste se composait de bricks
et de vaisseaux de transport en bon état. Les
Grecs n'avaient au contraire en tout que trente-
quatre bricks, dont le plus fort portait vingt pièces
de canon, et le vent ne permettant pas de se servir de brûlots, ils n'auraient rien gagné à se
mettre à côté des frégates, dont les canons de plus
gros calibre et portant bien plus loin que leurs
petites pièces, les auraient bientôt criblés, tandis
que leurs boulets auraient à peine entamé les
bords des vaisseaux ennemis. En attendant nous
recevions sans cesse de nouvelles preuves de
l'ineptie des Turcs. On aurait pu croire, vu le
nombre de coups qu'ils tiraient, qu'ils devaient
au moins savoir pointer une pièce; mais il semble
que toute espèce de progrès soit impossible à des

musulmans. Leurs premiers boulets tombèrent à la vérité dans notre ligne, mais à une distance respectueuse ; et, comme un canon une fois pointé ne changeait jamais de direction, à mesure que nous avancions les boulets montaient, jusqu'à ce qu'enfin nos voiles de perroquet fussent percées par des boulets dirigés sans doute contre nos tillacs. C'est bien dommage que le projet si souvent formé d'équiper quelques frégates n'ait pas été mis à exécution par le gouvernement grec. S'il s'y décidait et qu'il introduisît une meilleure discipline à bord des vaisseaux, il n'y a pas de flotte ottomane qui osât se mesurer avec la sienne. On peut juger de ce qu'elle ferait par la terreur qu'inspirent dès à présent un petit nombre de bricks à demi armés. La marine des Grecs tirerait aussi de grands avantages de l'équipement d'un certain nombre de bateaux à vapeur. Pendant le temps que les deux flottes ont navigué ainsi à côté l'une de l'autre, il y eut plusieurs fois des calmes qui les forçaient à demeurer immobiles à peine hors de la portée du canon. Si les Grecs avaient eu un bateau à vapeur pour prendre les brûlots à la remorque, jamais les grosses frégates mal manœuvrées de l'ennemi n'auraient pu échapper aux flammes.

Dans la soirée du 30 mai, il s'éleva une brise favorable, et Miaoulis résolut de faire une tentative avec les brûlots. L'ennemi formait une ligne un peu sous le vent de notre flotte. On fit sur-le-champ tous les préparatifs du combat, et l'on hissa le premier pavillon grec, comme signal (1). Le tableau de la Vierge fut encensé, et quand tout fut prêt on porta sur la ligne de l'ennemi; le vent était assez fort; les brûlots marchaient les premiers et les bricks suivaient de près pour en recevoir au besoin les équipages. Déjà ils se trouvaient à moins d'une portée de canon des Egyptiens; ils étaient prêts à commencer leur feu, quand tout à coup les brûlots virèrent de bord et quittèrent la ligne sans faire la moindre tentative contre l'ennemi (2); mais il était trop tard pour que la flotte se retirât avec la même sûreté, le vent ne l'aurait pas permis, et elle était sous le canon des Turcs, dont les boulets ba-

-----

(1) Le pavillon adopté aujourd'hui par les Grecs se compose de neuf bandes horizontales bleues et blanches, à une croix des mêmes couleurs en franc quartier. L'ancien était fort compliqué : le fond en était bleu : au milieu il y avait une croix avec un croissant au-dessus, à droite une ancre avec un serpent, et à gauche le hibou d'Athènes surmonté d'une couronne de laurier (A).

(2) Ils alléguèrent plus tard, pour s'excuser, qu'ils n'entrevoyaient pas le moyen d'attaquer l'ennemi avec avantage, et qu'ils avaient pensé qu'il valait mieux garder les brûlots pour une meilleure occasion (A).

layaient à chaque instant nos ponts et traversaient nos agrès. Ainsi exposé à ce feu continuel , sans aucun moyen d'y riposter avec
avantage, l'escadre grecque passa tout le long
de la ligne des Egyptiens, qui dans leur effroi
semblaient avoir oublié de se ranger sous le vent
pour l'intercepter. Je n'ai jamais vu de canonnade aussi terrible, j'ai compté soixante-dix
coups par minute, et elle continuait encore quand
nous fûmes assez éloignés pour qu'il s'écoulât de
vingt à vingt-cinq secondes entre la flamme et
le bruit du canon ; enfin, après avoir ainsi retardé
le passage des ennemis pendant sept jours, le
manque de provisions obligea Miaoulis à rentrer
dans un des ports de la Morée. Le 1er juin,
l'ennemi, s'étant dirigé vers le nord, doubla le
cap Spade, et continua sa route vers Candie, tandis que nous nous retirions dans la baie de Vathico, au nord de Cérigo. Le même soir nous
reçûmes de nouveau des lettres de Missolonghi,
dans lesquelles on peignait l'activité et l'ardeur
que mettait l'ennemi à pousser le siége, et l'on
représentait tout l'avantage que procureraient
quelques vaisseaux grecs qui croiseraient dans le
golfe. En conséquence le capitaine Neuga y fut
envoyé dans un des bricks de Conduriotti, accompagné d'un schooner hydriote, avec ordre
de rester dans le golfe de Lépante , et de pro-

mettre au gouverneur de Missolonghi que des secours par mer lui seraient expédiés aussitôt que
l'amiral aurait fait ses dispositions.

Le 3 juin. — Ce matin on a fait avec promptitude des préparatifs pour approvisionner la
flotte. Chaque vaisseau a envoyé ses chaloupes à
terre pour apporter des provisions et de l'eau. Dans
la matinée l'amiral avait reçu de Napoli de Romanie des dépêches importantes.

La plus grande terreur semblait s'être emparée
des Moréotes, à la première nouvelle de la reddition de Navarin. De grands cris s'élevèrent de
nouveau pour demander Colocotroni, et le gouvernement s'étant décidé à le remettre en liberté, trois membres du corps exécutif se rendirent à Hydra pour le conduire à Napoli. Il
arriva dans cette ville le 30 mai, et le lendemain
sa réconciliation avec le gouvernement fut célé-
brée avec beaucoup de pompe et aux acclama-
tions de la populace. La cérémonie eut lieu
dans la grande place, où l'on avait rangé le corps
et la musique du nouveau régiment de troupes
réglées. On convint de part et d'autre d'une am-
nistie générale et de l'oubli des anciennes inju-
res, ce qui fut ratifié dans l'église de Saint-
Georges; après quoi Tricoupi harangua le peuple
et les soldats, et la journée se termina par des
réjouissances universelles, c'est-à-dire par des

décharges continues et bruyantes d'armes à feu. Le gouvernement s'occupa ensuite de publier des proclamations pour appeler aux armes les habitans de la Morée; on donna l'ordre de fermer toutes les boutiques de Napoli, à l'exception de celles d'un petit nombre de boulangers et de bouchers, afin que la population entière pût suivre les drapeaux de Colocotroni. Celui-ci comptait se trouver sous peu de jours à la tête de quatorze mille hommes, avec lesquels il espérait arrêter les progrès des Egyptiens. Pappa Flescia était déjà parti pour jeter une garnison dans Arcadia, forteresse située sur la côte au nord de Navarin, et Pétro Bey était à Maina, où il s'occupait à armer ses partisans, avec un corps considérable desquels il espérait pouvoir bientôt rejoindre l'armée du chef libéré.

La lettre se terminait par le récit du danger où se trouve Missolonghi, par des prières à Miaoulis, pour qu'il envoie sans perdre de temps quelques vaisseaux à son secours, et par le tableau de l'enthousiasme qui remplit le cœur du soldat, enthousiasme qui donne de justes espérances que la campagne pourra encore s'achever d'une manière honorable. Comme il est impossible pour le moment de détacher d'autres vaisseaux hydriotes, tandis que ceux des Spezziotes sont moins nécessaires, Miaoulis a fait prier leur ami-

ral d'en fournir quelques-uns en toute hâte,
mais la réponse a été évasive : l'amiral a demandé
du temps pour tâcher de découvrir lesquels d'entre
ses capitaines seraient disposés à entreprendre
ce service. Il n'y a pas de doute que la délivrance de la Morée ne soit encore maintenant
une chose fort possible. Le courage ranimé
des soldats sera maintenu par le retour des chefs
qu'ils préfèrent. La liberté de Colocotroni semble
avoir donné une nouvelle face aux affaires ;
et, si l'armée était disposée à agir avec promptitude, il ne serait pas difficile de rassembler
des forces suffisantes pour arrêter les progrès du
pacha. En attendant, il est question d'une expédition hasardeuse, mais décisive de la part
de la flotte ; il s'agit d'entrer dans le port de
Suda avec toutes ses forces, et de détruire, s'il
est possible, tous les vaisseaux du pacha. Si une
pareille entreprise réussissait, et vu le nombre de
brûlots que l'on a rassemblés, son succès serait
extrêmement probable, le sort de la campagne
ne serait plus douteux : sans renforts, Ibrahim-
Pacha ne pourra rien entreprendre d'important,
et si par une action courageuse de la flotte on
peut empêcher que ces renforts n'arrivent, il ne
sera pas difficile à Colocotroni de vaincre son armée dans l'état où elle est aujourd'hui, tandis
qu'en plaçant les vaisseaux d'une manière judi-

cieuse, il n'en faudra qu'un petit nombre pour bloquer Modon et Coron et pour délivrer la Morée. Une autre petite escadre pourrait recommencer le siége de Patras, tandis que le reste suffirait pour débarrasser Missolonghi et reprendre Navarin. Mais un plan si vaste ne pourra s'exécuter qu'à l'aide de la coopération active de l'armée de terre.

<div style="text-align:center">~~~~~~</div>

CHAPITRE XI.

FIN DU SÉJOUR SUR LA FLOTTE. — EXPÉDITION DE
CANDIE.

LA journée était magnifique, mais le vent
dans un calme presque plat. Vers midi, j'étais
assis à côté de Miaoulis, à sa place accoutumée
près du gouvernail. Il parlait de la perspective
des affaires, et bien convaincu de l'importance
de l'expédition qui lui était confiée, il s'étendait
avec feu et enthousiasme sur l'espoir qu'il avait
de réussir. Tout à coup un caïque double le
cap St-Ange et s'avance vers nous à force de
rames. En un instant les traits du vieillard
s'obscurcissent. « Voilà, dit-il en se frappant
sur la cuisse, voilà des nouvelles qui vont, je
le crains, renverser toutes nos espérances. Je
vois à l'apparence de cette chaloupe qu'elle nous
en apporte de mauvaises. » Cependant le caïque
avançait lentement. Les marins, qui avaient entendu les paroles de l'amiral, avaient quitté leurs

travaux sur le pont et s'étaient réunis sur le bord du vaisseau pour guetter l'approche de la barque et pour apprendre les nouvelles ; elle arriva, et les premiers mots qu'elle prononça furent un coup de foudre. — La flotte turque avait passé les Dardanelles, et n'était déjà plus qu'à trente milles d'Hydra. En un moment s'évanouit toute considération d'honneur national, ou de sûreté générale : comme des hommes qui s'éveillaient d'un songe pénible, le bruit et la confusion retentirent de toutes parts à bord du vaisseau, et l'on se hâta d'appareiller pour voler au secours de ses propres foyers et de ses familles en péril. Des signaux furent faits sur-le-champ ; en un quart d'heure toutes les ancres étaient levées, toutes les voiles tendues, et la flotte entière était en route pour Hydra. L'impatience de partir était si vive que plusieurs hommes qui avaient été envoyés le matin à terre pour acheter des provisions furent oubliés. Une brise superbe, que l'on aurait presque pu appeler une bourasque, s'étant élevée tout à coup, nous poussa par delà le cap en moins d'une heure. Tant qu'elle dura, les matelots étaient dans l'enchantement ; ils la regardaient, après le long calme que nous avions éprouvé, comme une marque évidente de la protection du ciel. Bientôt cependant elle diminua de nouveau, et le calme ramena le chagrin et l'impatience de l'équipage qui, assis sur le pont, s'entretenait de ses craintes, examinait ses pistolets et éprouvait le fil de ses brillans ataghans.

Au sommet le plus élevé de ce promontoire orageux, l'ancien Malea, se trouve une retraite inaccessible : là, dans une petite cellule et tout près des ruines d'une antique chapelle, habite un vieux moine, qui depuis plusieurs années ne subsistait que des dons charitables des pirates maïnotes, dont il avait coutume de bénir les vaisseaux avant qu'ils partissent pour leurs expéditions ; maintenant il vit de la générosité précaire des pêcheurs. Cet asile est le plus solitaire, et cet homme le plus isolé que j'aie vu. Comme nous nous tenions sous ce promontoire, il en gravit péniblement la cîme, et alluma un feu de broussailles sur le haut du rocher. Nous distinguâmes sa figure à la lueur des flammes, et nous le vîmes étendre ses mains et son crucifix pour donner sa bénédiction à la flotte. C'était le moment où la brise cessait, et les prières du vieil ermite furent remplacées par les murmures impatiens des marins, qui, rassemblés en groupes sur le pont, ne songeaient qu'à découvrir quelques signes précurseurs de vent.

Le 4 juin. — Pendant la nuit le vent a considérablement fraîchi, et au point du jour nous n'étions plus qu'à trois milles d'Hydra, quand un caïque est venu nous apporter une nouvelle aussi agréable que celle d'hier était alarmante et inattendue. La flotte ennemie, se trouvant à moins de trente milles de l'île, avait été dispersée et en partie détruite par la seconde escadre grecque, sous les ordres de Saktouri.

Cette division croisait depuis deux mois dans l'archipel, entre Mytilène et le mont Athos, afin d'intercepter la flotte turque au moment de son départ des Dardanelles, qui aurait dû avoir lieu beaucoup plus tôt. Constamment déçus dans leur attente, la vigilance des Grecs s'était un peu assoupie, de sorte que la flotte ottomane quitta l'Hellespont le 24 mai, et se trouva le 31 à la hauteur de Négrepont, avant que Saktouri, qui était près de Samos, eût reçu le moindre avis de ses mouvemens. Mais dès qu'il en eut connaissance, il ne perdit pas un instant: il le suivit, et le rejoignit, à la hauteur du cap d'Ovo dans l'île de Négrepont, où elle luttait contre les vents contraires. Les brûlots réussirent comme de coutume, ils brûlèrent un vaisseau rasé de soixante-six, appartenant au capitan pacha, qui ne périt pas parce qu'il avait pris la précaution de se mettre sur un plus petit vaisseau ; une corvette et la frégate du capitan aga furent aussi détruites, et cet officier périt lui-même dans les flammes. Cinq bâtimens de transport furent pris : leur chargement consistait en provisions, en treize cents barils de poudre, en canons, en mortiers, en fusils, en boulets et en bombes sans nombre. Ils ont été mis en sûreté à Spezzia. Le reste de la flotte turque essaya de se sauver, et fuyant contre le vent, elle fut dispersée de toutes parts. La plus grande partie réussit à gagner Rhodes ; mais il s'écoula plusieurs jours avant qu'elle pût être tout-à-fait réunie. Une corvette avait été poussée à Syra, où, suivie par deux bricks grecs, elle fut obligée de se rendre. Le capitaine convint de remettre le bâtiment aux Grecs aussitôt que tout l'équipage serait débarqué en sûreté dans l'île, mais à peine le dernier homme eut-il quitté le bord qu'une mêche allumée par les Turcs communiqua le feu aux poudres, et le vaisseau sauta. Les Grecs, furieux de voir leurs espérances trompées, se jetèrent sur le rivage, et après une forte mêlée ils parvinrent à emmener cent cinquante prisonniers qui furent envoyés à Hydra.

Les résultats directs de ce succès seront extrêmement avantageux : car, outre la délivrance d'Hydra qu'elle assure et la liberté qu'elle donne à la flotte de poursuivre son expédition contre la Crète, les proclamations par lesquelles le gouvernement grec a fait connaître cette victoire au peuple ont déjà produit l'effet le plus heureux, en ranimant son courage et en le poussant à courir aux armes.

Miaoulis, au lieu de se rendre à Hydra, s'est immédiatement dirigé vers le midi, et dans le cours de la journée il a été rejoint près de Falconera, par l'escadre de Saktouri, ce qui porte les forces réunies de la marine à soixante-dix voiles. En même temps le capitaine Zacca est arrivé, avec un des vaisseaux de Conduriotti, d'une croisière à la hauteur de Candie; il rapporte que tous les vaisseaux égyptiens sont dans l'intérieur du port de Suda, et, comme ils n'ont pris aucune précaution contre une attaque, il ne paraît pas qu'ils en appréhendent. On a donc décidé que toute la flotte ferait voile pour le port de Milo, d'où, après avoir complété son approvisionnement, elle partirait sans délai pour Suda (1).

Nous ne mouillâmes à Milo qu'à une heure assez avancée dans la soirée du 5 juillet, et six jours s'écoulèrent encore avant que nous pussions partir pour Candie. Ce retard contrariant a été occasioné en partie par deux

---

(1) C'est aujourd'hui que les Spezziotes devaient rendre réponse au sujet de l'envoi d'une escadre à Missolonghi; mais, au lieu de répondre, ils sont tous partis de grand matin pour leur île, laissant le reste de la flotte se rendre seule à Milo (A).

jours de temps orageux , mais surtout par l'indolence et la mauvaise conduite des marins ,
qui , une fois à terre et libres de toute contrainte,
ne se hâtaient pas de retourner à leurs vaisseaux
respectifs , préférant rester dans l'île , où ils com-
mettaient de si grands excès , que l'amiral en
recevait chaque jour des plaintes, et que la nuit
qui précéda notre départ quelques malheureux
marchands de la ville vinrent demander une
somme assez considérable pour le dégât qu'ils
avaient fait dans leurs boutiques.

Un autre événement qui arriva pendant notre
séjour à Milo fait connaître à la fois la férocité
que les Hydriotes doivent à leur origine albanaise , leur haine implacable contre les Turcs et
l'insubordination des capitaines envers leurs
chefs.

Le vaisseau de Zacca , en croisant près de
Candie, avait rencontré un vaisseau français qui
se rendait d'un port de l'île à l'autre. Il avait
trouvé sur ce vaisseau trois Turcs, et un jeune
garçon grec qui avait été réduit en esclavage
par les premiers. Zacca les fit sur-le-champ prisonniers , partagea à son équipage tout ce qui
leur appartenait, et les conduisit à Milo. Dimanche matin, ce capitaine vint à bord du brick
de Miaoulis, et me prenant à part, il me dit qu'il
avait envie de me régaler ; que son intention

était de conduire à midi ses prisonniers à terre et de les mettre à mort, et que je pourrais avoir ma part de l'exécution si cela me faisait plaisir. Je déclarai sur-le-champ l'horreur que m'inspirait un pareil procédé, et je mis en usage tous les argumens que je pus imaginer pour l'engager à épargner la vie de ces malheureux, ou du moins de les laisser condamner par le gouvernement d'Hydra. Mais tous mes discours furent inutiles et ne servirent qu'à l'irriter, parce qu'il prétendit que je voulais empiéter sur le droit qu'il avait de traiter ses prisonniers selon son bon plaisir.

Je m'adressai pour lors à l'amiral, qui m'assura qu'il désapprouvait entièrement une conduite si barbare, et qu'il était résolu d'y mettre obstacle. Il parla en conséquence à Zacca, et lui ordonna de se désister de son projet affreux; Zacca répondit vaguement, et après avoir achevé ce qu'il avait à faire à bord, il retourna sur son propre vaisseau. Convaincu que les prisonniers conserveraient la vie, j'accompagnai le secrétaire de Miaoulis, qui alla de la part de l'amiral les interroger sur l'état du pays; l'un d'entre eux était un vieillard vénérable de soixante ans au moins, avec une longue barbe blanche, flottant sur sa poitrine. Le second un jeune homme dont l'extérieur n'avait rien de remarquable, et le troisième un Albanais, d'un maintien fier et d'une stature énorme. Ils déclaraient qu'ils étaient des marchands, ainsi qu'on pouvait le voir par les effets qu'ils avaient avec eux; et qu'au moment où ils avaient été pris ils se rendaient de Candie à Suda.

Quand je leur annonçai qu'ils seraient envoyés à Napoli, et qu'on ne les massacrerait pas sur-le-champ, comme les matelots le leur avaient dit, les malheureux éprouvèrent une joie sans exemple, et ils m'auraient volontiers baisé les pieds dans leurs transports. Zacca ne se montra pas, et nous quittâmes le vaisseau pour aller à terre. Le lendemain matin je reçus un billet de M. Allan, l'Américain qui s'était trouvé à Navarin sur le vaisseau de Psamadò, et qui était à bord de celui de Zacca. Il me disait que peu d'instans après notre départ, Zacca était monté sur le pont et avait ordonné l'exécution des Turcs, exécution qui s'était faite de la manière la plus barbare. On commença par attacher les malheureux au mât, et par les accabler de coups de cordes nouées, puis les jetant par-dessus le bord du vaisseau afin de ne pas tacher le pont, les marins qui étaient descendus dans les chaloupes les achevèrent à coups de poignard. La conduite du capitaine et de ses matelots pendant tout le temps avait été trop épouvantable pour qu'on pût la décrire.

Aussitôt que Miaoulis eut connaissance de ce qui s'était passé, il examina sur-le-champ l'affaire ; mais l'équipage déclara qu'il n'avait fait que suivre l'ordre du capitaine , tandis que le capitaine prétendit qu'il n'avait pu retenir la fureur de ses matelots, dont la colère avait été excitée par les récits du jeune esclave, qui leur avait dépeint les cruautés que l'Albanais avait fait souffrir à ses parens et le traitement inhumain qu'il avait ensuite éprouvé lui-même. Miaoulis , n'ayant pas le pouvoir de punir, ne put que blâmer dans les termes les plus forts la conduite honteuse de l'équipage, et faire un rapport à Hydra sur la désobéissance et la cruauté du capitaine.

Enfin , après des délais sans nombre, toute l'escadre sortit de Milo dans la matinée du 10 juin, et prit le chemin de Candie. Le vent était si faible que nous n'arrivâmes devant Suda que le 12 au soir. A notre approche, nous vîmes plusieurs vaisseaux qui croisaient sur la côte rentrer de toutes parts et s'efforcer de gagner le port. Quelques-uns de nos bricks cherchèrent à en intercepter une partie, ce qui donna lieu à un combat assez vif. Mais l'ennemi réussit à se sauver, et nous perdîmes un homme d'un des vaisseaux de Conduriotti ; il fut tué par un canon qui en crevant blessa encore quatre de ses camarades.

Les vaisseaux que nous avions envoyés à la découverte revinrent nous apprendre que tout ce qui restait de l'escadre turque était dans le port, ainsi que la flotte égyptienne; les premiers y étaient arrivés de Rhodes, pendant que nous étions à Milo. Ce ne fut pas sans chagrin que Miaoulis observa que la position de l'ennemi n'était plus celle que lui avait annoncé le bâtiment laissé en croisière, et qu'elle avait même changé d'une manière si avantageuse qu'à moins d'un effort extraordinaire, notre expédition ne pouvait plus réussir ou du moins ne remplirait qu'une petite partie des espérances qu'il avait fondées sur elle. Le port de Suda est formé par deux petites baies qui lui donnent à peu près la forme d'une clepsydre; mais le golfe extérieur est beaucoup plus évasé que l'autre, et l'entrée de celui-ci est protégée par une petite île sur laquelle il y a un fort garni de plusieurs superbes canons de bronze. Au moment où Zacca avait vu les ennemis, toutes leurs forces étaient réunies en masse derrière ce fort, de sorte qu'il suffisait qu'un seul brûlot fît son effet pour les détruire infailliblement toutes. Maintenant, au contraire, ils étaient partagés en quatre divisions, l'une desquelles était stationnée au fond de la baie intérieure, deux autres aux deux entrées de cette baie de chaque côté de l'île, et la dernière dans le golfe extérieur. Il suivait de là que, quand même les Grecs réussiraient à incendier une de ces quatre divisions, les trois autres devaient rester intactes ; mais le mystère de cette prévoyance et de ce talent militaire de la part des Turcs ne tarda pas à s'expliquer. En arrivant à Milo nous avions remarqué le pavillon français arboré sur un vaisseau de guerre dans le port. C'était le schooner *la Daphné*. Le capitaine vint à notre bord dans la matinée, et dit à l'amiral qu'il y était entré pour faire de l'eau, et qu'il allait repartir sur-le-champ, soit pour Hydra, soit pour Napoli, point sur lequel il n'était pas tout-à-fait décidé. Le mercredi, arriva encore une corvette française dont le capitaine vint également présenter ses respects à Miaoulis. Après les complimens d'usage, et quand il eut appris les intentions de la flotte grecque, il observa que cela tombait dans un moment fort malheureux : qu'il était lui-même chargé de dépêches importantes pour l'île de Candie, mais qu'il ne voulait pas les remettre avant que Miaoulis eût terminé son entreprise, de peur qu'il n'arrivât quelque chose qui donnât vent à l'ennemi des projets de l'amiral.

Le vendredi nous mîmes à la voile, et le schooner, qui aurait dû quitter Milo immédiatement après notre arrivée, partit en même temps

que nous; mais au lieu de se rendre à Hydra,
il mit le cap directement au sud, et ne tarda
pas à disparaître dans la direction de Candie.
Miaoulis me dit sur-le-champ que la conduite
de ce vaisseau lui paraissait suspecte, et qu'il
craignait que le capitaine n'eût l'intention de
mettre l'ennemi sur ses gardes. Cette supposi-
tion ne me parut que trop fondée : car, à l'arrivée
des Grecs devant Hydra, la position des Turcs
se trouva changée de la manière que nous l'a-
vons décrite, et le schooner français était dans
le port (1).

____

(1) Le bruit de cet événement, et la simple citation du
fait qui parut quelque temps après dans le journal d'Hydra, déplurent beaucoup au résident français à Napoli
de Romanie, qui se plaignit vivement, non de la conduite du schooner, mais de ce qu'une imputation si inju-
rieuse avait pu être faite à un Français par les Grecs. Le
général Roche, agent du comité de Paris, de qui j'aurai
l'occasion de parler plus bas, adressa à ce sujet une lettre
au gouverneur, dans laquelle il demandait que le rédacteur fût tenu d'administrer les preuves sur lesquelles il
avait fondé une pareille assertion; afin que, si elle était
fausse, elle pût être officiellement contredite, et que, au
contraire, si elle était vraie, il pût avoir l'occasion d'en
informer son gouvernement. Il terminait en vantant la
philanthropie et l'enthousiasme que les Français avaient
montrés dans la cause des Grecs, aucune nation n'ayant,
disait-il, fait d'aussi grandes choses pour eux que la na-

Le 15 juin (*Candie*). — Pendant toute la jour-

tion française. La réponse du gouvernement à cette lettre fut aussi modérée qu'elle était ferme. Il commençait par observer que le journal qui avait parlé des circonstances relatives au schooner français n'avait aucun caractère officiel, et que, par conséquent, ses erreurs ne pouvaient point être attribuées au gouvernement; que, néanmoins, on prendrait soin d'instruire le général de la source d'où il avait tiré sa nouvelle. Le gouvernement témoignait ensuite sa reconnaissance pour les vœux que les Français, ainsi que toutes les autres puissances européennes, faisaient pour le succès des Grecs; mais il observait que, quelque favorablement que la nation fût disposée en leur faveur, il pouvait s'y trouver des individus dont la conduite était dirigée par des motifs moins honnêtes que les autres. Quant au fait particulier des avis que *la Daphné* aurait donnés à l'ennemi, le gouvernement ne pouvait ni l'affirmer ni le nier; cependant il était bien instruit par des lettres, tant d'Alexandrie que d'autres lieux, que la goëlette française *l'Amaranthe* et peut-être encore une autre étaient *à la solde* du pacha et dans l'habitude de lui porter, non-seulement des nouvelles, mais encore de l'argent à Rhodes, à Candie et en d'autres ports. Du reste la nation française n'était nullement responsable de cela, et le gouvernement grec ne faisait point de reproches à celui de la France de ce qu'il permettait une semblable conduite : car il ne doutait point que ce gouvernement ne l'ignorât, et que, s'il en avait été instruit, il aurait pris des mesures efficaces pour la faire cesser.

Je ne sais si la publicité qui a été donnée à cette affaire a engagé le gouvernement français à prendre des infor-

née du 13, le vent fut si élevé et si contraire,

mations sur la conduite de *la Daphné*. En attendant , le général Roche se contenta de cette réponse. Il faut cependant avouer que les démarches du schooner avaient quelque chose de louche. Quant aux conversations du capitaine avec l'amiral grec, j'ai été témoin de la première ; et, dans la seconde, j'ai rempli les fonctions d'interprète , le secrétaire de Miaoulis étant allé rembourser aux habitans de Milo la rançon d'une dame spezziote qui avait été rachetée par des pilotes d'un Turc de Smyrne (A).

Sans prétendre justifier la conduite de tous les vaisseaux français dans les mers du levant, nous observerons que l'accusation portée ici contre *la Daphné* paraît dénuée de toute vraisemblance. Ce vaisseau a quitté Milo en même temps que la flotte grecque. Les vaisseaux grecs sont excellens voiliers, et , quelque supérieure que pût être la marche du schooner français, on ne peut guère supposer que sur une traversée de soixante heures faite par un temps très-calme , elle ait pu gagner sur eux plus de dix heures. Il aurait donc fallu, dans ce court espace de temps , que l'amiral turc fût averti, qu'il eût pris sa résolution , fait ses dispositions , appareillé et placé ses vaisseaux. Une si grande diligence paraîtra tout-à-fait impossible à tous ceux qui connaissent la lenteur des manœuvres des Turcs, à qui il faut vingt-quatre heures au moins pour faire appareiller une flotte , quand d'ailleurs toutes leurs mesures sont prises d'avance. Le changement de leur position s'explique en disant que depuis le départ du capitaine Zacca , ils auront fait plusieurs essais infructueux pour sortir du port, et que les vaisseaux parvenus à la baie extérieure y seront restés (T).

qu'il ne fut pas possible de faire aucune tentative contre l'ennemi. On ne peut, du reste, compter sur les opérations des brûlots quand le vent ne les facilite pas.

Jeudi 14, il s'éleva une légère brise du nord-est, et Miaoulis fit le signal pour avancer et attaquer quarante vaisseaux, frégates, corvettes ou bricks, stationnés dans la baie extérieure. Il était à peu près une heure après midi, et le vent, quoique favorable, était faible : cependant, les brûlots s'avancèrent, suivis d'environ dix vaisseaux de guerre, tandis que les Turcs gardaient leur position, résolus en apparence à livrer la bataille. Les Turcs, selon leur usage, commencèrent leur feu, et, attendu l'extrême faiblesse du vent, les brûlots y demeurèrent fort long-temps exposés; cependant, aussitôt que Miaoulis fut assez près pour que ses canons pussent porter, les Grecs ouvrirent un feu effroyable, qui se prolongea pendant une demi-heure, après quoi les Turcs commencèrent à faire leur retraite dans le port intérieur. Le vent se calmait, et les brûlots étaient presque en contact. Au bout de quelques instans, deux d'entre eux s'attachèrent à une corvette de vingt-quatre canons, et le feu ayant été mis aux mèches, les trois vaisseaux furent bientôt enveloppés dans les flammes. Un autre brûlot s'était avancé à la tête

de la ligne turque, et venait d'essayer de couper
une frégate à l'entrée du port, immédiatement
au-dessous du fortin ; mais il y avait si peu de
vent, qu'elle parvint à se sauver. Comme les
brûlotiers faisaient leur retraite dans leur chaloupe, des barques armées furent envoyées
contre eux de différens vaisseaux dans l'intérieur du port, et les entourèrent. Les ennemis
étaient au moins trente contre un ; mais la bravoure des brûlotiers, ainsi que celle de leur capitaine Giorgio Potili, les sauva après qu'ils
eurent quatre fois repoussé leurs adversaires, et
ils furent reçus enfin à bord d'un de leurs propres vaisseaux. Déjà il n'y avait presque plus de
vent, les Turcs se retiraient lentement, toutes
leurs voiles tendues, et dans leur retraite ils
étaient accompagnés du feu meurtrier des Grecs,
auquel ils ripostaient avec non moins d'activité ;
mais leurs pièces étaient si mal pointées, qu'au
lieu de balayer nos ponts, elles n'endomma-
geaient que nos agrès. Vers trois heures, les
derniers vaisseaux ennemis étaient entrés dans
le port, poursuivis de si près par les Grecs,
qu'au moment où le vent cessa tout-à-fait, neuf
de nos vaisseaux, savoir ceux de Miaoulis, d'Antonio Kriesi, de Sokini, de Lallaho, de Panagiota, d'Antonio et d'Alexandre Raphaella, de
Saktouri et du chef d'escadre ipsariote Apostoli,

se trouvaient tout à côté du petit fort, et exposés non-seulement à son feu, mais encore à celui des frégates postées à l'entrée du passage. Ils furent obligés de demeurer dans cette position, sans pouvoir rendre un seul coup, jusqu'à ce que leurs propres chaloupes les eussent traînés à la remorque hors de la portée du canon. En attendant, l'incendie des brûlots et de la corvette avançait lentement. On voyait s'élever de ces bâtimens une masse énorme de fumée blanche qui flottait sur les eaux unies de la mer. Enfin, au bout de deux heures, une explosion terrible, suivie d'un volcan de flammes et de poutres embrasées, nous apprit que le magasin avait sauté; bientôt après, la fumée se dissipa, et quelques planches flottantes furent tout ce qui resta d'un si grand vaisseau. De l'équipage qui consistait en deux cents hommes, on ne fit que trois prisonniers; tout le reste se noya ou fut poignardé dans l'eau par les chaloupes grecques.

Tel fut le résultat de cette expédition, qui coûta trois brûlots, et ne diminua que d'une corvette les forces navales de l'ennemi. La flotte grecque se réunit hors du port, afin d'attendre un vent plus favorable, et de faire une nouvelle tentative avec les brûlots qui lui restaient. Pendant l'action, nous avions eu seulement dix hommes tués et un très-petit nombre de blessés. Un brûlotier, que l'on porta à bord du brick de Miaoulis, mourut le lendemain. On se flatte cependant que ce combat ne laissera pas que d'avoir quelques résultats avantageux. En premier lieu, il fera connaître aux ennemis que l'on peut se servir de brûlots, même dans un temps calme, circonstance qui n'est jamais arrivée encore. Ensuite, l'amiral a appris des prisonniers faits sur la corvette, que les levées de troupes se font avec beaucoup de lenteur dans l'île, les soldats n'étant pas fort disposés à quitter leurs bons quartiers pour les dangers qu'ils courent en Morée, et il est probable que l'exemple qu'ils viennent de voir de ceux qui les attendent pendant leur traversée ne contribuera pas à relever leur courage ou à hâter leur embarquement.

Ce matin, 15 juin, Canaris a rejoint la flotte. Ses services ont été presque perdus depuis le commencement de cette campagne. Immédiatement après le combat de Candie le 28 avril, son brûlot avait heurté le brick de Miaoulis pendant un gros temps, à la hauteur du cap Matapan, et leurs agrès s'étaient tellement entortillés, qu'après avoir causé un dommage considérable au vaisseau de Miaoulis, le brûlot avait coulé bas, et l'équipage n'en avait été sauvé qu'avec peine. Canaris s'était rendu à Salamine, pour assister à la construction des nouveaux brûlots, dans l'un desquels il vient d'arriver ce matin (1). Vers midi, les Turcs reprirent leur ancienne position dans la baie extérieure; mais les vaisseaux grecs ayant fait mine d'approcher, ils se sont sur-le-champ retirés dans le port.

Le 17. — Un vent extraordinairement frais, qui commença à souffler hier pendant la nuit, a dispersé toute la flotte grecque, au point que sur soixante-dix vaisseaux dont elle se compose, il n'y en a ce matin que dix-huit en vue. De nouvelles demandes étant arrivées de Missolonghi, et les Spezziotes ne voulant absolument pas aller à son secours, on y a envoyé hier au soir encore quelques vaisseaux hydriotes, de sorte qu'il y en aura en tout sept dans le golfe de Lépante, sous le commandement du capitaine Neuga. Les dépêches contiennent du reste les détails du siége. L'ennemi, indépendamment du blocus qu'il maintient, a continué de lancer contre la ville des boulets et des bombes, et ses lignes s'approchent davantage du corps de la place. Néanmoins jusqu'à présent ses efforts

---

(1) Ce brûlot a aussi été perdu quelques jours après : il avait été construit trop légèrement, et s'étant rempli d'eau dans une bourasque, il a coulé bas près du port de Neos.

ont été superflus; son feu a coûté la vie à très-
peu de monde, et l'esprit de la garnison et des
habitans n'a rien perdu de son ardeur. En attendant, du côté de la Romélie, les succès sont
plus balancés; les Grecs ont remporté une
seconde victoire entre Loïdorikion et Cravari;
mais le 24, on avait reçu à Missolonghi la nouvelle de la prise de Salona par l'ennemi. Anatolia n'a point souffert encore, les efforts des Turcs
paraissant se diriger plus particulièrement contre
Missolonghi, qu'ils battent le jour et la nuit.
Un brick et quatre chaloupes turques qui croisaient dans le golfe leur étaient de la plus grande
utilité, en maintenant leurs communications
avec Patras, et c'était pour les gêner et en
même temps pour pouvoir se procurer soi-
même des provisions de guerre et de bouche,
que les Grecs insistaient si vivement pour qu'on
leur envoyât quelques vaisseaux; aucun de ceux
qu'on avait expédiés pour le golfe de Lépante,
n'était arrivé le 30, au moment où l'on écrivait
ces lettres.

Ce matin, pendant la plus grande force du
vent, le beau vaisseau du capitaine Pepinos, en
ayant heurté un autre, cet événement occasiona beaucoup de confusion et d'inquiétude; on ne put les séparer qu'avec peine, et le
vaisseau de Pepinos a tant souffert qu'il a été

obligé de partir sur-le-champ pour Hydra afin de
faire des réparations, et celui de Lallaho l'accompagne. Miaoulis, considérant les précautions prises
par l'ennemi, son manque de brûlots et la dispersion de la flotte, a résolu de quitter les environs
de Suda. Quant à moi j'ai profité du vaisseau de
Lallaho pour retourner à Hydra. Le flotte se
rend à Vathico, où Lallaho doit aller la rejoindre.

Le 19. — La violence de la tempête pendant
laquelle nous quittâmes Suda a été si grande
que les matelots ne pouvant y résister furent
obligés de laisser voguer le vaisseau au gré du
vent; et la soirée d'après, quand il diminua, nous
avions si fort dérivé vers l'est que nous apercevions distinctement les rivages de Cos et de
Calymne. Bientôt après la tempête fut remplacée
par un calme plat, et ce matin, nous étions immobiles à quelques milles au N. E. de Stampalia.
Un petit brick impérial se trouvait à peu de distance devant nous, et le capitaine se rendit
avec quelques hommes à son bord pour examiner sa cargaison. Le capitaine autrichien, quoiqu'il fût parfaitement en règle et que son chargement ne consistât qu'en bois et en poutres
avec lesquelles il se rendait d'Adramyti à Alexandrie, ne paraissait nullement disposé à recevoir
notre visite : les Grecs montèrent néanmoins sans
cérémonie à son bord, et n'ayant rien trouvé dont

ils purent s'emparer, ils s'assirent sur le pont,
se firent donner du vin, et se retirèrent ensuite,
emportant un cadeau de savon que leur fit le
capitaine autrichien. Pendant toute cette affaire
les Grecs ne témoignèrent envers les Autrichiens
aucune affection ou civilité inutile, mais ils ne les
traitèrent pas non plus avec ces outrages et ces
bruyantes insultes dont d'autres capitaines se
sont plaints. En attendant je crains que ces plaintes ne soient trop souvent fondées, d'après ce
que les capitaines anglais ont rapporté eux-
mêmes de leur conduite. Je dois encore dans
cette occasion rendre à Miaoulis la justice de
déclarer que ces excès n'ont jamais eu son approbation, et qu'il les a au contraire blâmés chaque fois qu'ils lui ont été rapportés. Par malheur
son pouvoir ne s'étend pas au-delà de quelques
paroles de censure.

CHAPITRE XII.

SÉJOUR A HYDRA — SUITE DES OPÉRATIONS MILI-
TAIRES.

A *Hydra*, le vendredi 24. — Ce n'est qu'après une traversée de huit jours depuis Candie, que nous sommes enfin arrivés ici ce soir. A compter du 18, nous n'avons eu qu'une continuation du calme le plus fatigant, et nous nous sommes traînés dans l'Archipel ne faisant que dix ou douze milles dans les vingt-quatre heures, et cela seulement à l'aide des courans. Je ne connais rien qui puisse se comparer à l'ennui d'un pareil voyage : les jours s'écoulent sous un soleil ardent pendant que les voiles retombent en plis le long des mâts et que tous les cordages sont exactement réfléchis dans une mer unie comme une glace; pas la plus petite ondulation dans l'eau ne rompt la ligne que sa surface forme sur les côtés brûlans du vaisseau; ni le gouvernail ni la proue n'occasionent le moindre sillage sur la mer, tandis que les yeux n'ont pour se reposer que les rivages arides de quelques petites îles brûlées par le soleil, et l'azur uniforme d'un ciel sans nuage. En attendant la scène n'était pourtant pas sans quelque charme auxquels l'impatience ne me rendait pas insensible. Les levers et les couchers du soleil étaient magnifiques, mais il n'y a que le ciel et la mer dont la beauté soit constante dans l'Orient : celle des Cyclades n'a nullement répondu à l'idée que je m'en étais faite ; soit que mon attente eût été trop vivement excitée, soit que la terre ne pût rivaliser de splendeur avec les eaux et le firmament, ces îles, quoiqu'en général fertiles et productives, me parurent singulièrement dépourvues de beautés pittoresques. Elles contiennent fort peu d'arbres ; des lentisques peu élevés se montrant seuls au milieu des lits de thym et de serpolet qui couvrent le sol desséché, le paysage n'offre point de riches teintes, de couleurs brillantes. Quelques villages blanchis ayant un air de propreté, un monastère construit sur le sommet d'un rocher ou les ruines solitaires d'un temple abandonné : c'est là tout ce qu'elles contiennent d'intéressant, si on les considère indépendamment de leurs souvenirs classiques.

Je suis descendu dans plusieurs des villages, et j'ai découvert que même à leur égard la distance prêtait des charmes qui s'évanouissaient de près. Les habitans sont misérables, et leurs maisons ne sont ni propres ni commodes. De temps à autre cependant une jolie tête de femme se montrait à la porte ou à la fenêtre d'une pauvre cabane, mais elle était constamment attachée à un corps sans grâce; et les enfans, quoique agréables, étaient si sales qu'on ne pouvait songer à les caresser. Dans les trois îles de Tino, de Milo et de Syra, il y a des villes considérables ; et leurs relations avec l'Europe ont ajouté à la richesse et au bien-être des habitans. Syra est la seule qui ait conservé son commerce; les autres ne font plus qu'envoyer dans cette île leurs vins et leurs fruits, et recevoir en retour des étoffes de coton et de laine et d'autres marchandises européennes.

La longueur excessive de notre voyage commençait à nous causer de graves incommodités. En quittant Suda, nous avions calculé que nous arriverions à Hydra au plus tard dans la soirée du lendemain ; surpris par le calme, notre viande fraîche et notre poisson furent bientôt épuisés, tandis que le pain diminuait à vue d'œil. Instruit de ces circonstances et sachant combien il était important que le vaisseau rejoignît promptement la flotte, je proposai à Lallaho de suivre l'exemple du brûlot, qui s'était décidé à entrer à Neos pour réparer ses avaries ; d'y mouiller aussi, de prendre des provisions fraîches, de nettoyer le vaisseau et de retourner le plus tôt possible auprès de Miaoulis, puisqu'en persistant à pousser jusqu'à Hydra il était impossible de prévoir combien de temps il perdrait. Le capitaine me répondit que j'avais parfaitement raison et qu'il était fort disposé à suivre mon avis ; qu'en conséquence il allait monter sur le pont pour *proposer la chose à son équipage*, et que, s'il y consentait, les chaloupes prendraient sur-le-champ le vaisseau à la remorque pour le faire entrer dans le port. Malgré la connaissance que j'avais du défaut de discipline qui règne sur la flotte grecque, je ne croyais pas qu'il allât jusqu'à rendre les équipages maîtres des *mouvemens* des vaisseaux. Le capitaine monta donc sur le pont, et revint au bout de quelques instans me dire que son équipage avait, ainsi qu'il s'y était attendu, accueilli sa proposition par un refus positif. Il était, lui avait-on dit, à moitié chemin d'Hydra ; on désirait de revoir ses foyers et sa famille, et l'on n'avait nulle envie de s'arrêter en chemin. Cette réponse décida l'affaire, et nous continuâmes notre route, comme nous l'avions fait jusqu'alors, nous laissant dériver d'île en île à l'aide du courant, tandis que tous les matins nous prenions du poisson et nous allions chercher à terre la viande et les légumes dont nous

avions besoin pour la consommation de la journée. C'est ainsi que le septième jour nous aperçûmes enfin les côtes d'Hydra, où nous avons
mouillé le soir.

N'ayant rien appris pendant notre ennuyeuse
traversée de ce qui avait rapport aux affaires
publiques, je reçus comme un coup de foudre la
nouvelle qu'Ibrahim-Pacha était au centre de la
Morée, ayant occupé Tripolitza, que les Grecs
avaient abandonné et brûlé à son approche. Après
la prise de Navarin, il demeura pendant quelques jours dans cette ville, tant pour réparer le
dommage que ses batteries avaient fait aux remparts, que pour en élever une nouvelle dans l'île
qui est à l'entrée du port. Il partagea ensuite
ses forces, dont il laissa une partie à Modon, et
dont il envoya le reste contre Calamata et contre une forteresse au nord de Navarin, appelée
Arcadia. Il s'empara de la première après un
combat où les Grecs se défendirent bien, mais
sans succès, la ville ne possédant ni citadelle
ni aucun moyen de défense. La seconde avait
pour garnison deux cents soldats, commandés
par le ministre de l'intérieur, Pappa Flescia,
avec quelques officiers allemands.

Les Égyptiens les attaquèrent le soir, et un
combat extrêmement vif s'ensuivit; mais les malheureux Grecs furent accablés sous le nombre;

très-peu en réchappèrent, et parmi les morts
se trouva Pappa Flescia, qui périt après avoir fait
des prodiges de valeur. En attendant, Colocotroni,
qui avait réuni ses partisans, s'avançait rapidement pour occuper les défilés de Tripolitza,
place vers laquelle le pacha ne tarda pas à diriger
sa marche, ce qu'il ne fit pas du reste sans opposition, car il perdit cent cinquante hommes à Ma-
krimplané. Enfin, après plusieurs petits combats,
dans lesquels malheureusement les Grecs furent
presque toujours vaincus, il parvint jusqu'à
Léondari. Il était dès-lors évident que rien ne
pourrait l'empêcher d'arriver à Tripolitza; et Colocotroni, qui continuait à se retirer devant lui,
ne voyant aucune possibilité de défendre cette
ville, envoya ordre aux habitans d'y mettre le
feu. Ils obéirent, et après avoir rassemblé tout
ce qu'ils pouvaient emporter de leurs effets, ils
se retirèrent à Argos et à Napoli de Romanie,
ayant livré aux flammes leurs demeures et toutes
les récoltes sur pied. Ainsi que Colocotroni l'a-
vait prévu, Ibrahim ne demeura pas long-temps
à Léondari. Le 20 juin, il occupa sans opposition
Tripolitza, où il se trouvait encore avec sept
mille hommes, dont six cents de cavalerie.

Le 25 juin. — J'ai été témoin aujourd'hui
d'une scène de carnage qui doit demeurer éter-
nellement comme une tache sur le caractère

des habitans d'Hydra, et dont le souvenir me fait encore frissonner d'horreur.

J'avais fait un arrangement avec le propriétaire d'un caïque qui devait partir ce soir pour Napoli de Romanie. En conséquence, je descendis à quatre heures au Marino, et je fis porter ma valise à bord du bâtiment qui était sur le point de partir. En attendant je m'assis avec M. Masson, Canaris et quelques Hydriotes, sur le balcon d'un café, pour y attendre l'arrivée du karavikyrios (capitaine). Pendant que nous étions là, un brick arriva de la flotte et entra avec un vent favorable. Il apportait la nouvelle désastreuse que le vaisseau du capitaine Athanasio Kriesi, fils du vieux M. Kriesi, dont j'ai déjà eu occasion de parler, avait sauté, il y a quelques jours, au milieu de la flotte, à Vathiko, et que le capitaine avait péri avec son frère et soixante hommes de son équipage. Il paraît d'après la déposition d'un des matelots qui en a réchappé, que le capitaine devait donner à dîner ce jour-là à quelques autres commandans de la flotte, et que dans son trouble il avait frappé un esclave turc, qui se trouvait depuis quelque temps à bord, et qui avait refusé d'exécuter un ordre qu'il avait reçu. Le misérable, poussé par le désir de se venger, descendit sur-le-champ à la sainte-Barbe, mit le feu aux poudres, et se fit sauter avec son capitaine et tous ses camarades.

Il n'y a peut-être pas de lieu au monde où les liens du sang et de la clientelle aient plus de force qu'à Hydra, et l'on pourra se faire une idée de la sensation que cet événement y dut produire, quand on saura que chacun des individus qui venaient de périr si misérablement tenaît de près ou de loin à tous les habitans de l'île, soit par naissance, par alliance ou par amitié; et, comme les officiers et les équipages des vaisseaux, ainsi que je l'ai déjà remarqué, sont presque toujours de proches parens, une famille entière se trouvait ainsi d'un seul coup effacée du nombre des citoyens.

La nouvelle se répandit en un instant d'une extrémité du Marino à l'autre, et bientôt, du balcon où j'étais assis, mon attention fut attirée sur la rue par la confusion qu'y causait le rassemblement soudain de quatre à cinq mille individus. La foule allait et venait comme les flots de la mer, mais en s'approchant toujours de la porte d'un couvent situé près du café où je me trouvais; une des pièces de cet édifice servait aux bureaux du port, et une autre de prison à un grand nombre de Turcs. Je demandai à un Hydriote, qui était assis près de moi, d'où provenait l'agitation que j'apercevais. « Ce n'est rien, me répondit-il; on va peut-être tuer un Turc.» Il eut à peine achevé ces mots, que la porte du couvent, à vingt pas de moi, fut enfoncée, et j'en vis sortir une foule de personnes poussant devant elles un jeune Turc d'une figure remarquablement belle, grand, fort et bien bâti ; mais je n'oublierai jamais l'expression de sa physionomie de ce triste moment. Il n'était couvert que d'un pantalon, ses mains étaient liées derrière son dos, sa tête était poussée en avant, et l'enfer même était peint sur ses traits. Il ne fit qu'un pas au de là du seuil de la porte, quand plus de cent ataghans furent plantés dans son sein. Il chancela et tomba en avant, n'étant plus qu'une masse informe de chair, pendant que chacun de ses exécuteurs semblait prendre plaisir à teindre son glaive du sang de sa victime. Bientôt un autre malheureux partagea le même sort. D'autres suivirent encore, et j'étais forcé de demeurer spectateur épouvanté de ce massacre, car il avait lieu précisément au pied de l'escalier par où il m'aurait fallu descendre pour pouvoir m'échapper. Quelques-uns mouraient avec courage à l'endroit où ils avaient reçu le premier coup, d'autres s'efforçaient de traverser la foule et de gagner le rivage, mais tombaient percés de mille poignards, en demandant grâce et en se couvrant le visage de leurs mains ensanglantées.

Cependant je m'étais retiré dans l'intérieur du café dont j'avais fermé les portes et les fenêtres.

J'y trouvai quelques jeunes primats qui rougissaient de honte et de colère, en songeant à la conduite de leurs compatriotes. Le généreux Canaris était couché sur un banc et fondait en larmes. Je demeurai quelque temps en ce lieu, jusqu'à ce qu'enfin profitant d'un intervalle de relâche qu'offrit cette scène d'horreur, je descendis précipitamment, et je regagnai mon logement par une rue détournée. Le carnage continua pendant le reste de la soirée. Après avoir massacré tous les prisonniers, on retira les esclaves qui se trouvaient dans les maisons ou à bord des vaisseaux, et on les immola sur le rivage. Plus de deux cents malheureux furent ainsi sacrifiés à la fureur populaire. Enfin, fatigué de carnage, le peuple traîna les cadavres sur la grève, les entassa dans les barques, et faisant le tour de l'île, les jeta dans la mer, où quelques jours après le capitaine Spencer de *la Naïade* en vit flotter un grand nombre. Pendant toute cette scène, qui dura plusieurs heures, les primats ne firent aucune tentative pour mettre un frein à la fureur de la populace. Ils savaient peut-être que leurs efforts seraient inutiles, mais il me semble que l'honneur exigeait du moins qu'ils en fissent à tout hasard une tentative. Quelques jours après, en parlant de ce qui était arrivé, ils se bornèrent à dire que c'était une

déplorable affaire, et qu'ils en étaient bien fâ-
chés, mais que du reste ils n'avaient pas le
moyen de garder des prisonniers de guerre,
n'essayant pas même de se justifier de l'inaction
dans laquelle ils étaient restés. Le peuple ne
témoigna jamais le plus léger remords de ce
qu'il avait fait. Ceux qui s'étaient montrés les
plus actifs ne furent jamais blâmés ; l'affaire ne
fut soumise à aucune enquête ; bien au contraire, les assassins continuèrent à se montrer
dans les rues, où ils étaient reçus avec des applaudissemens, comme s'ils avaient rendu
quelque grand service au pays, tandis que ceux
qui n'y avaient pas participé, en parlaient
avec complaisance et même en quelque sorte
avec approbation. Quelques fils de primats furent les seuls qui parurent avoir senti toute
l'énormité d'un pareil crime ; ils condamnèrent
la conduite de leurs concitoyens, en regrettant
profondément que leurs enfans fussent témoins
de massacres hautement applaudis.

Par une circonstance malheureuse, il ne se
trouvait dans ce moment aucun vaisseau européen à Hydra, sans quoi son intervention aurait
pu empêcher un tel acte d'infamie. On garda
cependant un profond secret sur toute l'affaire.
On fut assez long-temps à Napoli de Romanie
sans en connaître aucun détail, et ce fut un An-

glais qui en donna la première nouvelle à M. Hamilton, capitaine du *Cambrien*, mouillé à cette époque dans le port de Napoli. Le capitaine Hamilton envoya sur-le-champ un vaisseau de guerre à Spezzia et à Hydra, avec ordre de prendre à bord tous les esclaves ou captifs qu'il y trouverait, puisque les habitans ne savaient pas comment il fallait traiter des prisonniers de guerre.

Le 26 juin. — Ce matin un caïque est arrivé de Napoli de Romanie, avec la nouvelle qu'Ibrahim-Pacha est campé entre Mylos et Argos, sur le rivage de la baie en face de Napoli ; c'est-à-dire à moins d'une demi-heure de chemin de la ville par mer, et à trois heures de distance par terre. Il paraît que Colocotroni, s'étant imaginé que le pacha se dirigerait de Tripolitza sur Patras, avait réuni toutes ses troupes pour occuper les défilés qui se trouvent sur cette route, et avait laissé celle de Napoli sans défense. Mais Ibrahim partit le jeudi, et le lendemain, 24, on reçut à Napoli la nouvelle de son approche.

La position de Mylos fut sur-le-champ occupée par le prince Demetrio Ypsilanti, avec un corps de soldats irréguliers et un détachement de troupes réglées de Napoli, composé en tout d'environ deux cent cinquante hommes. Le village ne consiste qu'en un petit nombre de maisons et de jardins, environnant une petite *dogana*; il pourrait devenir de la plus haute importance pour Napoli : car, dans le cas d'un siége, rien ne serait plus facile que de détourner le ruisseau qui fournit de l'eau à la ville, et elle ne pourrait alors en recevoir que de l'autre bord de la baie. D'ailleurs, Napoli n'ayant pas de moulins dans ses murs, a toujours fait moudre son blé par ceux de Mylos.

Samedi, de grand matin, on vit l'armée égyptienne descendre des montagnes qui conduisent sur les derrières du village. Vers onze heures, elle avait gagné la plaine; mais, au lieu d'attaquer Mylos, elle parut n'avoir d'autres intentions que de poursuivre en toute hâte sa route sur Argos, et elle suivit en conséquence une plaine étroite qui règne entre le village et les montagnes. Mais à peine son arrière-garde eut-elle dépassé Mylos, que les Grecs firent une décharge de mousqueterie qui blessa le colonel Selves, renégat français, qui, sous le nom de Soliman-Bey, avait été le principal agent militaire du Pacha, et celui à qui il devait l'organisation des troupes égyptiennes. Sur-le-champ la colonne s'arrêta; au bout de quelques instans le principal corps d'armée continua sa marche sur Argos, pendant que deux mille hommes de l'arrière-garde s'apprêtèrent à attaquer le village.

Heureusement la nature du terrain était telle
que le secours de la cavalerie devenait impossible, et en conséquence, après quelques manœuvres inutiles en face des retranchemens
grecs, elle fut obligée de se retirer avec la perte
de quelques hommes. Cependant l'infanterie serrait la garnison de si près, que celle-ci, poussée
de position en position, se vit forcée de se retirer
dans un verger sur le bord de la mer : elle y
était défendue par trois murs à hauteur d'appui.
Les deux premiers furent bientôt forcés, et les
Grecs, repoussés derrière le dernier, n'ayant
plus de retraite, environnés d'ennemis bien plus
nombreux qu'eux, se livraient déjà au désespoir, quand un de leurs capitaines s'écria : « Maintenant, mes frères, il est temps de tirer nos épées. »
Puis jetant son fusil et sautant par dessus le
mur, il attaqua l'ennemi avec son ataghan ; la
plupart de ses soldats le suivirent. Un combat
terrible s'engagea ; mais il ne fut pas long : les
Égyptiens, étonnés de l'enthousiasme subit dont
leurs adversaires avaient été saisis, plièrent et se
retirèrent vers la plaine, où ils furent poursuivis
par les Grecs victorieux. Ils se rallièrent en ce lieu ;
mais, au lieu de renouveler l'attaque, ils laissèrent
les Grecs paisibles possesseurs du village, et se mirent en route pour rejoindre le corps d'armée, qui
vers midi campa à trois ou quatre milles d'Argos.

Hydra, le 27 juin. —Une barque arrivée d'A-
thènes a apporté ce matin la nouvelle de la mort
d'Ulysse. Depuis que ce malheureux chef a été
fait prisonnier, il était enfermé dans la haute
tour vénitienne de l'Acropolis. Voici l'histoire que
l'on a imaginée à son sujet : on dit qu'il a voulu
se sauver à l'aide d'une corde, laquelle s'étant
cassée par le poids de son corps, il a été préci-
pité sur le pavé et écrasé par sa chute. Mais tant
de circonstances se réunissent pour démontrer
le peu de probabilité de ces détails, que l'on peut
être à peu près certain que c'est le gouvernement qui l'a fait mettre à mort en secret, parce
qu'il ne se sentait pas le courage de faire le procès à un homme qu'il craignait toujours, et dont
il n'était pas en état de prouver la culpabilité.
En premier lieu, le soldat qui a pu lui procurer
une corde assez longue pour le faire descendre
d'une hauteur de soixante à soixante-dix pieds
aurait pu faciliter sa sortie par des moyens plus
simples; secondement Ulysse n'aurait pas été assez
fou pour tenter une expédition aussi périlleuse,
qui n'aboutissait à rien, puisqu'en supposant
même qu'il arrivât en sûreté à terre, il lui fallait
encore tromper les sentinelles, escalader deux
portes et plusieurs murailles avant d'arriver sur
le bord du précipice au haut duquel la citadelle
est construite, précipice qui aurait opposé à sa

sortie définitive un obstacle bien plus insurmontable encore que la hauteur de la tour vénitienne.
Quoi qu'il en soit, sa destinée est accomplie,
et l'élève chéri d'Ali-Pacha, plus tard seigneur
de Livadie, a été enseveli comme un traître, dans
un coin de terre obscur au pied de l'Acropolis.

Le 29 juin. — Depuis dimanche il n'est point
arrivé de barque de Napoli, de sorte que la plus
vive inquiétude règne ici sur le résultat des
mouvemens du pacha dans les environs de cette
ville. Ce soir, cependant il est entré un caïque
avec des dépêches du gouvernement, dont voici
le principal contenu. Après l'attaque de Mylos,
les Égyptiens continuèrent leur chemin tranquillement, et vinrent camper à trois milles
environ de la ville d'Argos, dont les habitans,
au premier bruit de leur approche, s'étaient sau-
vés à Napoli avec tout ce qu'ils avaient pu emporter, laissant leurs maisons à la merci de
l'ennemi. Dimanche matin, les feux que l'on
apercevait distinctement de Napoli indiquèrent
que les troupes du pacha étaient en marche;
elles avancèrent sur Argos, et trouvant la ville
abandonnée, elles y mirent le feu et la réduisi-
rent en cendres. Le reste du jour tout fut tranquille; mais dans la matinée du lundi on aperçut
un détachement de cavalerie se dirigeant vers
Napoli. Le plus grand trouble s'empara sur-le-

champ de tous les esprits ; mais, quand on découvrit qu'il n'y avait que sept cents hommes,
la terreur s'apaisa, et quatre-vingts cavaliers
grecs, étant sortis à leur rencontre, les mirent en
fuite avec la perte d'un homme. Le soir même,
le pacha leva son camp et reprit le chemin de
Tripolitza. Colocotroni, instruit de sa marche sur
Napoli, était revenu en toute hâte de Kantena,
pour occuper sur ses derrières les défilés du mont
Parthénien, et couper ainsi sa retraite sur Modon. Il était dans ce moment posté sur la chaussée du Bey, où la moindre opposition pouvait
devenir fatale à l'armée du pacha. Telle était
néanmoins la connaissance qu'avait celui-ci du
pays et des mouvemens des Grecs, que partageant son armée en deux colonnes, il passa de
chaque côté des Moréotes, et se réunissant de
nouveau sur leurs derrières, il arriva sain et
sauf à Tripolitza, avant que Colocotroni se doutât
qu'il eût quitté Mylos. Il établit son quartier-
général dans cette ville, et le gouvernement
paraît n'avoir aucun avis ni aucune idée de ce
qu'il compte entreprendre.

Il est difficile d'expliquer quel a pu être le
but du pacha, en faisant avec si peu de monde
cette pointe contre la capitale, sans faire du reste
aucune tentative pour s'en emparer, et en s'en
retournant ainsi immédiatement à travers une

contrée si facile à défendre. Les uns disent qu'il voulait se réunir à l'isthme avec une division de l'armée de Livadie, et retourner ensuite avec elle pour faire le siége de Napoli; d'autres prétendent qu'il espérait trouver dans la baie la flotte turque avec des munitions et des renforts. Dimanche matin on a intercepté une lettre portée par un Turc, qui cherchait à s'introduire dans la ville en costume grec. Cet écrit, sans adresse ni signature, demandait des détails exacts sur la situation présente des affaires, et formait évidemment partie d'une correspondance commencée pour livrer la place. Il est certain qu'une entreprise aussi téméraire n'a pu se faire sans de puissans motifs, et elle n'aurait pu avoir même le succès partiel qu'elle a eu sans la connaissance la plus parfaite des défilés des montagnes et de l'état de l'armée grecque.

CHAPITRE XIII.

SUITE DES OPÉRATIONS MILITAIRES. — EXCURSION A ATHÈNES ET EN D'AUTRES LIEUX.

NAPOLI DE ROMANIE, jeudi 30 juin. — Je suis arrivé ici ce soir d'Hydra, et en entrant dans la baie, j'y ai trouvé plusieurs vaisseaux de guerre anglais, savoir : deux frégates, *la Cambrienne*, capitaine Hamilton, et *le Néron*, honorable capitaine Spencer, et une corvette, *la Rose*, honorable capitaine Abbot. La ville offre un tableau de confusion et de malpropreté dont j'ai vu peu d'exemples. De tous côtés, autour des murs sont dressées les tentes des malheureux réfugiés de Tripolitza et d'Argos, à qui l'on n'a pas permis d'entrer dans la ville, de peur d'augmenter l'intensité de la fièvre contagieuse. Dans l'intérieur, les rues sont encombrées de militaires qui se sont réunis ici de toutes parts, tant pour contribuer à la défense de la ville que pour leur propre sûreté. Toutes les boutiques sont fermées, et ce n'est pas sans peine que nous avons pu nous procurer quelques biscuits, des olives et un peu de vin doux pour souper. Les paysans des environs ont tous fui à l'approche des Égyptiens, et ont cessé d'apporter les provisions nécessaires à la consommation des habitans de Napoli. Toutes les maisons sont pleines de soldats; j'en ai trouvé dix-huit dans mon propre logement. De tous côtés on n'entend que des querelles entre les nouveaux venus et les habitans, et tous les efforts des troupes réglées suffisent à peine pour mettre un frein à la fureur des soldats indisciplinés.

Pendant la nuit tout le corps organisé a demeuré sous les armes dans la grande place, s'attendant d'un moment à l'autre à une insurrection générale des troupes irrégulières qui menaçaient de livrer la ville au pillage, pour se payer par leurs mains de leur solde arriérée. Mais ce n'était qu'une fausse alarme; après une nuit passée dans l'inquiétude, le jour a ramené une sorte de tranquillité. Tous les Grecs que je rencontre me paraissent au comble de la perplexité, et la joie qu'ils éprouvent de la retraite du pacha semble absorbée par les craintes qu'ils conçoivent pour l'avenir.

Le gouvernement a été comme paralysé par les succès des Égyptiens. Il ne pouvait se faire à l'idée de voir un ennemi, qu'il avait jusqu'alors dédaigné, s'avancer jusque sous les murs de sa capitale, et retourner sans être inquiété à travers le sein de son pays. Une lettre de Colocotroni, qui se trouve dans les environs de Tripolitza, et qui se plaint hautement de la conduite de ses troupes, n'a pas contribué à ranimer le courage du gouvernement. Il rapporte que ses soldats, après avoir commencé par se retirer et laisser occuper tous les défilés par l'ennemi, refusent maintenant de le suivre, quoiqu'ils soient, par leur nombre, bien en état de se mesurer avec leurs adversaires, et qu'une attaque un peu vive contre Tripolitza pût offrir les résultats les plus glorieux.

Mais il existait encore une autre source de perplexités pour le gouvernement : c'étaient leurs éternelles factions qui, naguère bornées aux vues d'ambition personnelle, venaient depuis de prendre un plus vaste essor. Ce fut le 12 avril que le général Roche, dont j'ai déjà parlé, était arrivé à Napoli de Romanie. Il était porteur de lettres de créance du comité grec de Paris, et il déclara que son seul but était d'être utile à la Grèce. Afin d'y parvenir il était nécessaire, disait-il, qu'il obtînt une connaissance parfaite de l'état du pays, et qu'il en informât ses collègues en France ; dans l'intervalle il désirait consacrer ses soins et ses talens à l'organisation de troupes régulières.

Avec ces recommandations, et déployant des vues aussi philanthropiques, il ne tarda pas à jouir de la faveur du gouvernement; mais il ne s'écoula pas long-temps avant qu'on ne découvrît qu'il avait des intentions plus vastes. Il blâma la forme actuelle du gouvernement, ainsi que l'idée d'établir une république dans un pays dépourvu à la fois de talens et de vertus, se déclara fortement en faveur d'une monarchie, et finit par proposer pour souverain le second fils du duc d'Orléans. Jusqu'à la prise de Navarin, son plan ne fut que le sujet des conversations particulières; mais quand cette nouvelle arriva, il fit hautement sa proposition au gouvernement, à qui il promit un corps auxiliaire de douze mille hommes de troupes françaises, si elle était acceptée. Il est presque inutile d'ajouter que l'idée fut sur-le-champ rejetée; mais les intrigues du général et du chef d'escadre français, de Rigny, ne cessèrent pas pour cela. Chaque nouveau désastre augmentait leur espérance, jusqu'à ce qu'enfin on parla ouvertement de leur projet au sein de la faction française et dans les cafés publics; il se forma même un parti en sa faveur parmi les membres du gouvernement, quoique les Hydriotes, Mavrocordato et Tricoupi, s'y opposassent de toutes leurs forces, en déclarant que s'il devenait absolument

nécessaire d'invoquer une intervention étrangère, c'était à l'Angleterre qu'il fallait s'adresser.

Les affaires étaient, à la vérité, parvenues à
une crise où il paraissait que des secours étrangers étaient devenus indispensables ; mais l'esprit de faction ne permit de prendre aucune résolution convenable à ce sujet. Tous les yeux
étaient fixés sur la flotte, qui devait empêcher
l'arrivée de nouvelles troupes ennemies, et l'on
attendait pour se déterminer à voir la tournure
que prendraient les affaires.

Le 2 juillet. — On a reçu ce soir à Napoli la
nouvelle que la flotte égyptienne est arrivée à
Navarin avec trois mille hommes de troupes réglées, et deux mille d'irrégulières. La flotte
grecque avait quitté Vathico le 26 pour retourner à Candie, et le lendemain elle avait rencontré l'escadre ennemie qui en venait. Le vent était
si faible qu'il ne fut pas possible de l'attaquer,
et le peu qu'il y en avait était favorable à l'ennemi. Enfin, les Grecs saisissant un moment
qui leur parut convenable, firent une tentative
contre les Turcs, mais sans succès. Ils perdirent
trois brûlots, et l'ennemi, continuant sa route,
arriva sans avoir éprouvé de perte au lieu de sa
destination.

Depuis un mois les Turcs poussent le siége
de Missolonghi avec beaucoup moins d'ar-

deur. Il est évident qu'ils attendent des renforts. Leur artillerie ne consiste qu'en huit pièces de canon et quatre mortiers, dont ils font à
la vérité un feu continuel, mais qui ne nuit pas
beaucoup à la ville. En attendant, les munitions
de guerre et de bouche commencent à diminuer dans la place, et l'on vient d'en demander
de fraîches à Napoli. Quelques vaisseaux grecs
croisent dans le golfe; mais ils contribuent peu
à la défense de la ville, ne pouvant en approcher à cause des bas fonds qui l'entourent. Le
seul service qu'ils rendent est de gêner la communication des assiégeans avec Patras. Quelques troupes grecques commandées par Giavella et Karaiscaki, bloquent la garnison turque
de Salona. Il se livre de temps à autre de petits
combats dans le Venetico; mais à tout prendre
aucun changement important n'a eu lieu.

Dans la partie occidentale de la Morée, les
paysans souffrent beaucoup des incursions de la
garnison de Patras, qui, encouragée sans doute
par le succès de leurs alliés dans le midi, fait de
fréquentes sorties de la citadelle, et ravage le
pays environnant. Une fois elle est venue jusqu'à la plaine de Gastouni; mais y ayant rencontré de la part des Grecs une opposition à laquelle elle ne s'attendait pas, elle s'est retirée
précipitamment dans sa forteresse.

Le 5 juillet. — Je suis parti ce matin avec le capitaine Hamilton pour Zante ou Corfou, où il se rend pour avoir une entrevue avec sir Frédéric Adam. Au moment de notre départ, Ibrahim-Pacha était encore à Tripolitza. Colotroni était campé dans le voisinage ; mais rien n'indiquait qu'on dût en venir aux mains. En passant devant Spezzia, nous trouvâmes la division de la flotte qui appartient à cette île à l'ancre dans le port, et nous apprîmes que l'escadre hydriote était aussi retournée chez elle. Pendant les trois jours que le calme nous força de côtoyer la Morée, nous remarquâmes que les Grecs n'avaient pas même laissé un garde-côte pour surveiller les mouvemens de l'ennemi ; de sorte que le samedi 9, en entrant dans le port de Zante, nous vîmes la flotte turque, forte de quarante-sept voiles, avec de nombreuses frégates et corvettes, se dirigeant sur Missolonghi, sans qu'il y eût un seul vaisseau grec pour arrêter sa marche, ou pour donner avis de son approche à la ville et aux navires qui se trouvaient dans le port.

N'ayant pas vu sir Frédéric Adam à Zante, le capitaine Hamilton poursuivit sa route pour Corfou ; mais le 12 nous rencontrâmes les vaisseaux de S. M. *la Cybèle* et *le Seringapatnam*, dont le premier avait à son bord le lord haut-commissaire. Le capitaine Hamilton, après avoir eu une entrevue avec S. E., qui descendit à terre à Sainte-Maure, revint avec les deux frégates à Napoli de Romanie. En passant devant l'entrée du golfe de Lépante, nous entendîmes une canonnade soutenue du côté de Missolonghi ; mais nous ne pûmes obtenir aucune nouvelle des opérations. Le 15 nous fûmes près des îles de Sapienza, et nous signalâmes devant nous quelques vaisseaux, dont quatre portaient pavillon grec. Les ayant hêlés, pour qu'ils nous donnassent des nouvelles, nous fûmes étrangement surpris de voir les Grecs abandonner les trois autres vaisseaux, qui étaient des prises autrichiennes, et se sauver de toutes leurs forces vent arrière. Ils s'excusèrent ensuite de cette apparente lâcheté, en disant qu'ils nous avaient pris pour des frégates autrichiennes, qui, pour l'ordinaire, obligent les Grecs à abandonner toutes les prises portant leur pavillon, quelque légale qu'ait été du reste leur capture; et c'est ainsi que ces Turcs autrichiens maintiennent leur prétendue neutralité.

Le 18 nous arrivâmes en vue d'Hydra, et nous découvrîmes que sa division n'avait pas encore mis en mer, non plus que celle de Spezzia. Quand nous parûmes, la députation usitée de primats et d'autres habitans vint complimenter le capitaine Hamilton. Tous les partis montrent un égal attachement à cet excellent homme, à cause de la manière honorable dont il observe la neutralité que professe son pays, et de ses efforts persévérans partout où l'humanité exige son intervention. Il n'existe pas un Grec, quel qu'il soit, à qui son nom et sa réputation soient étrangers, et les éloges qui lui sont généralement prodigués offrent une preuve de la justice et de la philanthropie avec lesquelles il remplit les devoirs de sa place.

La situation dans laquelle nous trouvâmes les affaires en arrivant à Hydra n'était nullement encourageante. Avant le départ du capitaine Hamilton de Napoli, une députation des îles l'avaient prié de les prendre sous la protection de la Grande-Bretagne. Il répondit naturellement qu'il n'était point autorisé à faire une pareille démarche. Mavrocordato, qui vint cette fois à bord avec les primats hydriotes, rapporta que l'esprit de parti était parvenu sur ce sujet à un point inquiétant; que, tandis que les uns se joignaient aux insulaires, et se déclaraient fortement en faveur de l'intervention anglaise, les autres, à l'instigation du général Roche et de ses collègues, ne demandaient pas moins vivement à se voir placés sous la protection du pavillon français. Les clameurs et les

plaintes augmentant de jour en jour, Mavrocordato dit que son but, en venant à Hydra,
avait été de s'unir aux primats pour obtenir que
la flotte remît promptement en mer, et que,
par ses efforts, elle engageât la populace à reprendre un peu de confiance dans ses propres
forces, et à cesser des discussions si nuisibles
au bien général. Ce but n'était pourtant pas
facile à atteindre : car il paraît que les matelots,
profitant de la crise des affaires, ont abandonné
leurs vaisseaux, et ont déclaré qu'ils ne se rem-
barqueraient pas à moins que leur solde, qui
déjà se monte à 67 piastres par mois (environ
40 francs), ne soit doublée et deux mois payés
comptant d'avance. Leur conduite en cette occasion, ainsi que les motifs par lesquels ils sont
dirigés, sont vraiment honteux. L'avarice seule
peut les avoir portés à une pareille démarche :
car leur solde actuelle est plus que suffisante
pour leur subsistance, et elle a été payée jusqu'ici avec une régularité parfaite, même quand
celle de l'armée éprouvait des retards. Le pacha
est toujours à Tripolitza, et les défilés, sur ses
derrières, ayant été abandonnés par les Grecs,
il a déjà fait sa jonction avec ses nouvelles
troupes. Colocotroni est encore campé dans son
voisinage; mais ses soldats ne peuvent plus
guère mériter le nom d'une armée, d'autant

qu'il ne possède plus aucun pouvoir sur eux, que leur courage et leur enthousiasme se sont évanouis, et que leur nombre diminue de jour en jour, parce qu'il est sans cesse abandonné de ceux qui se retirent pour veiller à la sûreté de leurs familles. Les hostilités continuent à Missolonghi; mais la garnison s'y livre au désespoir, ayant presque entièrement épuisé et ses provisions de bouche, et ses munitions de guerre. Tout annonce en un mot que la balance va tourner; les dissensions privées sont portées au plus haut degré; les factions publiques désunissent les chefs et les hommes puissans; l'armée est sans courage et sans nerf; la marine seule a encore un peu de ressort, mais on ne peut la faire mouvoir qu'à force d'argent.

Napoli de Romanie, le 20 juillet. — Le corps de troupes réglées qui se compose maintenant de sept cents hommes a été mis ce matin sous les ordres du colonel Fabvier, officier français plein de talens; il remplace Rhodios, petit homme, sans aucun mérite, qui avait obtenu cette faveur du gouvernement, comme une récompense pour avoir réussi dans la négociation par laquelle le petit fortin dans le port avait été remis aux Grecs, et pour avoir contribué à la réduction de Napoli. Un nouveau terme du dernier emprunt vient aussi d'arriver aujourd'hui, et cette circonstance servira sans doute à ranimer le feu du patriotisme dans le cœur des marins hydriotes.

Le 22 juillet. — Je suis parti ce matin dans la corvette de sa majesté *l'Epervier*, capitaine Stuart, dont la mission, comme toutes celles dont les vaisseaux anglais se sont chargés dans cette guerre, est une mission d'humanité. J'ai déjà parlé de M. Trelauney, qui a épousé la sœur et qui s'était attaché aux destinées d'Ulysse. Quand ce chef infortuné se fut rendu, M. Trelauney se retira dans la caverne du mont Parnasse, qui était occupée par la famille et par quelques-uns des plus fidèles partisans d'Ulysse ; et, dans cette forteresse imprenable par sa position, il continua de se défendre contre les soldats de Goura, qui occupaient tout le pays environnant.

Au nombre des habitans de la caverne se trouvait un Ecossais nommé Fenton, arrivé en Grèce comme un véritable aventurier, et qui, durant l'hiver, dans ses relations avec les européens résidant en Morée, n'avait montré ni sentiment, ni principes d'honneur. Il était même allé jusqu'à offrir à un membre du gouvernement d'assassiner Ulysse, pour une somme très-modique, et qui, je crois, ne passait pas soixante piastres. La proposition avait été acceptée, mais des dif-

ficultés sur les conditions ou sur quelque circonstance accessoire, en avaient empêché l'exécution. La publicité que Fenton avait su donner
à toute la dépravation de son âme ne lui permettant plus de demeurer parmi les Européens,
le gouvernement lui fit signifier l'ordre de quitter Napoli ; et il prit pour lors la résolution de
joindre les drapeaux de l'homme qu'il avait
voulu assassiner, et qui le reçut à bras ouverts,
ne voyant en lui qu'une personne qui avait à se
plaindre du gouvernement. Il s'introduisit donc
dans la caverne où M. Trelauney, privé de toutes
relations avec ses compatriotes, n'avait pu s'instruire de tout ce que son caractère avait d'odieux.
Depuis la prise d'Ulysse, il était resté près de
Trelauney, mais plutôt comme une espèce de
domestique que comme son camarade, quand
tout à coup il forma la résolution affreuse de se
rendre maître de la caverne et de tout ce qu'elle
contenait, quoique d'après une concession faite
par Ulysse elle appartînt à son bienfaiteur. Peu
de jours avant qu'il en fît la tentative, un jeune
Anglais entra dans la caverne. Son âge, dix-neuf
ans, et la tournure romanesque de son esprit,
le portèrent facilement à devenir le complice de
Fenton, qui lui promit s'ils réussissaient de le
faire prince de Livadie. On était alors dans les
derniers jours de juin, vers le 28, et quatre jours

après, Fenton proposa au jeune homme de tirer au blanc, pendant que Trelauney jugerait des coups; mais à peine celui-ci se fut-il avancé pour examiner les premiers, que les deux conspirateurs l'attaquèrent en même temps. Le pistolet de Fenton fit long feu; celui de l'Anglais l'atteignit avec deux balles, l'une desquelles entra dans le dos, sortit par la poitrine, et lui cassa le bras droit, tandis que l'autre ayant pénétré dans le cou lui fracassa la mâchoire. Il tomba sur-le-champ, et ses domestiques effrayés accoururent et poignardèrent immédiatement Fenton, qui mourut sur le coup; mais Trelauney, qui respirait encore, leur dit de mettre l'Anglais aux fers dans un coin retiré de la caverne. Privé de tout secours de l'art, le rétablissement de Trelauney fut long-temps douteux; cependant la nature prit enfin le dessus. Il est pourtant encore dans la caverne, réduit à une faiblesse extrême, sans médecin, et hors d'état de la quitter, toutes les avenues étant occupées par les troupes de Goura; c'est pour essayer de le délivrer que le capitaine Stuart est parti pour Athènes, où il espère obtenir quelque assistance de l'administration locale.

Dans notre route, nous avons touché à Hydra pour prendre le major Bacon, ami particulier de M. Trelauney, qui a offert de contribuer, en tout ce qui dépendait de lui, à sa délivrance. Notre traversée a été lente, et dans la soirée du second jour, nous avons été surpris par un calme près de l'île de Poros, témoin de la mort de Démosthènes, et qui contient les ruines du temple de Jupiter panhellénien ; ces ruines font un très-bel effet aux rayons du soleil couchant. Le lendemain matin, nous aperçûmes Athènes et son acropolis, qui dominait de loin sur la plaine. Nous voguions lentement sur le golfe de Salamine, en suivant à peu près la route que Servius Sulpicius décrit dans la lettre où il rend compte à Cicéron de son voyage d'Ægine à Mégare. « Ægine était derrière moi, et Mégare devant mes yeux ; le Pirée à ma droite, et Corynthe à ma gauche, villes jadis fameuses, et qui maintenant renversées gisent dans la poussière. A cette vue, je ne pus m'empêcher de me dire en moi-même : Hélas ! faut-il que, pauvres mortels, nous nous effrayions si fort quand quelqu'un de nos amis vient à mourir ou à être tué, tandis que les cadavres de tant de villes illustres sont ici toutes à la fois exposés à mes regards. »

Vers dix heures, nous jetâmes l'ancre dans le Pirée. Le petit promontoire est encore jonché des ruines de ses anciennes habitations. Les rivages sont plantés de cyprès, et les seules maisons qui s'y trouvent sont quelques misérables

chaumières entourant une *dogana,* où les fruits,
les olives et les légumes de l'Attique sont embarqués dans des caïques pour être transportés
dans la Morée et dans les îles qui l'environnent.
Le gouvernement a résolu de céder cet emplacement aux Ipsariotes, à condition qu'ils rebâ-
tiraient le Pirée; quoique le môle et les autres
ouvrages des Athéniens soient à peu près détruits, et que le bassin soit plus d'à moitié rempli de sable et de vase, il conserve encore assez
de profondeur et d'abri pour offrir au commerce
un port commode. Certaines circonstances, et
peut-être le défaut d'argent, ont jusqu'à présent
empêché ces malheureux insulaires de se fixer
en ce lieu.

Notre route, en quittant le Pirée, traversa
pendant environ six milles des vignes et des bosquets d'oliviers de la plus grande richesse, quoiqu'un peu négligés; après quoi nous vîmes la
nouvelle ville, avec son acropolis élevé, couronné par le Parthénon, qui s'élève encore au-
dessus des ruines d'Athènes. Les fortifications de
la ville ne consistent qu'en un mur bas, sans défense, et percé de meurtrières pour la mousqueterie, mais dans un état de dégradation absolue : aussi les habitans ne s'y fient-ils jamais
pour leur sûreté, et à la moindre alarme ils se
sauvent sur-le-champ à Salamine, ainsi qu'ils

viennent encore de le faire en dernier lieu, après
avoir placé tout ce qu'ils avaient de précieux
dans l'acropolis, qui est très-fort, et qui, sous
le gouvernement d'Ulysse, a encore été agrandi
et réparé. La ville présente un douloureux tableau de désolation. Ses rues étroites sont encombrées par les ruines de ses maisons, dont
les trois quarts ont été renversées, et celles qui
restent ne sont, à l'exception des demeures
des consuls étrangers, que des cabanes chancelantes, privées d'agrément et de commodités.

Ce n'est pas tout : les restes les plus intéressans de l'antiquité semblent se dégrader avec
une rapidité plus qu'ordinaire. Une partie du
toit extérieur du temple de Thésée est tombée
depuis peu, et les colonnes sont tellement
ébranlées et déplacées, qu'on dirait que le plus
léger mouvement de la terre qui les environne
doit suffire pour les renverser. L'intérieur et les
approches du Parthénon sont obstrués par les
débris du temple ; et plusieurs des colonnes tombées, mais qui naguère encore étaient parfaitement conservées, ont été coupées par morceaux,
pour servir de boulets aux canons de la forteresse. Le temple des Vents et la lanterne de
Démosthènes sont presque ensevelis sous les
décombres des maisons environnantes. En un
mot, ces précieux restes, dont les modernes

Athéniens sont si fiers , s'anéantissent à vue
d'œil , sans que les habitans prennent la moindre précaution pour les conserver. Les Turcs
ont annoncé l'intention de les détruire totalement, si jamais ils reprennent Athènes , parce
qu'ils s'imaginent que les Grecs y trouvent de
quoi entretenir un esprit public et intéresser les
Européens en leur faveur. Les travaux de la société des philomuses, quoique souvent interrompus par les opérations de l'ennemi, avancent;
et, à l'époque de notre visite , les livres de la bibliothèque et le petit nombre d'antiques qui forment le noyau du musée avaient été placés
pour plus de sûreté dans l'acropolis. Le but de
la société, qui subsiste depuis quinze ans, est de
répandre l'instruction dans toutes les classes,
de propager l'étude des langues modernes, et
de faire des découvertes dans l'histoire et les
antiquités de la Grèce. En conséquence , les
antiques et les restes d'ancienne sculpture qui
se découvrent sur le continent ou dans les îles
ne pourront plus être transportés hors du pays;
ils devront au contraire être rassemblés par le
gouvernement pour former un musée national.
Avant l'insurrection , la société était déjà parvenue à établir des écoles en différentes parties
de la Grèce, et deux à Athènes , d'après le système de l'enseignement mutuel , ainsi qu'un

collége , pour apprendre le grec littéraire et les langues de l'Europe aux écoliers les plus avancés. Ces écoles étaient fréquentées par plus de neuf cents enfans des deux sexes ; mais nous ne pûmes les voir en plein exercice , à cause de l'abandon d'Athènes.

Les affaires de la société sont dirigées par quatre éphores , qui, avec leur phoedros ou président, forment un comité qui règle les intérêts pécuniaires et autres. Le nombre des membres, tant indigènes qu'étrangers , se monte aujourd'hui à cinq cents, divisés en deux classes, qui , d'après la valeur de leurs dons , jouissent du rang d'εὐεργέται ou de συνήγοροι (bienfaiteurs ou associés), et qui , en étant admis, reçoivent le diplôme et l'anneau de la société.

Si les Athéniens sont sujets à l'ophthalmie, on attribue cette maladie à leurs relations avec les Turcs et les Égyptiens : car leur climat est le plus beau de la Grèce, et la position élevée de la ville contribue à la rendre fort saine. Pendant que j'y fus , les moustiques me gênèrent beaucoup , et la chaleur fut effroyable, le thermomètre à l'ombre montant à 89° Fahrenheit (25° 3¹⁰ᵉ R.); mais on me dit que l'été était extraordinairement chaud ; il est certain que les bouffées de vent semblaient sortir d'un four.

CHAPITRE XIV.

BLOCUS D'HYDRA. — SUITE DES OPÉRATIONS MILITAIRES. — VOYAGE A SMYRNE ; RETOUR A ZANTE ET A CÉPHALONIE ; DÉPART POUR L'ANGLETERRE ; ÉTAT DES AFFAIRES DES GRECS.

Mercredi 27 juillet. — Hier à quatre heures du matin, laissant *l'Epervier* continuer ses efforts pour la délivrance de M. Trelauney, nous nous sommes embarqués dans le vaisseau de S. M. *la Cybèle*, capitaine Pechell, pour Hydra, où nous sommes arrivés ce matin, fort étonnés de trouver la ville et le port bloqués par les vaisseaux de S. M. *la Cambrienne*, *la Naïade*, *la Vivacité* et *le Gaunet*. Déjà depuis quelque temps l'attention des vaisseaux anglais dans le Levant a été attirée par les plaintes qui leur ont été portées de toutes parts contre les pirateries qu'exercent des barques montées par des Hydriotes, qui, profitant des troubles dont le pays est agité et de l'incapacité du gouvernement, croisent dans les environs de l'île et commettent les plus grands excès. Un vaisseau a été en dernier lieu pillé dans le port même d'Hydra, et un autre dans la rade entre l'île et le continent ; cependant, comme ces plaintes ont été souvent portées par des vaisseaux ioniens dont les rapports sont sujets à de grandes inexactitudes, il est probable qu'ils auront considérablement exagéré le mal.

Quoi qu'il en soit, samedi passé deux voyageurs anglais, MM. Wright et Railton, faisaient la traversée dans un caïque d'Athènes à Hydra, quand une barque, sortant en apparence de l'île de Poros, se dirigea sur eux. On n'apercevait personne à bord que les gens qui ramaient, mais aussitôt qu'elle fut proche du caïque, plusieurs Grecs armés, sortant du fond de la barque, couchèrent en joue l'équipage du caïque et lui ordonnèrent de les suivre à Poros, dont ils étaient à un mille et demi. Le patron effrayé obéit, et en arrivant à terre les voyageurs furent fouillés par les pirates, qui enlevèrent à l'un d'eux, Railton, une somme considérable en or. On lui laissa néanmoins ses pistolets, et on lui rendit sa montre, qu'il assura être le souvenir d'un ami. Comme on allait repartir, M. Railton se plaignit de ce qu'on lui avait enlevé jusqu'à son dernier para d'argent comptant, sur quoi les pirates lui offrirent trois sequins, et permirent ensuite au caïque de poursuivre sa route. Aussitôt qu'il fut arrivé à Hydra, les voyageurs portèrent leurs plaintes devant le capitaine d'un des vaisseaux anglais, *la Vivacité*, qui envoya sur-le-champ ses chaloupes à la recherche des voleurs, mais sans pouvoir les trouver. En attendant, par certaines circonstances qui avaient transpiré, on avait découvert qu'ils étaient originaires d'Hydra ; en conséquence, dès que le capitaine Hamilton fut arrivé de Napoli, il envoya demander au sénat hydriote de les livrer. Il n'était pas facile d'avoir égard à cette demande : car, bien que toutes les personnes de l'île capables d'un pareil crime soient connues, cependant les rochers qui bordent les côtes d'Hydra offrent tant d'endroits pour se cacher, et les coupables furent si bien protégés par leurs nombreux amis que le gouvernement ne put jamais parvenir à les faire arrêter. Les matelots du caïque ont cependant reconnu quelques-uns de leurs voleurs se promenant publiquement dans les rues de la ville. Cette circonstance aggravante ayant été rapportée au capitaine Hamilton, il se décida à demander leur remise d'une manière péremptoire ; les délais continuant toujours, il fut enfin obligé d'user des moyens de rigueur, et il forma le blocus dont je viens de parler. Il s'écoula plusieurs jours encore avant qu'aucun des coupables fût arrêté ; mais enfin, après beaucoup de confusion dans l'île et d'embarras à bord des vaisseaux, on y envoya trois individus, sur lesquels on avait trouvé une partie de l'or, et que M. Railton reconnut sur-le-champ. Le sénat ayant représenté qu'il lui était impossible de saisir les autres, ceux-ci furent retenus par le capitaine Hamilton, et le blocus ayant été levé les vaisseaux de guerre se séparèrent le samedi 30 juillet.

Voici quelle était la situation des affaires au 1ᵉʳ août. A Missolonghi les hostilités continuaient avec beaucoup de vigueur de la part des Turcs, et par malheur la présence de la flotte ennemie empêchait que les vaisseaux n'entrassent dans le port pour ravitailler la ville, quoique les approvisionnemens de la garnison fussent si près d'être épuisés que la coopération immédiate et les plus vigoureux efforts de la flotte pouvaient seuls empêcher une prompte et inévitable reddition. La garnison de Patras continuait ses déprédations dans les provinces de Clarenza et de Gastouni ; et, une fois, vers le milieu de juillet, cette dernière ville avait été presque entièrement incendiée par un détachement de cavalerie turque. Ibrahim-Pacha demeurait toujours dans l'inaction à Tripolitza, et Colocotroni était campé dans les environs ; mais les troupes de ce dernier étaient si incertaines et si découragées qu'il ne pouvait en aucune façon compter sur elles. Tout le pays situé sur les derrières du pacha, entre Tripolitza et Modon, était occupé par ses soldats, qui exerçaient les plus grandes cruautés envers tous les malheureux paysans qui tombaient dans leurs mains. Le pacha s'était flatté, par la clémence qu'il avait montrée au commencement de la campagne et par l'exacte observation des capitulations de Palaio-Castro et de Navarin, que les Moréotes découragés seraient trop heureux de se soumettre à lui. En marchant vers Tripolitza, il proclamait la miséricorde et la conciliation dans tous les villages par lesquels il passait ; mais les paysans rusés étaient trop bien instruits par l'expérience du passé pour accorder une grande confiance à la sincérité et à la durée de la clémence musulmane. Aussi personne ne prêta-t-il l'oreille à ses promesses ; tout le monde au contraire à son approche s'empressa de fuir dans les montagnes. Le dépit et la fureur remplacèrent pour lors les sentimens de douceur dans le cœur du pacha ; les villages abandonnés furent tous réduits en cendres à son passage, et tous les malheureux qui tombèrent dans ses mains furent mis à mort de la manière la plus cruelle.

Sur ces entrefaites l'esprit de parti continuait

à régner à Napoli, où la faction française diminuait à mesure que la masse du peuple ainsi
que le gouvernement commençaient à pencher
en faveur de l'intervention anglaise. Mécontent
de la non réussite de ses intrigues, et irrité par
les déclarations récentes de tous les partis en
faveur de l'Angleterre, le général Roche fit une
protestation qui fut également signée par M. Wa-
shington, jeune officier américain, qui était arrivé
en Grèce au mois de juin, porteur de lettres de
créance du comité grec-américain de Boston.
Cette pièce commençait, selon l'usage, par énu-
mérer les divers actes d'amitié et de bienveillance
des deux nations française et américaine envers
les Grecs, et blâmait ensuite fortement la conduite des membres de la législature et des personnes influentes qui désiraient l'intervention de
l'Angleterre; observant que c'était une insulte
envers les Américains et envers les Français
de mettre si peu de confiance dans leurs protes-
tations, ainsi que dans leurs offres de médiation
et d'assistance. Cet écrit fut traité avec le mépris qu'il méritait par le gouvernement et par
toutes les personnes intéressées. Quant à M. Wa-
shington, le soi-disant représentant de l'Amérique dans cette affaire, il fut obligé peu de
temps après de quitter la Grèce d'une manière
un peu louche.

Le gouvernement s'était aussi vu depuis peu
obligé de rompre ouvertement avec les Autrichiens : car leurs infractions, non-seulement à
la neutralité, mais encore à la plus simple
équité, en enlevant de force des vaisseaux portant
à la vérité pavillon impérial, mais dont les char-
gemens avaient été déclarés bonnes prises,
après l'examen le plus scrupuleux, excitaient
depuis long-temps la juste indignation des
Grecs. Enfin, un vaisseau ayant été en dernier lieu enlevé dans le port même de Napoli,
et toute satisfaction ayant été refusée, Mavrocordato, en qualité de secrétaire du gouvernement, écrivit une lettre à M. Accurti, le
chef d'escadre autrichien, pour lui dire qu'il
ne pouvait plus avoir de relation officielle
avec lui, attendu qu'il n'avait pas rempli
les devoirs de son poste d'une manière honorable, et qu'en conséquence chaque fois
qu'il trouverait bon de descendre à terre à
Napoli, il était prié de vouloir bien le faire
en habits bourgeois et comme simple particulier.

En attendant il fut décidé à Hydra qu'on enverrait de nouveaux députés à Londres pour dé-
libérer sur les moyens les plus prompts et les
plus avantageux de terminer la guerre, M. Tricoupi fut en même temps chargé de se rendre à

Corfou pour consulter le lord grand commissaire sur le même sujet (1).

D'un autre côté la flotte, à laquelle on avait accordé toutes ses demandes, faisait de grands préparatifs pour se rendre sans délai à Missolonghi ; une partie était déjà en mer et une autre se disposait à intercepter le retour de l'escadre égyptienne, qui s'était rendue à Alexandrie pour amener à Ibrahim-Pacha de nouveaux renforts et approvisionnemens.

---

(1) Les Grecs insulaires ont depuis long-temps manifesté une honorable prédilection en faveur de l'Angleterre. L'extrait suivant des notes de lord Byron sur *Childe Harold* prouve qu'aucun changement n'a eu lieu à cet égard depuis quatorze ans.

« Les Grecs n'ont jamais perdu l'espérance, quoiqu'ils soient maintenant partagés pour savoir quels seront leurs libérateurs. La religion recommande les Russes ; mais déjà deux fois trompés et abandonnés par cette puissance, ils ne peuvent surtout oublier la désertion des Moscovites dans la Morée. Ils n'aiment pas les Français, quoique la conquête du reste de l'Europe doive avoir pour résultat probable la délivrance de la Grèce continentale. *Les insulaires attendent du secours de l'Angleterre,* qui s'est en dernier lieu emparée des îles Ioniennes à l'exception de Corfou ; mais quiconque prendra les armes en leur faveur sera bien reçu, et quand ce jour arrivera, que le ciel ait pitié des Ottomans ! ils n'en ont aucune à attendre de la part des Giaours. » (*Du couvent des franciscains d'Athènes, le 23 janvier 1811*) (A).

Le 2 août. — *La Cambrienne* a fait voile hier d'Hydra pour Smyrne ; mais des vents élevés et contraires l'ayant empêchée de passer par le détroit d'Ovo au nord d'Andros, elle est venue mouiller ce soir au cap Colonne. Deux des seize colonnes qui restaient du temple de Minerve sur le promontoire sont tombées depuis un mois, et les autres sont si chancelantes qu'elles ne peuvent manquer de les suivre bientôt. Sur la frise du temple, qui est encore dans un état de conservation parfaite, l'amiral autrichien s'est amusé à faire écrire en grandes lettres, qui en occupent toute l'étendue, le nom de son vaisseau, *Bellona Austriaca*. Si de moins grands souvenirs se rattachaient à ce lieu, on aimerait assez à voir ce nom uni aux emblèmes de la destruction.

Le lendemain au soir nous jetâmes l'ancre de nouveau à Tino ; quoique cette ville ne soit pas à beaucoup près aussi commerçante que Syra, elle est cependant une des plus florissantes des Cyclades. Sa population est d'environ vingt mille âmes, dont sept mille Latins ; son principal objet d'exportation est le coton, dont elle envoie tous les ans des quantités considérables, tant brut que fabriqué, à l'île de Syra. La ville principale contient plusieurs fort belles maisons et de nombreuses églises, ornées avec plus de goût qu'elles ne le sont généralement en Grèce.

Les habitans portent le costume hydriote; ils sont bien vêtus et ont bonne mine. Les femmes sont extrêmement jolies : leur coiffure gracieuse et le costume demi-européen des Smyrniotes, qu'elles ont adopté, en font les plus agréables d'entre les Grecques que j'aie vues. La prospérité dont leur île présente l'apparence provient de ce qu'ils se sont toujours gouvernés eux-mêmes, leur hayatsch de cent mille piastres les ayant délivrés de la présence d'un gouverneur turc, tandis que, ne possédant point de vaisseaux, ils n'ont jamais été dans l'obligation de fournir des matelots à la marine ottomane.

Leur sénat se compose de cinq membres, dont trois grecs et deux latins; n'ayant point de capitation à payer à la Porte, et leurs propres impôts étant fort peu importans, les Tiniotes peuvent être regardés comme formant la partie la plus florissante de la nation grecque.

Le 5 nous filâmes lentement le long du détroit de Scio. Cette île superbe se rétablit à vue d'œil de ses derniers malheurs. Un nouveau pacha turc, que sa bonté et son humanité connues rendaient depuis long-temps cher aux Grecs de l'Asie mineure, a été nommé pour la gouverner; aussi la population augmente-t-elle visiblement, et l'on assure qu'il y a déjà quinze mille Grecs réunis dans l'île. La ville nous présenta néanmoins un fort triste spectacle, les maisons étant découvertes et tombant en ruines. Ce qui rendait d'ailleurs sa misère plus horrible, c'était le contraste des causes qui l'avaient produite : car ces causes ne sont autres que la richesse des jardins, des vignobles et des bosquets d'oliviers dont elle est entourée.

Le 6 nous mouillâmes à Smyrne, et je n'entrai dans cette ville qu'avec un sentiment de répugnance et des idées de massacre, de cruauté et de superstition. Je voyais la patrie d'Homère souillée par la présence des sectateurs avilis de Mahomet ! L'aspect de la ville, quand on arrive par mer, est agréable, quoiqu'il n'ait rien de frappant. Les maisons bien construites des négocians francs qui bordent le *Marino* relèvent agréablement le fond du tableau, qui offre une réunion pittoresque de mosquées, de minarets et de cyprès. Smyrne, ainsi que Constantinople, est divisée en deux quartiers : l'un habité exclusivement par les Turcs, et l'autre qui sert de demeure aux Juifs, aux Arméniens, aux Grecs et aux Européens. Le quartier des Turcs est, comme partout ailleurs, d'une malpropreté horrible, avec des rues étroites et des maisons de bois. Dans celui des Francs on trouve aussi, à la vérité, plusieurs maisons de bois ; mais du reste il y en a de fort belles, sur-

16

tout les consulats et celles des négocians francs. Les mosquées sont en général plus grandes et plus belles que celles dont j'ai vu les restes dans la Grèce. Une d'elles surtout se fait remarquer : elle a été construite il n'y a pas long-temps par le pacha, et l'on s'est servi de pierres tirées de l'ancien cimetière des Anglais. Les bazars sont, comme de raison, fort riches et très bien fournis, et les marchés offrent dans cette saison une grande abondance des plus beaux fruits. La chaleur étant excessive, on peut se procurer des sorbets à tous les coins de rue, et des glaces délicieuses chez tous les restaurateurs. Les moustiques sont innombrables et extrêmement gênantes; et ces insectes, joints à la chaleur et à la vermine dont on est dévoré, rendent le séjour de Smyrne fort peu agréable pendant l'été. La population y est très-mêlée, mais il s'y élève un cri unanime contre les malheureux Grecs. Ceux-ci sont continuellement insultés par les Turcs, et comme ces scènes se passent toujours dans le quartier des Francs, ces derniers en sont singulièrement incommodés ; étant d'ailleurs naturellement portés à jeter le blâme sur le parti le plus faible, les infortunes des Grecs deviennent pour eux un motif de haine de la part de leurs voisins. Les Arméniens sont toujours bien traités par le

Turcs, qui savent de quelle importance ils leur sont comme drogmans ; mais plusieurs accidens étant arrivés, dans lesquels ils ont été assassinés, parce qu'on les avait pris pour des Grecs, dont ils portent aussi le costume, ils ont depuis ce temps adopté un bonnet d'une forme particulière qui sert à les distinguer. Les femmes grecques de Smyrne sont d'une beauté remarquable. Le soin qu'elles prennent de leur toilette donne à toute leur personne une symétrie qui manque principalement aux autres dames de la Grèce, tandis qu'un goût tout particulier dans leur coiffure et dans le choix de leurs bijoux ajoute considérablement à l'éclat de leur beau teint, de leurs cheveux noirs et de leurs yeux brillans.

Il y a maintenant près de dix ans que la peste ne s'est montrée dans cette ville d'une manière alarmante. Les francs attribuent ce changement aux précautions que les Turcs commencent enfin à prendre ; mais les incendies , autre fléau des habitans de Smyrne, n'ont rien perdu de leur fréquence. Le samedi qui précéda notre arrivée une grande partie du palais du pacha avait été détruite par le feu. Dans la soirée du samedi suivant 6, un autre incendie éclata dans le quartier des Francs, que l'on ne parvint à éteindre qu'après qu'il eut consumé sept maisons ; en-

core fallut-il pour cela tous les efforts des officiers et des équipages de *la Cambrienne* et de *la
Vivacité*. Le samedi 13, six maisons furent encore brûlées derrière le consulat anglais.

Les infortunés Samiens, poussés par la famine, continuent à faire des descentes sur la
côte, au midi de Smyrne, et d'ordinaire, après
un léger combat avec les Turcs, qui se termine
par la mort de quelques hommes de part et d'autre, ils retournent dans leur île avec leur butin
de moutons et d'autres provisions. Ces provoca-
tions excitent depuis long-temps la colère de la
Porte, qui parle d'y mettre fin, selon sa méthode accoutumée, c'est-à-dire par un massacre.
Aucune mesure n'a cependant encore été prise à
cet effet ; mais on croit que ces incursions réitérées des habitans affamés de Samos, finiront
par attirer sur eux les effets de la vengeance
expéditive des Turcs.

Samedi 13. — *L'Epervier* vient d'arriver à
Smyrne, ayant à son bord M. Trelauney et
son épouse. On a obtenu avec peine de Goura
la permission de les laisser sortir de la caverne
qui est toujours dans les mains de la femme et
des partisans d'Ulysse. Trelauney est encore faible ; mais sa santé se rétablit par degrés. Avant
de quitter la caverne, il a eu la générosité de
mettre l'Anglais en liberté, en considération de

sa jeunesse et de sa famille, qui est, dit-on, de la plus haute distinction.

Mardi 16. — Je suis parti de Smyrne pour Zante dans un vaisseau marchand. L'île d'Ipsara, devant laquelle nous passâmes le vendredi suivant, nous offrit un aspect aussi triste que celle de Scio. Pas un être humain ne se montrait au milieu de ses maisons abandonnées et découvertes, et les rues présentaient un affreux tableau de ruine et de solitude. Notre traversée a été longue et ennuyeuse, à cause des calmes qui nous ont accompagnés pendant presque toute la route. A la hauteur de Cerigo, nous rencontrâmes dix-sept vaisseaux grecs, qui nous semblèrent, selon leur coutume, avoir été chercher des provisions à Vathico. Nous jugeâmes immédiatement, d'après leur marche, que l'expédition contre Alexandrie ou celle contre Missolonghi devait être terminée, et à notre arrivée à Zante le 28, nous apprîmes que nos conjectures avaient été bien fondées. L'escadre qui s'était rendue à Alexandrie avait manqué son but; elle avait pénétré dans le port avec trois brûlots; mais, au lieu d'attaquer quelques petits vaisseaux avantageusement placés à l'entrée, qui n'auraient pas manqué, vu leur position et la direction du vent, de communiquer leur flamme à tous les autres, les brûlots poussèrent en avant jusqu'à là masse des frégates, tandis que l'activité et les précautions des Égyptiens rendirent leurs efforts inutiles. Les brûlots furent consumés sans aucun effet, et l'escadre fut enfin obligée de se retirer ayant complètement échoué dans son entreprise.

D'un autre côté cependant le succès avait couronné les efforts de la division dirigée contre Missolonghi. Elle ne put rien entreprendre les premiers jours, les vaisseaux turcs ayant pris position devant l'étroit chenal qui conduit à la ville entre les bas fonds. Quelques escarmouches eurent lieu chaque fois que les Grecs firent mine d'avancer ou de se mettre en mouvement. En attendant, le retard pouvait avoir des résultats funestes pour les assiégés, et leur position était si critique, que déjà des pourparlers avaient eu lieu pour entrer en capitulation. Dans ce moment de crise, une nuit obscure et un vent favorable secondèrent les efforts de l'escadre grecque, qui passa lentement et sans être attaquée derrière la ligne des Turcs. L'effroi et l'étonnement de ceux-ci furent au comble quand le jour parut, et sans faire aucune tentative pour regagner l'avantage de la position qu'ils avaient perdu, ils s'éloignèrent de la ville. Les Grecs s'empressèrent de ravitailler la place, et vers midi, les Turcs, sans tirer un seul coup de canon, quittèrent tout-à-fait le golfe, se dirigeant, selon les apparences, sur Durazzo, dans la baie de Sodrino. Les Grecs ne restèrent pas long-temps devant la ville; toute crainte pour sa sûreté étant dissipée, ils firent voile vers le sud pour rejoindre leurs camarades au cap Matapan; et le 3o, les escadres réunies, ayant augmenté le nombre de leurs brûlots, se dirigèrent, par le détroit de Zante, sur Durazzo. Le lendemain, ayant appris que les Turcs avaient changé de direction et se rendaient à Rhodes, ils virèrent de bord eux-mêmes et se mirent à leur poursuite.

Après la retraite de l'escadre ottomane de devant Missolonghi, Ibrahim-Pacha abandonna sur-le-champ Tripolitza, et se retira avec toute son armée à Calamata. Une maladie contagieuse, offrant quelques symptômes de la peste, s'étant manifestée à Modon, il ne put faire sa retraite de ce côté. Il paraît, d'après sa dernière résolution, que, bien que son expédition se bornât spécialement à la Morée, et celle du Roméli-Valisi à Missolonghi, néanmoins les mouvemens du pacha devaient dépendre des événemens qui auraient lieu au nord de l'isthme; et que, la retraite de la flotte ayant porté un coup décisif aux espérances de Kiaoutache, Ibrahim croit maintenant devoir attendre dans une position plus sûre que celle de Tripolitza l'arrivée des troupes fraîches et le résultat des affaires de Missolonghi.

Céphalonie, le 14 septembre. — Le temps ayant été depuis quelques jours orageux et très-humide, on se flatte que le changement de saison aura son effet ordinaire, c'est-à-dire, de mettre fin à la campagne en Grèce ; l'état des affaires est du reste tel, que sa prolongation ne pourrait avoir en ce moment aucun résultat favorable. Aussi des barques arrivées ce matin de Missolonghi annoncent-elles que les Turcs se sont éloignés en toute hâte de la ville, et ont commencé leur retraite sur Arta. C'est ainsi que vient de se terminer la troisième tentative des ennemis contre Missolonghi ; elle n'a servi qu'à faire moissonner à ses citoyens de nouveaux lauriers. Les nouvelles portent que les plus grandes réjouissances ont eu lieu à Missolonghi ; les Grecs de la Morée y arrivaient en foule, pour complimenter leurs compatriotes, tandis que ceux qui pendant le siége avaient été malgré eux éloignés de leurs familles y retournaient exempts de toute inquiétude, s'embrassaient et comblaient leurs libérateurs d'éloges et de remercîmens. Les citoyens de leur côté sortaient des portes, parcouraient le terrain naguère occupé par les Turcs, et montraient avec orgueil à leurs enfans les ouvrages abandonnés des ennemis.

Le bruit s'est aussi confirmé d'une insurrection qui a éclaté dans l'île de Candie ; les révoltés ont réussi à s'emparer de celle de Carabousa, située à la pointe N.-O. de Candie, petite île très-bien fortifiée et qui renferme un assez bon port. Aussitôt que les Grecs eurent reçu cette nouvelle, ils envoyèrent un détachement au secours des insurgés, et quelques vaisseaux grecs croisent devant l'île. En même temps des dissensions se sont élevées dans le camp du pacha à Calamata. Un commandant candiote, en apprenant l'insurrection, demanda à retourner chez lui pour veiller à la sûreté de ses biens ; la permission lui en fut refusée, et cet homme, ayant menacé de partir sans elle, a, dit-on, été mis à mort par Ibrahim-Pacha lui-même. De grandes inquiétudes ont régné à Napoli sur le sort des capitani, prisonniers dans les mains d'Ibrahim, mais il paraît que l'affaire va s'accommoder. Quand les Grecs s'emparèrent de Napoli, ils envoyèrent la garnison à Smyrne, mais ils gardèrent prisonnier le pacha turc, qui avait si vaillamment défendu la place, parce qu'ils jugeaient avec raison que c'était un homme trop précieux pour leur ennemi, tant par son courage et ses talens militaires, qu'à cause de la parfaite connaissance qu'il avait des défilés et de la situation du pays ; aussi les Turcs offrirent-ils pour sa rançon des sommes considérables qui furent constamment refusées. Maintenant on propose de l'échanger contre Hadji-Christo et les autres prisonniers grecs faits par le pacha; et le capitaine Hamilton, qui s'intéresse à son sort, parce que la capitulation de Napoli a été faite sous ses auspices, a offert sa médiation pour cet arrangement. En conséquence, quelques-uns de ces officiers sont partis pour le quartier-général d'Ibrahim à Calamata; et l'on espère que la délivrance des capitani sera le résultat de la négociation.

Le 16 septembre. — Je suis parti de Céphalonie pour l'Angleterre. Au moment de mon départ, rien n'était changé dans la situation des affaires de la Grèce. La campagne paraissait sur le point de se terminer, les hostilités ayant dejà entièrement cessé au nord de l'isthme de Corinthe. Ibrahim-Pacha était toujours à Calamata, où il attendait des renforts d'Alexandrie; renforts que la flotte grecque était partie pour intercepter, sans que l'on eût encore reçu de nouvelles de son succès. La contagion avait entièrement cessé à Modon. Colocotroni tâchait de réunir son armée dispersée, et avait quitté pour cet effet Napoli de Romanie dans les premiers jours de septembre. Tout le monde désirait une intervention étrangère, et chacun avait les yeux tour-

nés vers l'Angleterre, où le fils aîné de Miaoulis
et un autre primat hydriote avaient été envoyés
dès la fin du mois d'août. La faction française
avait entièrement échoué dans ses intrigues,
et le général Roche se préparait à quitter la
Grèce. L'organisation des troupes avançait
rapidement ; douze cents hommes étaient déjà
enrôlés, ainsi qu'un détachement de cavalerie,
et un petit corps d'artillerie. Le triomphe obtenu à Missolonghi semblait avoir ranimé tous
les courages, et chacun se promettait les
plus grands succès dans la campagne prochaine.

FIN DU JOURNAL DE M. EMERSON.

OBSERVATIONS SUPPLÉMENTAIRES.

En examinant les pages qui précèdent, et qui ne sont, comme leur texte l'indique, que des extraits d'un journal tenu pendant un court séjour que j'ai fait parmi les Grecs, je m'aperçois que j'ai omis plusieurs détails qui peuvent contribuer à faire connaître le génie et le caractère du peuple, ainsi que la situation actuelle du pays sous le rapport de la politique et du commerce. Désirant réunir les remarques que j'ai faites, et donner au lecteur une idée plus générale de l'état des affaires dans cette contrée intéressante de l'Europe, j'ai cru devoir consacrer quelques pages à des observations qui serviront de supplément aux extraits qu'on vient de lire.

Quant au commerce extérieur de la Grèce et à ses exportations, il est impossible d'en rien dire de positif à présent : car il y a sous ce rapport une suspension générale, causée par le renverse-

ment total de l'ancien gouvernement. La destruction de l'agriculture a mis fin à l'exportation du blé, et les levées d'hommes pour l'armée diminuent, comme de raison, le nombre
de bras qui s'occupent de l'éducation des vers à
soie et de la culture du coton. En prenant chaque
partie de la Grèce séparément, on peut même
dire que celle qui est située au nord de l'isthme
n'a jamais été très-commerçante, les habitans
étant d'une humeur trop guerrière pour se livrer
à l'agriculture ou à l'industrie. Les exportations
de la Livadie et de la Grèce occidentale se bor-
naient donc à des cuirs, à de la laine, à des étoffes,
de coton et à une petite quantité de blé ; tandis
que le commerce tout-à-fait pastoral des Athéniens ne consistait qu'en vin, en huile et en
miel. Mais depuis le commencement de la révolution, la part active que Missolonghi y a prise,
a entièrement détruit le peu de commerce que
possédait la Livadie ; et dans l'Attique, la guerre
a si fort fixé l'attention des paysans, qu'ils ne
récoltent plus guère que la quantité de vin nécessaire pour la consommation d'Athènes et
de ses environs. Les bosquets d'oliviers et les vignobles ont beaucoup souffert des incursions
fréquentes de l'ennemi, et le miel n'étant plus
apporté du mont Hymette par les calogeis, les
exportations du Pirée consistent aujourd'hui

presque uniquement en fruits et en légumes qu'il expédie à Hydra, à Spezzia et dans les districts les plus voisins de la Morée.

Le commerce du Péloponnèse a toujours surpassé celui des provinces du nord, ce qu'il faut peut-être attribuer au nombre plus grand de ports commodes que l'on trouve sur ses côtes. Le caractère plus paisible de ses habitans lui a donné aussi plus de goût pour l'industrie et pour l'agriculture, tandis que les diverses productions qui forment la richesse de la Grèce septentrionale y trouvent un sol non moins favorable à leur culture. Cependant l'influence de la guerre s'est fait sentir aussi dans la Morée et a suspendu pour le moment toute opération commerciale. On ne sera peut-être pas fâché de connaître les produits de la péninsule, qui sera sans doute un jour plus complètement et plus avantageusement cultivée qu'elle ne l'a été jusqu'ici.

Le blé de la Morée a toujours été fort estimé dans les îles voisines; aussi sa culture était-elle trèssoignée. Il n'en était pas de même de l'orge, et le maïs n'a jamais été exporté. La péninsule produit peu de vin, et la plus grande partie de celui qu'on y boit vient des îles de l'Archipel. Il y a cependant des clos que les Grecs estiment beaucoup, entre autres celui de Mistra et celui de Saint-George; mais ces vins ont peu de corps et un goût désagréable qui provient de la térébenthine dont on se sert pour les purifier. Le raisin n'est ni gros ni parfumé, celui de Gastouni est le meilleur ; depuis quelque temps on cultive beaucoup de raisin de Corinthe sur la côte de Lépante et de Salamine, où il a usurpé les champs autrefois consacrés au tabac. Des quantités immenses en étaient exportées de Zante sous le nom de raisins de Corinthe, et les débris de ce commerce sont aujourd'hui tout ce qui reste à la Grèce. A l'époque où je quittai Zante, un vaisseau anglais, *l'Étoile du Levant,* du port de Liverpool, chargeait du raisin de Corinthe à Vostizza, où des agens sont envoyés tous les ans des îles Ioniennes pour acheter les fruits des Grecs. Les vaisseaux peuvent l'emporter sans autre restriction qu'un léger tribut que paient au pacha de Patras tous les bâtimens qui entrent dans le golfe.

La Morée produit encore d'autres fruits en abondance, des citrons qui ne sont ni gros ni d'une qualité remarquable, des oranges dont les meilleures viennent de Calamata, des pêches, des grenades, des abricots, des amandes et une foule d'espèces différentes de fruits à coquille ; les figues, surtout celles de Maina, sont remarquables par leur goût sucré, qu'elles doivent particulièrement au soin avec lequel on emploie le procédé de la caprification, qui consiste à introduire dans l'intérieur des figues vertes un petit ver qui les fait grossir et en hâte la maturité. Les légumes de ménage y sont aussi fort abondans ; et les marchés de Napoli de Romanie sont très-bien fournis de concombres, de tomates, d'épinards, d'asperges, et de toutes sortes de légumes selon leur saison. Les olives se trouvent en quantité dans tous les districts, mais surtout dans le Maina et l'Argolide ; et, quoique on les soigne mal, elles donnaient autrefois une quantité considérable d'huile. Les endroits les plus sauvages sont couverts de thym, de fenouil et de menthe, de sorte que les abeilles ne manquent pas de plantes pour leur miel; celui de la Morée n'est pourtant ni aussi bon ni aussi abondant que celui de l'Attique ; il a même des propriétés purgatives, et demande à être employé avec précaution. Quant à la cire, Napoli en envoie encore beaucoup à Syra, mais sans qu'elle soit blanchie. Autrefois on cultivait en Grèce de la manne et de l'indigo ; mais ces produits sont aujourd'hui négligés, ainsi que les noix de galle, qui sont d'une qualité supérieure et se trouvent dans toutes les forêts. L'éducation des vers à soie, quoique fort généralement répandue, ne réussit pas toujours, les vers étant sujets à mourir au printemps. Les Grecs, au lieu de s'appliquer à découvrir la véritable cause de cet accident et à y remédier, l'attribuent à des

maléfices et le laissent prendre son cours, de sorte
que cent livres de cocons ne produisent guère au-
delà de huit livres de soie. La culture du coton n'a
jamais été considérable, sa qualité est cependant
remarquablement blanche et fine. Les immenses
troupeaux de l'Argolide, de la Messénie et des
vallées de l'Arcadie, fournissent une grande
quantité de laine, dont l'exportation aux îles
Ioniennes, jointe à celle des moutons mêmes
et d'un peu de vin, forme tout ce qui reste
aujourd'hui du commerce autrefois si étendu
de Pyrgos. Les forêts de la Morée sont en certains endroits très-vastes, surtout en Élide et sur
les côtes occidentales. Elles ont long-temps
fourni le bois de chêne et de pin nécessaire à la
construction des vaisseaux hydriotes, et une
grande quantité de noix de galle pour les îles
de Zante et de Malte.

Tels sont les principaux produits de ce pays
riche et pittoresque, qui, même dans le temps
prospère de la domination vénitienne, le plus heureux que la Grèce ait éprouvé depuis sa chute,
n'était pas à beaucoup près cultivé comme il aurait pu l'être, et qui, même dans son plus abject
esclavage, était encore une source de trésors
pour ses maîtres ottomans. Si l'on ajoute à cela
qu'aucune de ses mines n'a jamais été exploi-
tée, quoique chacun de ses rochers et de ses

torrens démontre leur richesse, et que son climat est un des plus purs de l'Europe, on avouera qu'il n'y a pas de pays qui offre aujourd'hui de plus grands attraits à l'esprit d'entreprise ou de spéculation. Déjà, en effet, plusieurs négocians anglais ont résolu de former des maisons de commerce dans la Morée, aussitôt que la cessation des hostilités et l'établissement d'un gouvernement stable leur présenteront quelque sûreté. Patras est surtout un lieu avantageux pour les Européens, à cause du voisinage des îles Ioniennes, de la Livadie, et des districts qui produisent le raisin de Corynthe. On croit que les Hydriotes entreprenans choisiront Navarin, à cause de la bonté de son port. Napoli de Romanie, comme siége du gouvernement, attirera toujours les regards de l'étranger; et le Pirée, assigné aux malheureux Ipsariotes, pourra de nouveau les enrichir par le commerce et les exportations de l'Attique. De sorte que si la guerre se termine favorablement, ce qu'il est encore permis d'espérer, malgré les désastres de la dernière campagne, il y a tout lieu de croire que les Grecs verront augmenter à la fois leur liberté, leurs connaissances et leurs richesses, et qu'ils reprendront leur rang parmi les nations européennes les plus favorisées par la nature et par la civilisation.

Pour ce qui regarde la population de la Grèce, je ne crois pas qu'on en ait jamais fait de recensement. On l'a estimée tantôt à deux, tantôt à trois millions d'individus. Je ne sais si ce compte est exact, et si l'on n'y a pas compris les Grecs répandus en divers pays de l'Europe. On a déjà tant écrit sur le caractère de la nation, qu'il ne reste pas grand'chose à dire sur ce sujet. L'impression générale qu'il fait sur les étrangers est peu favorable ; et ce qui n'est pas à l'avantage des Grecs, c'est que les personnes qui en ont dit le plus de mal sont précisément celles qui ont vécu le plus long-temps en Grèce, dans la république Ionienne ou à Smyrne. Pour moi, je dis ce que j'ai vu : tant que je suis demeuré parmi eux je n'ai jamais eu à me plaindre d'aucun Grec. J'ai voyagé en sûreté dans les parties les plus sauvages de leur pays, et avec un bagage qui, dans l'Italie méridionale ou même dans des états plus civilisés, aurait été difficilement à l'abri du pillage ; je n'ai cependant souffert aucune perte. Je n'ai jamais demandé de service à un Grec qui ne m'ait été accordé avec bienveillance. Dans un grand nombre de circonstances j'ai rencontré une politesse extrême, de la bonté et de l'hospitalité. D'autres ont peut-être été moins heureux que moi ; mais, quand on dira que les Grecs sont ingrats par constitution, je demanderai de quels bienfaits ils doivent être reconnaissans? S'ils sont avides de gain, c'est une suite inévitable de la pauvreté; s'ils sont rusés, cela provient du long esclavage sous lequel ils ont gémi, et qui les a forcés d'avoir sans cesse recours à la fausseté pour mettre leurs biens à l'abri du pillage de leurs tyrans; s'ils sont dépravés et barbares, c'est l'effet de l'éducation; cruels et féroces, ce n'est qu'envers leurs ennemis et leurs oppresseurs, contre lesquels ils nourrissent malheureusement un trop juste désir de la vengeance, né d'une longue suite de crimes, d'outrages et d'actes d'oppression. Si nous comparons le long esclavage d'où les Grecs viennent de sortir, et les souffrances qu'ils ont endurées avec ce que l'on a allegué contre eux, ils ne nous inspireront ni haine, ni mépris, mais une pitié sincère, et peut-être quelque étonnement de ce qu'ils ne se montrent pas encore plus pervertis qu'ils ne le sont. Aussi, je soutiens qu'en examinant avec attention le caractère particulier des habitans des différens districts, on trouvera partout des semences de vertus nombreuses, cachées à la vérité sous des vices, mais lesquelles, étant cultivées d'une manière convenable et sous un gouvernement juste, ne pourront manquer de procurer aux Grecs une place distinguée parmi les nations.

Les Albanais sont considérés depuis long-temps
par le reste des Grecs comme n'étant ni musulmans
ni chrétiens. En se soumettant à Mahomet II,
ils ont à la vérité embrassé l'islamisne, mais leurs
habitudes nationales et guerrières ne ressemblent
en rien aux mœurs sédentaires et efféminées des
Turcs. On peut les regarder comme le chaînon
qui lie ensemble les deux religions. Faux et
traîtres comme les sectateurs de Mahomet, ils
ont conservé l'hospitalité, la bravoure et les autres qualités moins précieuses des Grecs. Après les
Albanais viennent les Roméliotes, qui habitent
ce que l'on appelle maintenant la Grèce orientale
et occidentale; c'est-à-dire, l'Attique, la Livadie et le territoire qui est au midi de l'Epire et
de la Thessalie. Se rappelant toujours les guerres
qu'ils ont soutenues pour la liberté et la religion,
sous leur immortel Scanderbeg, ils sont fort attachés à la foi pour laquelle leurs pères ont répandu leur sang. Quoique asservis au joug cruel
des Ottomans, ils n'ont cessé de jouir d'une sorte
de liberté, au sein de leurs rochers et de leurs
montagnes; et jamais ils n'ont consenti à en-
chaîner leurs âmes en abandonnant lâchement
leur croyance. Braves, francs et sincères, leur valeur est leur moindre recommandation; et le
voyageur qui réclame l'hospitalité, ou le malheureux qui se livre à leur protection, ont toujours

trouvé du secours et de la sûreté sous le toit roméliote.

Dans la Morée , des relations plus intimes avec
les Turcs, jointes à quelques autres causes secon-
daires ont produit un caractère moins estimable
et moins élevé. Le poids plus lourd de leurs chaî-
nes les a rendus plus rampans et plus serviles. Les
traces de l'esclavage sont surtout visibles chez le
Moréote perfide et avili ; mais il n'est pas pour cela
entièrement privé d'affection , de reconnaissance
et du désir hospitalier de partager avec l'étranger sa
natte et son humble repas. C'est chez les Messéniens, originaires de la côte du sud-ouest, que les
marques de l'abaissement se font voir d'une manière plus frappante. Il paraît que depuis les temps
les plus reculés , ces malheureux peuples ont été
comme les boucs émissaires des habitans du
Péloponnèse. Leur pays fut autrefois ravagé par
les Lacédémoniens. Depuis, on les a vus chercher
dans les montagnes de Sparte un asile contre la
cruauté des Turcs. Paresseux , indolens par caractère , ils traitent leurs femmes avec une insensi-
bilité qu'on ne retrouve nulle part ailleurs chez les
Grecs : tandis que le mari fainéant s'étend à son
aise pour fumer sa pipe et siroter son café, la malheureuse femme se livre aux plus pénibles travaux de l'agriculture et du ménage. Deux exceptions singulières se trouvent pourtant à cet

usage parmi les habitans de la Morée : l'une est
le district de Lalla en Élide , et l'autre celui de
Maina à l'extrémité sud-est de la Péninsule. Le
premier est habité par une colonie de Schypetans
ou bandits cultivateurs de l'Albanie. Etablis
en ce lieu depuis plusieurs siècles, ils ont rendu
aux Vénitiens des services importans contre les
Turcs, mais en général ils sont aussi nuisibles
aux Grecs que les Musulmans eux-mêmes.
Après que l'expédition des Russes en 1770 eut
échoué, ils furent joints par un nouveau détachement de leurs compatriotes qui avaient comme
eux abjuré le mahométisme ; et , quoiqu'ils es-
sayassent de se livrer un peu à l'agriculture, ils
préférèrent toujours chercher leur subsistance en
pillant les récoltes de leurs voisins , avec lesquels
ils n'ont jamais formé aucune liaison , soit de
mariage soit de simple intérêt. Ils sont restés
par conséquent jusqu'à présent une colonie purement albanaise au sein de la Morée, unissant
la férocité et les habitudes de brigandage de
leurs aïeux à une valeur dont ils ont donné
plus d'une fois des preuves pendant la révolution
actuelle.

Quant aux Mainotes , descendans des anciens
Spartiates, on a beaucoup écrit sur eux sans pour
cela les connaître davantage. La difficulté que
l'on trouve à pénétrer dans un pays habité par

des brigands de profession s'est opposée jusqu'ici
à toutes les recherches des voyageurs. Ceux qui
ont réussi à acquérir quelque connaissance de
leurs mœurs les dépeignent comme possédant les
vertus communes aux barbares, savoir, l'hospitalité et une bravoure sans bornes, mais souillées
par de nombreux vices, et étant tous sans exception des voleurs sur terre et sur mer. Le portrait
que fait d'eux M. Pouqueville les présente sous
l'aspect le plus défavorable : il ne leur reconnaît
pas même du courage ; mais ce portrait paraît
être exagéré et traité plutôt d'après des rapports
étrangers que d'après une expérience personnelle.
Tout le monde a entendu parler de leurs pirateries, et de la bravoure qu'ils déploient lorsqu'il
s'agit de pillage ; mais sous ce rapport leur du-
plicité égale leur courage. Autrefois quand il y
avait quelque expédition à faire, tous les habitans
se réunissaient pour la tenter ; les femmes avaient
leur part dans les travaux ; et chaque barque recevait la bénédiction, ou était honorée de la présence d'un prêtre. Cependant, même à leur égard,
ils n'agissaient pas toujours de bonne foi (1) ; et

---

(1) On raconte encore dans les îles l'histoire suivante,
au sujet des discussions des Mainotes entre eux.

Deux amis qui avaient long - temps partagé le produit
de leurs brigandages se prirent un jour de querelle par

il leur arrivait assez souvent de commencer
par saccager les couvens et en partager les dépouilles, après quoi ils forçaient les prêtres à
leur donner l'absolution. Les pirateries des
Mainotes ne sont pourtant pas restées toujours
également impunies, on connaît le résultat des
deux expéditions que le célèbre Hassan-Pacha

---

rapport au butin qu'ils avaient fait sur un brick vénitien.
Pleins de ressentiment, l'un et l'autre ne cherchaient qu'à
se venger. Théodore, saisissant par force la femme de son
camarade Anapleottis, la porta à bord d'un corsaire maltais, mouillé dans la baie, afin de la lui vendre et de se
payer ainsi par ses mains du tort qu'il croyait lui avoir été
fait. Le Maltais, après avoir long-temps marchandé, dit
enfin au Grec qu'il venait d'acheter une autre femme à
bien meilleur marché, et l'ayant fait venir pour la montrer à Théodore, celui-ci reconnut avec étonnement la
sienne, que son ami, plus alerte que lui, avait enlevée
dans le même but deux heures auparavant. Il ne fit sem-
blant de rien, et donnant au corsaire la femme d'Anapleottis pour la somme qu'on lui offrait, il revint à terre
où il trouva son ancien associé, instruit de sa perte et ne
respirant que la vengeance. Les dignes amis ne tardèrent
pourtant pas à s'entendre. Ils se rendirent tous deux à
bord du Maltais, et le pistolet sur la gorge, ils obligèrent le capitaine à leur rendre les femmes, sans offrir
pour cela de lui rendre son argent. Contens de leur expédition, ils firent la paix, et désormais plus étroitement
unis que jamais, ils continuèrent à exercer en commun
leur noble profession (A).

fit contre eux dans les années 1779 à 1780. Il ne parvint pourtant pas à soumettre le district entier de Maina , quoique aidé par la trahison ; et ses habitans se vantent encore aujourd'hui que leur territoire n'a jamais plié sous les armes d'aucun conquérant.

• On a trouvé plus haut tous les détails qu'on peut désirer sur les Hydriotes et les Spezziotes. Parmi ceux des classes élevées j'ai vu bien des choses dignes d'admiration et d'estime ; mais l'opinion que j'ai formée des classes inférieures est beaucoup moins favorable. Les autres habitans de l'Archipel offrent des traits distinctifs particuliers à chaque île , selon qu'ils ont eu plus ou moins de relations avec les Turcs ou les Européens, sans néanmoins être privés de la couleur générale imprimée à toute la nation grecque : c'est-à-dire qu'ils sont tous légers , inconstans , avec beaucoup de talens naturels , plusieurs vertus , et les vices nombreux produits par le despotisme et l'oppression. Comme tous les habitans des pays montagneux , ils sont fort livrés à la superstition ; et le temps paraît plutôt augmenter que diminuer ce penchant ; ils croient aux revenans, à l'influence des bons et mauvais génies, à la protection des saints (1) , à l'existence des

---

(1) Voilà un singulier mélange (T).

sacrifices, au pouvoir de la sorcellerie et à la vérité des songes. Il n'y a point de maladie qui, selon eux, ne doive son origine à quelque enchantement ou à quelque maligne influence, et qui n'ait par conséquent un charme et une cérémonie contraire capables d'en détruire la force; ce qui n'empêche pas que les Grecs n'aient autant de respect pour les médecins que les autres peuples de l'Orient. Parmi ces médecins il y en a un petit nombre qui, nés dans le pays, ont étudié en Italie ou en France; mais la plupart ne doivent leurs talens qu'à l'expérience. Un de ceux-ci, originaire de la Crète, avouait franchement quand on lui demandait où il avait fait ses études, qu'il avait toujours été trop pauvre pour en faire aucune; que tout ce qu'il savait il ne l'avait appris que par la pratique, et que, grâce à la protection de la bonne Vierge, il avait toujours été assez heureux.

L'ostentation dans les vêtemens et l'orgueil inspiré par leur origine sont les traits les plus marquans des mœurs et du caractère des Grecs. Lord Byron parle de ce batelier de Salamine qui, en montrant le lieu où Xerxès fut défait, disait : « *Notre* flotte avait mouillé dans le golfe ! » Les Mainotes et les Messéniens m'ont souvent rappelé qu'ils étaient les descendans de Léonidas et de Nestor ; et la sœur d'un maître d'école d'Hydra, qui avait perdu son mari dans la guerre, avait l'habitude, chaque fois qu'elle parlait du pays de sa naissance, la Macédoine, d'observer qu'elle était compatriote d'Alexandre-le-Grand.

L'extérieur des hommes est noble et intéressant, mais varie selon les divers districts. Les Roméliotes sont grands, forts, bien faits, ayant une physionomie un peu romaine; les Moréotes au contraire sont petits, mal faits et mal proportionnés; les Hydriotes ont hérité des traits caractéristiques de leurs aïeux; tandis que les autres insulaires sont propres, actifs et élancés. Tous ont les yeux brillans, des dents remarquablement blanches et les cheveux très-noirs et bouclés. Les habitans des îles portent en général le costume franc ou hydriote; ceux du continent ont toujours le costume albanais. Leur coiffure est un bonnet de drap rouge, orné d'un gland bleu et quelquefois recouvert d'un turban, sous lequel leurs longs cheveux retombent en boucles sur leurs épaules; ils portent en outre une veste ou jaquette de drap ou de velours richement brodée et découpée de façon que le col reste découvert; une juctanelle blanche qui retombe jusqu'aux genoux et un pantalon de coton de la même couleur que la jaquette; leurs souliers sont de maroquin rouge; le costume est complété par un ceinturon avec une paire de pisto-

lets richement ciselés et un ataghan, sorte
d'arme dont la lame est ronde et qui leur sert
à la fois de sabre et de poignard. Par-dessus tout
cela ils jettent le manteau blanc et poilu des Albanais, qui leur sert de lit. La sévérité des lois
turques ne permettait pas aux Grecs de porter
de l'or ou des couleurs brillantes, et c'est sans
doute à cette longue privation qu'il faut attribuer
la richesse extraordinaire de leur costume actuel,
dans lequel il arrive souvent que le galon et les
ornemens déguisent la couleur du drap. Un
costume de première qualité, non compris les
armes, revient au moins à 2500 piastres (environ 1500 fr.), et avec elles souvent le double
de cette somme. La dépense qu'ils font pour
l'achat de leurs pistolets et de leur ataghan est à
la fois ridicule et nuisible, car la vue d'un Grec
si richement vêtu ne peut qu'ajouter sensible-
ment au courage d'un pauvre Musulman. D'ailleurs pendant que les Grecs se livrent à ces dépenses folles, ils ne cessent de déclamer contre
leur misère et de se plaindre qu'ils n'ont pas le
moyen de poursuivre la guerre ; cependant le soldat le plus modestement armé doit payer au moins
2 ou 300 piastres pour son équipement, et ceux
qui veulent se distinguer en donnent 3000, pour
leurs pistolets seuls, dont ils payent, non la
bonté, mais la richesse du manche.

Les prénoms des Grecs varient selon le goût ou la piété de leurs parens : le plus grand nombre porte ceux de leurs illustres ancêtres : Epaminondas, Léonidas, Thémistocle, Pélopidas, Achille ; il y a un membre du corps législatif, qui s'appelle Lycurgue. D'autres ont des noms particuliers aux Grecs modernes, tels que Constantin, Spiridion, Anastasio, Demetrio, Anagnosti, etc. J'avais à Napoli de Romanie deux Moréotes à mon service dont l'un s'appelait Christo et l'autre Salvatore.

Je dois avouer que mon attente a été fort trompée en ce qui regarde la beauté des femmes grecques ; elles ont à la vérité de beaux cheveux noirs, des yeux brillans et des dents d'ivoire, mais elles ont perdu ce tour gracieux de physionomie que nous appelons grec, et leur démarche est aussi sans agrément, ce qu'il faut attribuer à leurs habitudes sédentaires et au peu de soin qu'elles donnent à leur toilette. Ce qui les caractérise particulièrement est un manque d'expression et un air de mauvaise santé : en attendant il y a des différences considérables selon les divers districts. Les dames moréotes ont moins d'attraits que celles de la Romélie, qui le cèdent à leur tour aux Hydriotes et aux Spezziotes, tandis que celles de Smyrne sont les plus belles de toutes ; leur costume varie, mais il est toujours disgracieux et peu fait pour montrer leur taille d'une manière avantageuse. Excepté dans les îles Ioniennes et à Hydra, les maris ont conservé la manière barbare dont les Turcs traitent leurs femmes. Renfermées dans leurs appartemens, occupées de broderie ou de quelque autre travail manuel, elles ne peuvent jamais passer le seuil de leurs portes, si ce n'est aux grandes fêtes ou dans quelque occasion particulière, encore ne se montrent-elles alors que soigneusement voilées. Cette vie leur donne l'occasion de déployer toute leur gaîté naturelle ; elles ne se plaignent jamais et passent leurs jours dans les plaisirs les plus frivoles : le chant, la musique et quelques amusemens auxquels les hommes n'ont point de part, servent à déguiser pour elles les longues heures de leur monotone existence. Ainsi que les hommes elles sont fort superstitieuses; et, après comme avant le mariage, elles n'entreprennent rien sans avoir consulté un charme ou un devin. L'interprétation des songes est un art important, et l'on ne manque pas de suivre fidèlement ce qu'ils ordonnent. Les jeunes filles ont mille manières de lire dans l'avenir pour connaître le rang de leur futur époux. L'une consiste à manger au moment de se coucher certains simples, cueillis dans une saison convenable , sous la direction d'un habile devin, puis en se mettant au lit elles attachent autour de leur cou un sac contenant trois fleurs, une blanche, une rouge et une jaune. La première fleur qu'on retire du sac le matin indique l'âge qu'aura le mari : si c'est la blanche, il sera jeune ; la rouge, d'un âge mûr, et si c'est la jaune qui se présente, ce sera un vieillard ; en même temps les songes procurés par les simples font connaître si le mariage sera heureux ou malheureux. Dans les deux sexes un défaut total de propreté se fait surtout remarquer. Un Grec ne met guère de chemise blanche que les jours de fêtes, et leur juctanelle est loin de ressembler à *la blanche camise* de Childe Harold. Un voyageur français a observé avec raison que les dames, au lieu d'arroser si souvent leur linge d'huile de rose et d'autres parfums précieux, feraient bien mieux d'y jeter de temps à autre un peu d'eau fraîche. La vermine la plus dégoûtante couvre la personne des Grecs, surtout celle des soldats, et contraste avec la richesse de leurs vestes brodées.

L'état d'avilissement où la religion est tombée en Grèce ne doit s'attribuer qu'à la conduite des prêtres : car le peuple, tout en imitant le relâchement de ses pasteurs, conserve une croyance pure et intacte. Avant la révolution, la Morée seule contenait deux mille pappas, gouvernés par quatre archevêques et évêques , et dont les revenus se montaient à un million de piastres ; mais ces prêtres étaient tirés de la plus vile populace de la Grèce , car on exigeait peu d'études préparatoires, et il suffisait de payer quelques piastres pour être admis à prendre les ordres ; aussi étaient-ils souillés des plus grands vices ; et comme les lois de leur église leur permettent les occupations séculières, ils sont répandus dans le pays où ils exercent toutes sortes d'états et de métiers. Un reste de vénération pour leur caractère leur donne néanmoins une grande influence sur l'esprit du peuple, et ce sont eux qui, dans tous les mouvemens importans, ont su réveiller le courage et l'énergie de la nation. On en a eu des preuves , tant dans l'insurrection de 1770, que dans la révolution actuelle, où plusieurs ont embrassé la profession militaire. Dans la guerre d'Ali-Pacha contre Mustapha , pacha de Delvina, ils travaillèrent à persuader aux Grecs qu'ils devaient traîner les canons et les mortiers du tyran jusqu'aux frontières du Pachalick condamné. Le dernier ministre de l'intérieur, à Napoli de Romanie, Gregorio Flescia était un prêtre qui avait obtenu le rang de ministre après s'être distingué sur le champ de bataille. L'éparque de Spezzia est aussi un ecclésiastique : l'archevêque de Modon a pris une

part active à plusieurs actions importantes ; un
archimandrite de Chypre commande en ce moment un corps considérable dans l'armée de
Colocotroni, et un grand nombre de pappas sont
sous-officiers et même simples soldats. D'autres
ont adopté des états plus paisibles, quoique guère
moins contraires à leurs professions sacrées ; ils
sont boulangers, tailleurs, marchands et limo-
nadiers à Napoli de Romanie. Enfin il y en a
un petit nombre qui n'ont point avili leur caractère et dont aussi la constance a été ré-
compensée par l'estime et le respect de leurs
ouailles ; durant la présente guerre plusieurs
se sont laissés massacrer de la manière la plus
cruelle plutôt que de faire connaître le lieu où
le trésor de leur église avait été caché. Aussi les
Turcs connaissent-ils si bien l'influence des
prêtres sur les soldats dont ils entretiennent
l'enthousiasme, que chaque fois qu'ils peuvent
s'emparer de la personne d'un ecclésiastique ils
lui infligent des tourmens bien plus grands qu'à
ses compagnons de captivité. Les Grecs, qui ne
se font point d'illusion sur la décadence de leur
église, désirent ardemment une réforme parmi
ses serviteurs. Mais ils continuent à leur obéir
par respect pour le nom qu'ils invoquent ; ils
satisfont à toutes leurs demandes et gardent ri-
goureusement les jeûnes qu'ils prescrivent. Plu-

sieurs fois en voyageant dans la Morée il nous est arrivé d'offrir à nos conducteurs de partager nos repas sans pouvoir leur faire accepter la moindre chose. Pendant ces fréquens carêmes ils ne se nourrissent guère que de pain, d'olives et de limaçons : car le poisson est trop cher pour que le peuple puisse s'en procurer. On vend aussi des dispenses ; mais leur prix ne les met à la portée que des personnes riches ; du reste tous les rangs ignorent également les fondemens de leur croyance, et quelques livres sacrés ayant été depuis peu distribués parmi eux, ils furent lus comme des objets plutôt de curiosité que d'intérêt pour la vie à venir.

L'éducation est, ainsi qu'on peut le supposer, dans la situation la plus déplorable. Le nombre d'individus des classes inférieures qui savent lire ou écrire est infiniment petit. On a établi, à la vérité, des écoles dans plusieurs villages, mais le système d'instruction qu'on y a adopté n'est pas très-bon, quoiqu'il se rapproche de celui de l'enseignement mutuel. Tous les écoliers, à mesure qu'ils entrent, s'asseyent par terre, après avoir laissé leurs souliers à la porte, et commencent à lire haut en même temps dans des livres différens, tandis que l'un d'entre eux, placé au centre du cercle, observe leurs mouvemens et leur donne des coups de canne sous la plante des

pieds chaque fois que leurs yeux ou leur langue
restent oisifs. En attendant, le maître qui est assis dans un coin de la chambre, n'a autre chose
à faire qu'à prendre soin que le bruit se main-
tienne sans interruption, à seconder le moni-
teur, enfin à diriger l'attention de quelques élèves
plus avancés et qui sont chargés d'apprendre
l'alphabet aux plus jeunes. Quant au langage
des nouveaux Grecs, il a sans contredit éprouvé
de grandes altérations ; mais les principales consistent dans le changement des accens, dans la
prononciation des diphthongues et des consonnes
et dans l'adoption de quelques mots turcs ou italiens (1). Néanmoins une personne qui connaît
le grec ancien, dès qu'elle se sera accoutumée à la
prononciation, ne trouvera aucune difficulté à
parler au bout de quelques mois couramment
le langage moderne.

La littérature grecque moderne n'est ni variée
ni intéressante : la prose consiste en une immense quantité d'ouvrages de théologie, en quelques-uns sur la géographie, la grammaire, la
rhétorique et la philologie, avec un assez grand

----

(1) L'auteur oublie la manière de conjuguer et l'usage
septentrional des verbes auxiliaires, qui est le point dans
lequel le grec vulgaire diffère le plus de celui des anciens (T).

nombre de traductions d'auteurs européens ; la poésie est sans feu et sans harmonie ; elle se borne à des traductions d'Homère , à quelques pièces de théâtre et à des satires ; les chansons sont de deux espèces , kleftiques et érotiques ; parmi les premières les plus célèbres sont celles de Riga et quelques romances crétoises. Pour les autres, celles que l'on chante le plus fréquemment sont celles de Christopoulo, que l'on a surnommé l'Anacréon moderne ; mais ses vers, quoique d'un style fort agréable, ne peuvent se traduire parce qu'on n'y trouve pas de traits ni d'idées saillantes.

Trois journaux se publient maintenant en Grèce, le premier à Missolonghi, le second à Athènes et le troisième à Hydra, mais quoiqu'avantageux à la nation, leur utilité est encore bornée. On n'y trouve guère que les détails des événemens militaires, et vu le défaut de communication dans l'intérieur du pays, ces nouvelles mêmes n'arrivent dans les gazettes qu'après avoir été pendant long-temps répandues verbalement. L'établissement des postes est indispensable , ainsi qu'une instruction plus générale, avant qu'on puisse apprécier convenablement les bienfaits de la liberté de la presse. Aujourd'hui le journal d'Hydra ne se lit guère que dans les îles Ioniennes et en Europe ; il a fort peu d'abonnés dans l'intérieur du pays ; il faudra d'ailleurs de grands efforts de la part des amis de la presse pour assurer sa liberté. Dès à présent ses priviléges souffrent des atteintes en Grèce. Le rédacteur de la gazette d'Athènes a déjà été averti par le gouvernement de mettre plus de prudence dans ses critiques, et celui de l'Ami de la Loi d'Hydra est obligé de soumettre sa feuille à la censure de Lazzaro Conduriotti, président du sénat hydriote. Par bonheur le rédacteur sait précisément jusqu'où s'étend l'érudition du président, de sorte que, quand il veut exprimer quelques sentimens un peu plus libéraux que de coutume, il a soin d'y insérer plusieurs mots de grec littéraire, et Lazzaro, pour ne pas convenir de son ignorance, laisse passer l'article.

L'armée grecque est aussi singulière par les mœurs des soldats qui la composent, que par les règlemens qui y existent. Les commandans ou capitani sont des propriétaires ou autres personnes possédant une somme suffisante pour entretenir depuis dix jusqu'à cent cinquante soldats, et assez de crédit pour obtenir la permission de les enrégimenter. Mais ces commandans sont en général les hommes les plus méprisables et les plus grands ennemis de leur pays : car leur grade et leur crédit ne sont à leur yeux que des moyens de satisfaire leur avarice,

Le gouvernement fournit la solde et les rations de vingt-cinq mille hommes en Morée ; mais je ne crois pas que jamais les militaires effectifs sous les armes, aient surpassé la moitié de ce nombre, et les *capitani* portent toujours sur leurs rôles leur corps comme étant au grand complet ; ils mettent le reste de l'argent dans leur poche. **Le** gouvernement n'ignore pas les fraudes qui se commettent à cet égard, mais il est si fort dans les mains des *capitani* qu'il n'ose prendre de mesures coercitives pour réformer cet abus. Chaque soldat ou palikaro en rejoignant son corps doit se présenter muni de ses armes et de sa capote. Les premiers consistent en une paire de pistolets, un ataghan, un tophaïc ou fusil, et quelquefois un sabre. Cependant aucune loi, aucun règlement ne le retient sous les ordres de son capitaine ; il ne reste avec lui qu'aussi long-temps qu'il est bien payé et que le service lui plaît, et l'officier n'a aucun pouvoir de forcer ses surbordonnés à lui obéir ; aussi arrive-t-il tantôt que les soldats se réunissent tumultueusement autour du quartier de leur capitaine pour lui demander soit un arriéré dû , soit une augmentation de solde , et qu'ils le maltraitent jusqu'à ce qu'ils aient obtenu l'objet de leur désir ; tantôt qu'ils le quittent tous ensemble au moment d'une bataille pour aller veiller à la sûreté de leur famille ou célébrer une fête. Quant à leur manière de se battre, à moins d'une nécessité absolue, ils ne résistent jamais à leurs ennemis sans l'abri de leurs tambours ou retranchemens ; ou bien sans se cacher derrière un rocher d'où ils peuvent tirer sur leurs adversaires sans être aperçus. Les Turcs suivent à peu près le même système, de sorte qu'avant l'introduction des troupes réglées en Morée, une bataille devait offrir un spectacle assez curieux entre deux armées en quelque sorte invisibles. Ainsi caché derrière un rocher, ils attendent le moment où l'ennemi s'exposera ; quelquefois ils attachent leur bonnet à un rocher voisin pour pouvoir saisir l'instant favorable pendant que le Turc perd sa poudre contre la coiffure de son ennemi. Quand après cela le Grec veut changer de position, il guette le moment convenable, et saute lestement d'un rocher à l'autre en faisant étinceler son ataghan aux rayons du soleil pour éblouir les yeux de son ennemi, puis replaçant son bonnet sur un autre rocher, et se couchant par terre il recommence son feu. Parmi les Turcs qui habitaient la Morée, tous n'étaient pas aussi méchans qu'on se l'imagine, et il y en avait même dans le nombre qui avaient gagné l'amitié des Grecs. Il arrive assez souvent que deux anciens voisins se rencontrent : sortant de leurs cachettes, ils vont s'entretenir de leurs affaires particulières, après quoi ils retournent à leurs postes pour recommencer de part et d'autre à coucher en joue les compagnons de leur ami. Quand on est témoin de pareilles scènes, on se rappelle involontairement les dialogues des héros d'Homère, et il faut convenir que ces exemples des mœurs anciennes se rencontrent à chaque instant, et que l'on ne peut faire un pas sans se rappeler qu'on est en Grèce. Le langage, les coutumes, la versatilité, la turbulence, la superstition sont encore aujourd'hui ce qu'ils étaient au temps de Démosthène. Les habits même paraissent à peine être changés. Les Grecs portent encore les longs cheveux des καρηκωμόωντες d'Homère; et la juctanella, la machaira ou couteau à lame courte, et les guêtres brodées montrent qu'ils sont encore les mêmes εὔκνημιδες αχαιοί. Du reste je ne connais pas de portrait plus exact des Grecs que celui qu'en a tracé M. Hope, et je me flatte qu'on me pardonnera si je transcris ici un extrait de son célèbre roman d'*Anastasio*.

« Manoyeni prit un air pensif. Après un court silence il répliqua : Vous vous trompez, Anastasio, en croyant que le Grec de Constantinople soit différent du Grec de Chios. Notre nation est partout la même. Elle est à Saint-Pétersbourg, ce qu'elle est au Caire ; elle est aujourd'hui, ce

qu'elle était il y a vingt siècles. — Je parus étonné
à mon tour. — Ce que je viens de dire, continua
mon maître, est exactement vrai. Les objets environnans peuvent donner une nuance différente
au teint du Grec moderne ; son cœur est encore
ce qu'il était aux jours de Périclès. La crédulité, l'inconstance et la soif des distinctions, ont
formé de tout temps le fond du caractère grec ; elles
le forment encore et le formeront à jamais. Le
changement qui s'est fait dans l'apparence extérieure de la nation ne provient d'aucune révolution complète dans son humeur et dans son caractère ; mais seulement de la variété des moyens par
lesquels les mêmes penchans parviennent à se
satisfaire. Les anciens Grecs adoraient cent divi-
nités ; les Grecs modernes rendent hommage
à autant de saints. Les anciens Grecs croyaient
aux oracles et aux prodiges ; les Grecs modernes
ont confiance dans les amulettes et dans les
prédictions. Les anciens Grecs portaient de riches
dons aux autels de leurs dieux, pour en obtenir
ou des succès dans la guerre, ou la prééminence
durant la paix ; les Grecs modernes suspendent
de sales chiffons autour des sanctuaires de leurs
saints pour se guérir d'une fièvre tierce, ou pour
se rendre une maîtresse favorable. Les premiers,
ardens patriotes, étaient de souples courtisans
en Perse ; les autres bravent les Turcs à Maina

et les caressent au Fanar. D'ailleurs, chaque petite république de l'ancienne Grèce n'était-elle pas la proie des factions et des cabales, comme l'est aujourd'hui chaque communauté de la Grèce moderne? Le Grec moderne ne montre-t-il pas en toute occasion le même désir de commander, le même penchant à renverser ses compétiteurs par tous les moyens en son pouvoir, qu'ils soient ou non conformes à l'équité, que déployaient autrefois ses ancêtres? Les Turcs ne ressemblent-ils pas aux Romains dans leur respect pour l'esprit, et leur mépris pour le caractère de leurs sujets grecs? Et le Grec du Fanar, le cède-t-il à celui du Pirée en vivacité de conception, en facilité de paroles, en amour pour les discussions, les disputes et les sophismes? Croyez-moi, les différences mêmes que l'on peut remarquer entre les Grecs anciens et ceux des temps modernes proviennent de leur grande ressemblance, et de cette souplesse d'humeur et de facultés des uns et des autres, qui leur a toujours fait recevoir avec la même facilité toutes les empreintes, toutes les impulsions. Quand le patriotisme, l'esprit public, la prééminence dans les arts, les sciences, la littérature et la guerre, étaient le chemin de la gloire, les Grecs furent les plus ardens patriotes, les plus grands héros, les meilleurs peintres, poëtes et philosophes; aujourd'hui, que la ruse et la subtilité, la flatterie et l'intrigue peuvent seules les conduire aux grandeurs, ces mêmes Grecs sont.... ce que vous les voyez.»

Le trait le plus extraordinaire de la révolution grecque est peut-être celui que, se prolongeant déjà depuis cinq ans, elle n'ait pas encore produit un seul homme pourvu d'assez de talens pour prendre de l'ascendant soit au civil, soit au militaire. De là vient que ses armées et ses conseils sont conduits par des hommes d'une capacité ordinaire, et sont remplis d'intrigues, de factions et de dissensions, dont les résultats ont été extrêmement désastreux. Sans remonter plus haut que la dernière campagne, ces querelles ont été cause que la forteresse de Patras est encore dans les mains de l'ennemi. La nécessité de garder toutes les forces pour la réduire, après que la rébellion des Moréotes eut empêché de la prendre durant l'hiver, a été la cause de l'absence de la flotte au moment où les Égyptiens débarquèrent sans opposition à Navarin. Plus tard, la discussion entre les Roméliotes et les Moréotes, occasiona le départ des premiers du camp de Navarin, à une époque où leur présence devenait nécessaire pour paralyser les efforts de l'ennemi contre la place, et hâta bien certainement sa reddition. Ajoutez à cela, les hommes et l'argent qu'il a fallu sacrifier pour réprimer l'insurrection de l'hiver, la confusion et la désunion causée par les intrigues du parti français dans le gouvernement, enfin l'esprit d'animosité que de pareilles scènes ne peuvent manquer d'exciter, et vous aurez une légère idée des maux que ces dissensions ont causés dans le cours d'une seule année.

Au milieu de cette émulation envieuse, ou chacun ne cherche qu'à diminuer l'influence de ses collègues, pour se mettre lui-même à la tête de la législation, l'avidité avec laquelle les membres du gouvernement ont recherché la popularité leur a fait compromettre leur dignité ; et ce que chacun d'eux en particulier a gagné par ses intrigues auprès de la populace, tous ensemble l'ont perdu aux yeux de la nation. Les fautes de chacun ont été hautement publiées par ses rivaux ; et le peuple, en apprenant ainsi à mépriser ses chefs, cesse de respecter leurs personnes et d'obéir à leurs ordres. De sorte que le gouvernement, n'ayant aucun pouvoir sur les capitaines, ne pouvant compter ni sur la fidélité, ni sur l'affection des soldats, a fait jusqu'à présent des efforts inutiles pour rassembler une armée, ou même pour conserver sous les drapeaux les militaires réunis. Malgré le décret d'Epidaure qui abolit l'esclavage, il subsiste encore ouvertement, et des esclaves se vendent en public à Napoli et à Hydra ; la destruction du vaisseau et de la famille de Kriesi, ainsi que le honteux massacre qui s'en est suivi dans l'île, ont été le résultat de l'inobservation de cette loi salutaire. Mais ces exemples d'infractions aux ordres du faible gouvernement, quelques graves qu'ils soient, ne sont pas les seuls. Chaque jour en présente de nouveaux de la part de la marine, de l'armée ou de la populace. Sans cesse occupée de ces troubles intestins, les affaires de la nation sont négligées, et les oublis les plus inconcevables marquent l'indolence et l'apathie qui règnent dans les conseils. Bien convaincus de l'importance d'une poste aux lettres, pour communiquer dans l'intérieur du pays, et quoique la facilité de son établissement ait été clairement démontrée par le colonel Stanhope, on n'a cessé d'en parler sans jamais mettre le projet à exécution ; en attendant, le seul moyen de faire parvenir des dépêches est par des courriers, dont la marche à travers les montagnes est à la fois irrégulière et longue. Les lettres de Missolonghi n'arrivaient presque jamais avant le neuvième où le dixième jour, celles de Navarin le quatrième où le cinquième ; et la destruction des vaisseaux turcs à Modon, un des événemens les plus importans de la campagne, ne fut connu officiellement à

Napoli qu'au bout de huit jours. Le gouvernement n'est pas moins répréhensible pour la négligence qu'il met à munir de garnisons et à ravitailler ses plus importantes positions et forteresses : témoin la prise de Sphactérie et de Navarin, et l'imminent danger qu'a couru Missolonghi. On dit que Napoli de Romanie est maintenant bien approvisionné, mais ni Corinthe ni Monemvasia ne sont en état de défense, quoique cette derniere place ait été menacée il n'y a pas long-temps par l'approche du pacha.

Les promesses du gouvernement ne sont jamais scrupuleusement observées, de sorte que les officiers et les employés ne cessent de se plaindre de ce qu'ils ne sont pas payés avec exactitude ou de ce que leurs traites sont protestées. Mais la mauvaise foi retombe sur elle-même. Quand Ibrahim-Pacha retint prisonniers, malgré la capitulation, Iathracki et les autres commandans de Navarin, il s'appuya sur l'exemple que les Grecs lui avaient donné en refusant de renvoyer le pacha de Napoli. Ainsi, factieux et mécontens entre eux, méprisés et mal secondés de leurs subordonnés, l'administration des membres du gouvernement n'a été marquée, pendant l'année qui vient de s'écouler, que par une anarchie et une faiblesse continuelles, et ils ont fait infiniment plus de mal que de bien à leur pays.

Je ne vois aucune raison de douter que la révolution grecque ne réussisse tôt ou tard. Car
d'un côté, la haine entre les Grecs et leurs
ennemis, est maintenant poussée à un tel point,
qu'il n'est pas possible qu'ils se réunissent de
nouveau sous le même gouvernement; et de
l'autre, l'intérieur de la Morée offre aux premiers des montagnes inaccessibles où ils seront
toujours en état de se maintenir contre des forces
ennemies quelque nombreuses qu'elles soient.
Mais, quant au succès immédiat de cette révolution, il faudrait, pour le rendre possible, de
bien grands changemens. Le premier devrait
être le renvoi de la horde factieuse et intrigante
qui compose aujourd'hui le corps exécutif, et
qui remplit la plupart des places de confiance;
ensuite la réunion des intérêts sous un nouveau
gouvernement, formé de quelques hommes
dont les principes, l'activité et le patriotisme seraient connus, et je suis convaincu qu'on en trouverait encore au besoin en Grèce. Enfin, l'adjonc-
tion d'un homme de mérite et d'une intégrité
à toute épreuve, qui prendrait la direction des
opérations militaires, et dont les connaissances
et le caractère lui assureraient une supériorité
naturelle et marquée sur les autres chefs, tandis que le paiement des troupes, enlevé aux
infâmes capitani et placé sous sa direction,

lui concilierait l'attachement de l'armée, et lui donnerait de nouveaux droits à son obéissance. Un tel homme mettrait un frein aux dissensions civiles, et tiendrait en respect la turbulence des capitani. Le gouvernement n'ignore pas que cet homme existe, où il est, et à quelles conditions il peut obtenir de ses services ; il n'a cependant fait aucune démarche pour y parvenir, et cette conduite prouve clairement qu'il n'est guidé que par l'ambition et par l'intérêt personnel.

Il est pourtant évident que cette mesure est la seule au moyen de laquelle il serait possible de remédier aux abus énormes qui existent dans l'état militaire des Grecs, et qui deviendront sans cela pour eux la source des plus grands malheurs. Les soldats, sentant leur infériorité, sont saisis de terreur à la seule vue des ennemis. Un capitano, parlant dernièrement de l'état où se trouve le moral de l'armée, observa que l'effroi des militaires n'avait rien d'étonnant. «Ces Arabes, dit-il, font la guerre d'une manière qui nous est tout-à-fait inconnue : ils s'avancent en carrés réguliers ; et se tiennent si droits, qu'on dirait que les boulets ne peuvent pas les atteindre. Ils se jettent ensuite sur les Grecs avec des baïonnettes longues comme ceci (en étendant ses bras dans toute leur longueur) au bout de leurs tophaïcs. Quel soldat pourrait soutenir une attaque de cette espèce ? »

Il est pourtant vrai de dire que depuis les malheurs qui ont signalé cette campagne, les Grecs commencent à sentir la nécessité de la discipline. Les rangs des troupes réglées se remplissent; déjà ce corps se compose de plus de douze cents hommes, et il augmente journellement, tandis qu'autrefois une recrue solitaire venait de temps à autre se présenter pour y servir. Du reste, l'ancien commandant Rhodios n'était nullement capable de donner aux soldats une juste idée de la discipline militaire, et les choses ont bien changé de face sous le colonel Fabvier. Ces hommes, qui autrefois étaient querelleurs, mal tenus, sales et méprisés, tiennent maintenant leurs uniformes, qui sont bleus à revers blancs, dans une propreté parfaite, et leurs armes dans le meilleur ordre. Leur discipline est bonne, et leur conduite exemplaire.

Le peu de remarques que j'ai pu faire sur l'état de la flotte m'ont convaincu qu'elle exige comme l'armée, une réforme prompte et complète. On peut dire que les espérances de la Grèce reposent principalement sur ses forces navales. Leurs succès ont été brillans, mais ils ont été dus en grande partie aux brûlots, et l'efficacité de ce moyen paraît diminuer. Quelque mauvais marins que soient les Turcs, il est impossible qu'ils ne trouvent tôt ou tard un moyen de s'en garantir, et il est remarquable que *toutes les tentatives faites cette année contre les Egyptiens ont échoué.* Les Grecs n'ont pu empêcher un seul débarquement de troupes, ni intercepter une seule expédition, quoiqu'ils y aient sacrifié un grand nombre de brûlots. Il n'est pas nécessaire de chercher à démontrer que les Grecs avec leurs petits bricks ne sont pas assez forts pour s'opposer à leurs adversaires ; il y a long-temps qu'il est question d'équiper des frégates ; mais jusqu'à présent elles n'ont point paru : cependant il leur suffirait d'en avoir deux ou trois avec un bâtiment à vapeur pour remorquer leurs brûlots dans les calmes, et leurs ennemis ne pourraient plus tenir la mer contre eux. En attendant, pour que ces améliorations mêmes puissent offrir toute l'utilité dont elles sont susceptibles, il faut qu'une discipline exacte soit établie dans les équipages, et parmi les capitaines eux-mêmes ; il faut que les dissensions des différentes îles disparaissent dans un esprit d'union et de coopération générale.

La marine grecque doit garder plus de mesures envers les nations étrangères, en cessant d'abuser comme elle le fait, du droit de recherche ; il faut qu'elle réprime les pirateries des insulaires, car il n'est pas à croire que les puissances de l'Europe se soumettront toujours tranquillement à des insultes et à des agressions pareilles.

L'approvisionnement et les manœuvres des vaisseaux grecs exigent de grandes améliorations. Pendant le peu de temps que je suis resté à bord du brick de Miaoulis, c'est-à-dire en moins de quatre semaines, il a été obligé de se ravitailler trois fois, savoir : une fois à Mylo et deux fois à Vathico, au nord de Cythère. Quant à la manœuvre, quoiqu'actifs, les marins grecs sont négligens, leurs vaisseaux se heurtent continuellement et se causent ainsi les uns aux autres des avaries souvent irréparables. Ils mettent aussi fort peu de précaution dans la manière dont ils conservent leur poudre. Le lazaret, qui est sous la chambre du capitaine, leur sert de sainte-barbe ; tous les matelots y ont un libre accès par le moyen d'une trappe sur laquelle le capitaine et ses amis sont assis toute la journée, fumant leur pipe, sans songer qu'il suffirait d'une étincelle qui se ferait jour à travers les fentes de la trappe, pour faire sauter inévitablement le vaisseau. A chaque instant, des hommes sont tués ou grièvement blessés, parce que les canons, mal chargés, crèvent en mettant le feu à la poudre. Dans un tel état de choses, ce serait une folie que de confier la conduite d'une frégate à un pareil capitaine, avec un pareil équipage.

Je n'ai rien dit de la manière déplorable dont la justice est administrée. On y trouve la même corruption, la même négligence et la même confusion qui règnent dans tous les autres départemens. On peut dire que la Grèce est parvenue maintenant au plus haut point de désordre et de faiblesse; qu'elle succombe à ce mal, et qu'à moins de nombreuses réformes et améliorations, il est impossible qu'elle fasse un pas de plus vers sa délivrance. Heureusement qu'elle en a les moyens, dès qu'elle voudra les employer.

Dans les mains des hommes qui forment aujourd'hui son administration, ses fonds ne pouvaient être ni avantageusement, ni honorablement employés. Aussi, quand on sait tout l'argent que les Grecs ont reçu, on ne peut s'empêcher de se demander à quoi ils l'ont employé. L'armée se plaignant toujours que la solde est en arrière; la flotte exigeant une paie plus considérable; la population offrant un affreux tableau de pauvreté et de misère ; les remparts des places tombant en ruines; les batteries négligées et dépourvues de canons (1); en un mot, pas une trace

____

(1) On a commencé quelques travaux à l'acropolis

ne se montre de l'emploi de sommes si considérables. Malgré cela, si la Grèce adopte sans plus
de retard les améliorations nécessaires; si elle
réforme sa législature ; si elle corrige les défauts
de sa marine et de son armée ; si elle se laisse
guider par d'habiles et de fidèles conseillers, elle
pourra encore, même sans secours étrangers,
remplir les espérances de ses amis les plus ardens.

---

d'Athènes, mais qui ne peuvent pas avoir coûté plus
de 100 l. st. (A).

UNE VISITE AUX GRECS

DANS LE PRINTEMPS DE 1825,

PAR LE COMTE PECCHIO.

UNE VISITE AUX GRECS.

« C'est toi surtout, Albion, reine des mers, qui ne dois pas abandonner les enfans de l'Océan. » (*Byron.*)

Au moment où je quittai l'Angleterre, dans les premiers jours du mois de mars, tout promettait aux Grecs un plein succès. L'indépendance des républiques de l'Amérique méridionale venait d'être reconnue, et l'on se flattait, non sans une grande apparence de raison, que la Grèce ne tarderait pas à jouir du même avantage. Un second emprunt avait été contracté par son gouvernement, qui, à l'aide de ce secours, se voyait en état d'ouvrir la campagne avec vigueur. La dissolution de la compagnie anglaise du Levant délivrait en outre la cause des Grecs des obstacles qu'elle aurait pu trouver dans les intérêts d'un corps de marchands privilégié. Un comité français, composé d'un grand nombre de personnages distingués, s'était établi à Paris pour faciliter l'instruction de la jeunesse grecque, et ranimait en sa faveur la sympathie de la nation française. Enfin, le gouvernement avait triomphé de ses ennemis intérieurs. Je partis donc, bien convaincu que je serais témoin de la victoire définitive d'un peuple qui, depuis quatre ans, combattait pour sa liberté avec des succès variés. Mais mon pressentiment n'était qu'une illusion. La fortune de la Grèce changea tout à coup, et quand j'arrivai dans le pays, l'avenir offrait une perspective bien différente de celle que j'avais cru trouver; mes espérances se changèrent en craintes.

Après un voyage de cinquante jours, nous mouillâmes enfin dans le port de Napoli de Romanie. Cette ville est construite au pied d'un rocher gigantesque et escarpé, sur le sommet duquel reposent les châteaux de Palamide, qui semblent imprenables. Un palmier, bannière du climat, élève sa tête au-dessus de leurs tours crénelées. Argos et sa magnifique plaine gisent en face du golfe, et le sombre Taygète, couronné de neige, se montre sur la gauche. La perspective qui de tous côtés entoure Napoli de Romanie rend sa situation une des plus pittoresques du monde; mais du moment où l'étranger a posé le pied sur le rivage, son enthousiasme se refroidit, l'enchantement cesse. Les rues étroites, les maisons mal construites, l'air

épais et impregné d'une odeur fétide, lui inspirent une répugnance involontaire. Les incon-
véniens qui en proviennent sont si grands et si
nombreux, qu'il faudrait les travaux d'un Hercule pour les faire disparaître. C'est là une
des causes de la fièvre épidémique et meurtrière
qui a régné l'année dernière. Quand je débarquai, la maladie venait de cesser; mais nous
rencontrâmes encore plus d'un individu dont
les traits altérés et la face livide indiquaient qu'il
en avait été attaqué. Il est possible que cette
épidémie reparaisse avec les chaleurs, car le
gouvernement n'a pris aucune précaution pour
déraciner le mal. Les Grecs ont en quelque sorte
hérité du fatalisme des Turcs. Ceux-ci étaient
accoutumés à la peste, ceux-là s'habituent à
l'épidémie.

Napoli de Romanie, à cause de sa situation
et de son aspect, est surnommé le Gibraltar de
l'Archipel. Son apparence justifie cette épithète;
mais, quant à sa force, je crains qu'il n'en arrive
comme de Gibraltar dans les mains des Espagnols.
Quelques officiers qui l'ont visitée avec le coup
d'œil de l'expérience m'ont assuré que la place
était dans un état de défense déplorable. De plus,
elle n'a ni provisions, ni artillerie, ni ingénieurs.
Le petit nombre de canons montés ont des affûts
qui ne résisteraient pas à une douzaine de dé-

charges. Elle ne possède qu'un avantage, c'est que sa Palamide est commandée par le général Fotomara, qui a vieilli à la fois dans les armes et dans les sentimens d'honneur. Pour tous divertissemens, on n'a dans cette capitale que quelques mauvais cafés et quelques billards fendus ; une promenade du soir, sur une petite place, ombragée par un platane majestueux et hospitalier, et le plaisir de satisfaire une curiosité avide, sans cesse excitée par le récit de nouvelles et d'anecdotes. Les femmes, qui nous consolent de nos peines et nous dédommagent de nos privations, sont invisibles, car les hommes ne leur permettent pas de se montrer. Depuis plus de vingt-cinq siècles le beau sexe de la Grèce a été condamné, sous divers prétextes, à la captivité domestique. Les anciens Grecs, afin de conserver la pureté de leurs mœurs, les privaient en quelque sorte de la jouissance de l'air, en les emprisonnant dans le gynécée ; plus tard, les Turcs les ont renfermées dans leurs harems, et de nos jours, les Grecs, par jalousie, les tiennent éloignées de la société.

La population de Napoli varie selon les circonstances. On peut cependant regarder quinze mille âmes comme le nombre moyen des habitans. Il n'y a pas de doute qu'elle ne soit, en proportion de son étendue, la capitale la plus peuplée du monde : car les maisons sont si petites et tellement encombrées d'habitans , que l'on trouve trois ou quatre personnes dans chaque pièce.

Je voulus faire une visite aux membres du gouvernement. J'y réussis bientôt et sans aucune cérémonie , quoique je n'eusse personne pour me présenter. Ils sont accessibles à tout le monde et à toutes les heures du jour; ils ne sont point logés dans un palais. L'hôtel du gouvernement n'offre sur sa façade aucun des ordres d'architecture connus; mais en quel temps, en quels lieux la liberté a-t-elle eu un berceau d'or? C'est une fleur sauvage qui croît au milieu des épines et au bord des précipices. Pour arriver auprès des membres du gouvernement grec , il me fallut monter un méchant escalier de bois, et je les trouvai assis, ou , pour mieux dire, étendus sur des coussins qui formaient une espèce de sopha autour de la chambre. Leur costume, leur posture, l'immobilité de leurs physionomies, me firent d'abord croire que j'étais au divan. Le vice-président, signor Botazi, de Spezzia, assis les jambes croisées, comptait les grains d'un rosaire oriental. Les autres membres, vêtus d'un costume moitié grec et moitié turc, fumaient leurs pipes, ou imitaient

leur président. A Paris et à Londres, on soutient que les Grecs, n'étant plus des Turcs,
doivent, s'ils veulent entrer dans la grande société européenne, se dépouiller de leurs anciennes pratiques, et adopter les costumes et
les usages de la nouvelle famille qui s'empres-
sera d'accueillir en eux des frères. Ce sentiment
est louable, mais prématuré. Il n'est pas aussi
aisé de changer les habits et les costumes d'une
nation entière, que les décorations d'un spectacle de Paris ou de Londres. Quels travaux n'en
coûta-t-il pas à Pierre-le-Grand, pour couper
les barbes de ses Moscovites, et les renfermer
dans un uniforme prussien ! Le fait est que les
Grecs s'asseyent *à la turque,* et le feront encore
pendant bien long-temps ; qu'ils mangent du
pilau *à la turque ;* qu'ils fument dans de longues pipes ; qu'ils écrivent de leur main gauche ;
qu'ils sortent accompagnés d'une troupe de gens
armés ; qu'ils saluent, qu'ils couchent et qu'ils
flanent *à la turque.* De sorte qu'au lieu d'abandonner les usages de leurs oppresseurs, ils semblent, depuis la révolution, les suivre de plus près
encore. Ils se font un point d'honneur de porter
le turban garni de blanc, le rouge *papauchi,* et
en un mot, *horribile dictu!* de se couvrir du caf-
tan vert, trois choses sévèrement défendues
sous le despotisme des Turcs. C'est ainsi que,

par amour pour la vengeance et en signe de triomphe, ils prennent plaisir à faire tout ce que leurs tyrans leur défendaient, afin que l'esclave ne ressemblât point à son maître. D'ailleurs, le peuple de la Grèce est accoutumé à n'avoir de vénération que pour des habits couverts d'or, d'argent et de perles, tels qu'étaient ceux de leurs pachas, qui savaient le moyen de se faire respecter en ne marchant qu'accompagnés de l'exécuteur de leurs arrêts ; et dans tous ceux qui portent le costume européen, ce peuple ne voit que des vendeurs d'orviétan. Les femmes, qui se laissent toujours captiver par ce qui est brillant et magnifique, ne peuvent supporter l'aspect de notre simplicité, si mesquine en comparaison de la pompe orientale ; et cette préférence du beau sexe sera sans doute pendant long-temps un obstacle à tout changement dans le costume national.

Le gouvernement se compose de cinq membres et d'un secrétaire d'état. Le président et le secrétaire d'état étaient absens à mon arrivée ; ils s'étaient rendus au camp de Navarin. J'en parlerai plus tard. Botazi, vieillard encore frais, qui remplit les fonctions de vice-président, est un négociant de Spezzia, et passe pour le plus riche particulier de l'île ; il ne sait pourtant d'autre langue que le grec. S'il avait une plus grande habitude des affaires, il serait un excellent magistrat : car il jouit de la réputation d'un zélé patriote. Mavromicali, Spartiate, et membre de la famille de Petro-Bey, qui a fait les plus grands sacrifices pour la liberté de son pays, ignore aussi les langues étrangères. Il est peut-être versé dans les ruses de la diplomatie ; mais ses traits portent l'empreinte d'une noblesse de caractère qui ne s'est jamais démentie. Je n'ai pas eu occasion de faire la connaissance de Spigliotachi, autre membre du gouvernement, natif du Péloponnèse ; mais je n'en ai entendu dire ni bien ni mal. Enfin, Coletti est un chef de parti, qui réunit à beaucoup d'intelligence naturelle des connaissances tout-à-fait européennes. Il est né en Épire, et dans sa jeunesse il gagna l'estime d'Ali-Pacha, qui le soutint pendant ses études au collége de Pavie ; il fut ensuite médecin de Mouktar, fils d'Ali-Pacha. Il parle et écrit bien l'italien ; il affecte un costume plutôt turc que grec ; cependant, sous une gravité imperturbable et turque à tous égards, on distingue dans ses yeux la vivacité et la ruse d'un Grec. Sa démarche fière et composée ne permet pas de douter qu'il n'ait reçu son éducation dans le sérail d'un despote oriental.

Il serait inutile de parler des sept ministres, car ils n'exercent aucune autorité. Le gouverne-

ment ne les laisse jouir que d'un vain titre ; il
fait tout par lui-même, et ne reconnaît pas encore l'utilité de la division du travail.

Le corps législatif est très-mal logé. Bientôt
cependant, ses séances seront transférées dans
une mosquée que l'on a convertie en salle séna-
toriale. Le nombre des législateurs est de plus
de quatre-vingts ; mais il n'y en a que cinquante
de présens ; les autres sont chargés de divers
services extraordinaires. Il y en a plusicurs qui
s'habillent à l'Européenne. Le président Notara
jouit de la vénération générale, moins à cause
de l'ancienneté de sa noblesse, quoique sa famille soit peut-être une des plus illustres de la
Morée, qu'à cause de la candeur de son caractère. Tricoupi, de Missolonghi, est le plus éloquent de leurs orateurs. Quoique les partis soient
fort divisés dans l'assemblée, les discussions
ont été jusqu'ici conduites avec beaucoup de dé-
cence.

Le 24 avril, trois jours après mon arrivée à
Napoli, on reçut la nouvelle que l'armée grecque
de Cremidi avait été battue par les Égyptiens, et
qu'elle avait éprouvé une perte de cent quarante
hommes, au nombre desquels se trouvaient les
généraux Zafiropoulo et Xidi, et les colonels
Eleuteri et Cormoriti.

Pour donner de la clarté au récit des événemens dont j'ai été témoin, il est nécessaire que je fasse connaître ceux qui avaient eu lieu quelques mois avant mon arrivée, et qui avaient presque totalement changé la face de la Grèce.

Durant l'automne passée, les chefs de la Morée, Zaimi, Londo, Diliani et Sessini, désirant d'avoir part au gouvernement de l'état, demandèrent, les armes à la main, que les deux corps exécutif et législatif fussent renouvelés, d'après la convention, leur année d'exercice étant révolue. Colocotroni et quelques autres généraux se joignirent à ces chefs et consentirent à devenir leurs instrumens ; mais le premier, avec l'intention de s'emparer ensuite lui seul de tout le pouvoir. Le gouvernement, menacé dans ce moment sur plusieurs points par l'ennemi, ne crut pas qu'un pareil changement fût prudent ou même praticable. Il s'arma donc avec beaucoup de vigueur pour repousser une demande qui avait plutôt l'air d'une révolte que d'une réclamation. Il n'épargna ni argent ni caresses pour gagner les principaux commandans des Roméliotes et pour les engager à entrer dans la Morée. Le soin de cette expédition fut confiée à Coletti qui, par une activité inattendue, et par les expédiens les plus adroits, trouva moyen de vaincre, de disperser et de désarmer les insurgés, en forçant leurs chefs de se soumettre au gou-

vernement, à l'exception de Zaïmi et de Londo,
qui se réfugièrent hors de la Morée. Le gouvernement voulant ensuite profiter des troupes qui
se trouvaient rassemblées dans la Morée, et qui
montaient à sept ou huit mille hommes, résolut
de mettre sérieusement le siége devant Patras,
et de forcer enfin cette ville à se rendre. Le succès que Coletti venait d'obtenir contre les insurgés, et l'ascendant dont il jouissait sur l'esprit
des capitaines roméliotes, semblaient l'indiquer
comme la personne qu'il convenait le mieux de
mettre à la tête de cette entreprise ; mais ses rivaux, qui craignaient l'augmentation de son pouvoir et de sa réputation, cherchèrent à lui enlever une si belle occasion de se distinguer. Dans
l'intervalle, Ibrahim-Pacha, instruit des dis-
cordes civiles qui régnaient parmi les Grecs,
n'hésita point à profiter de l'occasion favorable
pour débarquer en Morée, dans l'espoir de surprendre Navarin (Neo castro). Vers le milieu de
février, il descendit à Modon avec quatorze mille
hommes de troupes réglées, et quelques jours
après il investit Navarin. Coletti, qui avec sa
promptitude accoutumée aurait pu s'opposer aux
Égyptiens, fut rappelé au sein du gouvernement,
et le président, qui n'avait aucune connaissance
du métier des armes, résolut de jouer lui-même
le rôle de général en chef. A son inexpérience,

il joignait une santé extrêmement délicate ; il perdit plusieurs jours à Tripolitza parce qu'il avait la fièvre, et ensuite il établit son quartier-général à quatre heures de marche du camp grec, distance trop considérable pour qu'il pût facilement diriger les opérations de l'armée. Il fallut donc qu'il déléguât son pouvoir à quelque autre général. Soit qu'il voulût éviter la rivalité qui existait entre les capitaines roméliotes, qui tous aspiraient au commandement suprême, soit qu'il penchât en secret pour un de ses compatriotes, le président choisit pour général en chef un capitaine hydriote, Scurti, qui n'avait aucune expérience du service de terre. Ce choix malheureux eut un résultat plus malheureux encore. Dans la matinée du 19 avril, les Grecs furent inopinément attaqués par les Égyptiens. Plusieurs des capitani roméliotes montrèrent dans cette journée une valeur remarquable, quelques-uns, emportés par leur courage, descendirent imprudemment dans la plaine ; Giavella était du nombre. L'ennemi, supérieur en cavalerie, en armes et en discipline, repoussa les Grecs sur plusieurs points et lui tua cent quarante hommes, dont quatre commandans.

Quand cette triste nouvelle parvint à Napoli, elle remplit tous les cœurs de consternation. Depuis la bataille de Pita, en 1822, où les Grecs

avaient eu deux cents hommes tués , il ne leur
était pas arrivé de faire une perte aussi considérable. Dans les autres combats, ils étaient accoutumés à ne perdre que dix, quinze, au plus
vingt soldats. Quand Marcos Botzari succomba,
il n'y eut que onze hommes tués avec lui. Un
soldat de Wagram ou de Waterloo rira peut-être
en entendant parler de ces batailles, comme
nous rions quand nous lisons, dans Homère, le
récit de la guerre des grenouilles et des souris ;
mais la destinée des nations ne dépend pas toujours du sang qui est versé. Quand les Athéniens
sauvèrent leur patrie à Marathon, ils ne perdirent que cent quatre-vingt-douze héros! Une légère perte a plusieurs fois, dans le moyen âge,
entraîné la ruine de quelqu'une des républiques
italiennes. Les batailles de Bolivar sont-elles autre chose que des escarmouches en comparaison
de celles de Napoléon? Cependant le résultat en
sera et plus durable et plus glorieux.

Cette défaite des Grecs fut d'autant plus hu-
miliante et plus décourageante, qu'elle fut sup-
portée par les Suliotes et les Roméliotes , qui
sont les troupes les plus distinguées de la Grèce.
Dans un pays dont la population est peu nombreuse, les combattans excitent plus d'intérêt
que dans les nations étendues. Chacun est au
fait de la topographie de la contrée ; les soldats

sont presque tous connus par leur nom ; leurs actions sont celles d'un voisin, d'un ami, d'un parent. Ce ne fut pas sans un vif intérêt qu'en accostant les divers groupes que je vis dans la rue, j'entendis en chacun d'eux vanter des prouesses particulières. Les Grecs n'ont rien perdu de leur ancienne loquacité, et j'éprouvais un bien grand plaisir en voyant revivre devant mes yeux ces scènes décrites par Démosthènes : cette multitude inoccupée, curieuse et bavarde, courant de toutes parts pour obtenir des nouvelles de Philippe.

J'avais le plus grand désir de remplir l'engagement que j'avais pris de remettre quelques lettres au président en personne, et en même temps, je n'étais pas fâché de me faire par moi-même une idée du théâtre de la guerre. Je profitai donc de la société du général Roche, qui était chargé d'une mission de civilité auprès du président. Ce général était envoyé en Grèce par le comité de Paris, aux membres duquel ce choix fait honneur. C'est un vieux soldat, à l'air martial, sensible, franc, aimable, comme sont la plupart des *vieilles moustaches* françaises. Je remerciai la fortune de m'avoir procuré un compagnon de voyage si utile et si agréable.

Entourés de dix palicari qui nous escortèrent sur la route, montés sur des chevaux efflanqués, suivis de six ânes ou mulets qui portaient notre bagage et nos domestiques, notre petite caravane entra dans Argos vers la brune. Cette capitale de l'ancienne et *vaste* monarchie d'Agamemnon est maintenant une ville qui contient au plus dix mille habitans. Ses rues sont larges et régulières; ses maisons, la plupart de bois, avec des portiques en saillie, sont d'une construction légère et élégante. Dans la révolution actuelle, les Turcs commencèrent sa destruction qui fut achevée par les Grecs; elle sort maintenant de ses ruines. L'éparque, ou préfet, accompagné de ses conseillers et des autres magistrats de la ville, nous menèrent voir, pendant qu'on nous préparait à souper, le lieu choisi pour la nouvelle université. Signor Warvachi, riche négociant grec, a laissé par son testament, pour cet objet, l'intérêt d'un capital de plus de 100,000 fr. La ville a acheté en conséquence le terrain d'un ancien bazar turc, dont il ne reste plus que les murs avec une fontaine au milieu. Mais quelle fut ma joie, en voyant une école d'enseignement mutuel, bâtie exprès par le gouvernement, et en activité depuis le mois de décembre dernier! Elle est distribuée d'après le modèle des écoles anglaises ; mais elle est trop petite pour les deux cents enfans qui la fréquentent. Attenant au local, se trouve une maison

pour le maître, qui a appris la méthode à Bu-
charest du signor Cleobulo, qui lui-même en
avait acquis, à ce que j'imagine, la connaissance
dans les écoles de Paris. Cette institution est
fréquentée par des garçons et par des filles, qui
sont séparés les uns des autres. Afin d'éviter l'inconvénient de les tenir dans le même local, et
afin que les filles puissent néanmoins recevoir
une éducation convenable, une dame de Scio
se propose de faire construire pour elles une
école à côté de celle des garçons, et déjà l'on
s'occupe des moyens de mettre ce projet à exécution. Je cite ici cette circonstance pour rappeler le souvenir des dames bienfaisantes d'É-
dimbourg, qui, d'après ce que j'ai lu dans les
journaux, ont témoigné la généreuse intention
de travailler à l'éducation des jeunes filles grecques. Nous vîmes, en outre, s'élever les murs
d'une église, que l'on construit sur les ruines
d'une mosquée qui elle-même avait jadis rem-
placé une église chrétienne, bâtie peut-être des
débris d'un ancien temple. Ainsi tourne la roue
de la fortune; le monde n'est qu'une destruction et une reproduction alternative, et les mêmes matériaux sont toujours mis en œuvre.

En revenant chez nous, une jeune fille nous
versa de l'eau sur les mains, ce qui nous rappela la description d'une coutume semblable

dans l'Odyssée. Après cette ablution, nous nous
assîmes les jambes croisées sur des tapis, autour d'une table sur laquelle on avait servi du
chevreau , de l'agneau , du pilau , du lait
caillé que l'on mêle avec le pilau, du fromage
frais de chèvre et des oranges. De temps à
autre, comme dans Homère, « de jeunes garçons
» attentifs remplissaient nos verres jusqu'aux
» bords. » Un jeune palicari présenta à tous les
convives une coupe d'argent pleine de vin. Nous
bûmes à l'indépendance de la Grèce ; puis, ayant
de nouveau lavé nos mains, nous nous levâmes,
et la même jeune fille étendit sur le tapis des
peaux et des couvertures qui nous servirent de
lit. « En attendant, dit Homère dans l'Iliade,
» les esclaves d'Achille préparèrent un lit de peaux
» de mouton, de tapis et de linge fin ; ce fut là
» que le vénérable Phœnix se livra au plus doux
» sommeil, jusqu'à ce que l'aube sacrée eût ra-
» mené le jour. »

Si je cite Homère , ce n'est pas pour faire une
vaine parade de ma science, mais pour montrer au lecteur combien la Grèce a conservé de
ses anciennes coutumes à travers les siècles, les
invasions, les conquêtes, les calamités et les
vicissitudes de la fortune.

Le lendemain de grand matin nous partîmes
pour Tripolitza. Je saluai le château d'Argos,

situé sur le sommet d'une montagne isolée qui domine la ville. Je le saluai d'autant plus cordialement, qu'il avait, en 1822, arrêté la marche de l'armée de Reschid-Pacha. Le gouvernement grec, sans se rappeler les services de ce château, le néglige et le laisse tomber en ruines; il périt, comme autrefois Aristide, au sein de l'abandon.

Après un voyage peu agréable de neuf heures, nous arrivâmes à Tripolitza, qui est située au fond de la belle plaine du même nom. Nous fûmes étonnés de voir devant la porte une foule de peuple, et une longue file de palicari; et notre surprise augmenta quand nous aperçûmes un cavalier en turban, richement vêtu, et qui s'approchait de nous au grand galop sur un cheval turc. Il ressemblait à l'un de ces Abencerrages qu'on nous décrit dans les guerres de Grenade. Bientôt nous découvrîmes que toutes ces cérémonies faisaient partie de l'hospitalité que les habitans de Tripolitza voulaient témoigner au général Roche. Le cavalier qui venait au-devant de nous était le colonel Xidi, commandant de la place et frère du général tué dans la bataille du 19 avril. Quand il fut près de nous, il déchargea ses deux pistolets, après quoi il nous fit le salut grec, en posant sa main droite sur son cœur. Le général témoigna beaucoup de regret de la mort de son frère. Le colonel, d'un air plein de grâce, répondit : « Les Grecs se trouveraient trop heureux de mourir d'une telle mort. » Nous entrâmes dans la ville au milieu d'une grande foule de peuple, et nous logeâmes dans la maison du ministre de l'intérieur, qui est du petit nombre de maisons turques de Tripolitza qui n'a point souffert de la fureur et de la vengeance des Grecs. En regardant autour de moi, je vis çà et là des monceaux de ruines. Le sérail ou palais du pacha, qui résidait avant la révolution dans cette capitale de la Morée, est rasé jusqu'en ses fondemens, ainsi que le harem, les bains et la mosquée qu'il renfermait dans sa vaste enceinte. Les cimetières turcs ne se sont pas ressentis de la vengeance des Grecs. Tripolitza commence à se repeupler et à sortir de l'état déplorable où l'avait plongée le sac des Grecs en 1822. Quand cette ville était encore la capitale de la Morée, on y comptait de trente-cinq à quarante mille habitans. Dans ce nombre, il n'y avait que trois mille Grecs; tous les autres étaient des Turcs ou des renégats. Maintenant la population est de quinze mille âmes, à cause des personnes qui y affluent de toutes parts, afin d'y chercher une retraite. Pour 1,000 piastres, on peut acheter à Tripolitza une maison et un jardin, dans un superbe climat, un air sain et une situation délicieuse. La ville est située à l'extrémité d'une vaste plaine, entourée de montagnes et au milieu des ruines de Tégée, de Mantinée et de Pallantium. Peut-être même doit-elle son origine aux débris de ces trois villes, ainsi que son nom semble l'indiquer. Elle n'est pas forte et hors d'état de soutenir un siége. Elle est ceinte d'un rempart, garnie d'échauguettes et flanquée de tours, que les Turcs avaient élevées pour se défendre contre les incursions des *Klephti* (voleurs) qui habitent les montagnes voisines; ce qui n'empêcha pas qu'avant la révolution, Colocotroni n'y entrât quelquefois par surprise, en dépit de ses murs. En 1822, la ville soutint un siége; elle avait pour garnison neuf mille Turcs et trois mille Albanais. Les Grecs n'avaient pour l'attaquer qu'un rassemblement de paysans armés d'instrumens d'agriculture, de bâtons, de quelques milliers de mousquets, et d'un très-petit nombre de canons.

Les Grecs ont appris des Turcs l'art de perdre le temps. En Grèce les visites commencent à sept heures du matin. Tous ceux qui se regardent comme des gens comme il faut croient remplir un devoir et exercer un droit en allant voir tous les étrangers de distinction. Aussi le lendemain de notre arrivée, dès sept heures,

notre chambre turque, décorée de vitraux peints
et couverts de versets du Koran, les murs ornés
d'arabesques et le plafond enduit d'un vernis
vert ressemblant à l'émeraude, se remplit de
personnages sérieux, graves et silencieux, qui
après avoir touché leurs cœurs de la main droite,
s'assirent par terre en cercle, burent une petite
tasse de café et fumèrent la pipe que leur hôte ne
manqua pas de leur offrir. Les jours d'audience
des souverains de l'Europe sont moins absurdes
et moins tristes que ces visites de cérémonie
dans le Levant.

Au bout de quelques heures, nous allâmes,
selon la coutume du pays, rendre des visites à
ceux qui nous avaient honorés de leur grave et
silencieuse présence. Nous trouvâmes le colonel
Xidi dînant avec quelques autres militaires, dans
une chambre tapissée des plus belles armes
turques, de selles brodées et d'autres objets
appartenant à un équipage de guerre. Contre le
mur était suspendu un cimeterre turc à poignée
de vermeil qui avait appartenu au général Xidi,
et qui valait au moins cent guinées. La richesse
des armes est une véritable passion, chez les
Grecs comme chez les Turcs; on en fait des collections aussi précieuses à leurs yeux, que l'est
aux nôtres une galerie de tableaux, d'antiques
et de médailles. On voyait aussi un grand re-

liquaire de vermeil entouré de corail et de fran-
ges d'or, que les capitaines grecs suspendent à
leur cou au moment où ils vont combattre l'ennemi. Saint Démétrius , saint Constantin et
sainte Hélène, accordent aux Grecs modernes
la même protection à la guerre que Mars , Apol-
lon et Vénus donnaient à leur ancêtres. La bannière du défunt était roulée en signe de deuil ;
sur la pointe étaient tracés ces mots : « Dieu !
Patrie ! Espérance ! Charité ! » La bannière
est une lance avec un cœur long sortant d'une
boule, sous laquelle sont les armes de la croix.
On nous montra dans un groupe de Roméliotes
qui nous regardaient attentivement le brave
soldat qui dans la bataille avait sauvé cet étendard en courant pendant plusieurs heures,
poursuivi par la cavalerie de l'ennemi. On nous
indiqua aussi un jeune homme, âge de quatorze ans, qui ne voulut pas abandonner le
général lorsque celui-ci tomba mortellement
blessé. Le général lui ordonna de se sauver ;
mais, au lieu d'obéir il se cacha dans un creux,
tua un Égyptien qui passait, et lui prit son mousquet, qu'il emportait pour lors avec lui en Romélie comme un trophée. A quelques pas de
l'appartement nous vîmes, étendu par terre, un
soldat blessé, qui avait vainement fait les plus
grands efforts de courage pour emmener son

général hors de l'atteinte des ennemis. Le colonel s'attrista beaucoup en se livrant à de douloureux souvenirs ; et en prenant congé de nous, il nous dit qu'il ne vivait que pour venger son frère.

Parmi ceux qui nous firent des politesses à Tripolitza, je ne dois pas oublier le prince Démétrius Ypsilanti, qui nous accueillit avec cette amabilité qu'il montre à tous les étrangers qui lui sont présentés. Il est chauve, petit et grêle ; mais quoique la nature ne l'ait pas doué d'un air martial, on m'a assuré qu'il ne s'en est pas moins toujours montré intrépide à la guerre. Il a adopté le costume européen, et il parle bien français ; il a été autrefois major au service de Russie, et se rappelle encore ce pays avec quelque intérêt. Après avoir combattu pour la liberté de sa patrie pendant les deux premières années de la révolution, il a vécu pendant les deux dernières à Tripolitza, loin des affaires publiques. Quels que puissent être ses motifs de mécontentement, Solon ne lui aurait pas pardonné une telle neutralité. En quittant la table, qui avait été couverte de mets turcs, quelqu'un me dit à l'oreille : « Le prince a le palais turc, la tête russe et le cœur grec ! »

Le lendemain on annonça que les Roméliotes et les Suliotes, qui avaient fait partie du camp

de Cremidi, avaient abandonné l'armée et cam-
paient près de Tripolitza. En effet les chefs de
ces troupes, offensés de la préférence que le
président avait montrée à l'Hydriote Scurti en
lui donnant le commandement général, pour les
conduire à la honte et à la mort, et poussés par
la faction contraire au président et à Mavrocordato, ne voulurent plus combattre sous les ordres
du premier, et résolurent de retourner dans la
Grèce occidentale, pour défendre leurs foyers.

Ayant lu dans l'excellent recueil de chansons
grecques de M. Fauriel, les prouesses presque
fabuleuses de cette race guerrière, je brûlai de
curiosité de faire connaissance avec ces hardis
montagnards qui, plutôt que de demeurer avec
les Turcs, préféraient *habiter avec les bêtes
féroces dans leurs solitudes et au cœur des montagnes* (1).

La première personne que j'allai voir avec le
général Roche, fut le général Giorgio Caraiscaki, originaire d'Arta. Il habitait une maison
peu distinguée, hors de la porte d'Argos. Il
était assis sur un tapis, et ses habits étaient magnifiquement brodés d'or et d'argent. Au mur était
suspendu son mousquet couvert d'arabesques
d'argent ; la chambre était remplie de soldats

---

(1) Canzone dello Sterghios (A).

dont une troupe accompagne partout leur général. Caraiscaki était avant la révolution un
klepht de profession ; il est de taille moyenne ,
son air est sec, sa physionomie rusée, et il est
prompt à la réplique. Le général Roche , à l'aide
d'un interprète , commença une discussion sur
divers sujets politiques. Notre hôte, avec un
ton ironique et beaucoup d'adresse , plai-
santa sur les sujets les plus délicats. Le général lui ayant demandé s'il croyait avantageux
que l'assemblée nationale du mois d'octobre pro-
chain prolongeât la durée du gouvernement
d'un an à cinq, il répondit : « Des soldats ne
doivent pas s'occuper de pareilles questions ;
leur devoir est d'obéir. » — « La dernière bataille
vous ayant démontré, reprit le général, la supériorité de la discipline européenne sur le simple courage, ne croyez-vous pas qu'il serait avantageux à la Grèce d'employer un corps de troupes
américaines pour les opposer aux troupes régulières d'Ibrahim-Pacha? » — « Je le crois en effet,
reparti le rusé klepht, mais je crains que la
Grèce ne soit pas en état de les recevoir et de
les traiter comme elles sont traitées en Europe.»
Le général continua : « Ne croyez-vous pas que
le gouvernement ferait bien de pardonner à Colocotroni et de le replacer à la tête de l'armée
dans la crise actuelle? » A ces mots un vieux

guerrier qui se trouvait à côté de moi dit : « Mal_
heur à la nation dont la fortune dépend d'un seul
homme! Il vaut mieux périr que de dépendre d'un
seul homme! » Celui qui prononça cette opinion,
digne de l'antiquité, était Gioia Pano, de Suli,
lieutenant-colonel. Il avait servi long-temps
dans un régiment albanais, autrefois au service
de l'Angleterre, et s'était trouvé à Gaëte, lors
du siége de cette place par Masséna. Le général
Roche, ayant appris cette circonstance, lui tendit
la main en disant : « Si nous avons été ennemis
autrefois, soyons amis aujourd'hui ; j'étais dans
l'armée qui assiégeait Gaëte. » Cet aveu inat-
tendu fit naître un sourire de complaisance sur
les physionomies austères qui nous observaient.
La taille de grenadier du général et ses manières
franches plurent à ces sauvages soldats.

La seconde visite que nous fîmes fut chez
Giavella. Chiccio Giavella, de Suli, est le fils de
Foto Giavella, l'un des plus ardens et des plus
courageux patriotes de son pays. Quand les
Suliotes songèrent à traiter avec Ali-Pacha,
Foto-Giavella mit le feu à sa maison, préférant
la voir réduire en cendres que profanée par
quelque satellite d'Ali. Chiccio, à l'âge de quatorze ans, demeura comme otage pour son
père dans les mains d'Ali-Pacha. Quand Veli,
fils d'Ali, lui dit qu'il n'attendait plus que les

ordres du pacha pour le brûler vif, son père
n'ayant pas rempli la promesse qu'il avait faite
de ratifier une capitulation honteuse pour ses
concitoyens, il répondit : « Si vous faites cela,
mon père tuera vos Albanais, et peut-être qu'il
viendra vous prendre avec votre père et qu'il
vous brûlera à votre tour. » Ce jeune homme
a maintenant trente ans ; il est d'une taille
moyenne, il a les yeux vifs et un courage impétueux. Dans la bataille du 19, il manqua par
sa témérité d'être écharpé par la cavalerie ennemie. Son costume et ses armes étincelaient d'or
et d'argent. Sa *pesgli* (veste) était de velours
vert, et brodée en argent. Les armes et les habits
d'un capitano coûtent souvent plus de dix mille
francs. Le général lui demanda aussi s'il croyait
qu'un corps de troupes régulières fût nécessaire
en Grèce. Il répondit qu'il en était plus convaincu que jamais, surtout depuis la fatale expérience qu'on avait faite dans la dernière bataille. Le général observa qu'il avait suggeré au
ministre de la guerre, Adam Ducas, l'idée d'organiser en Grèce une garde nationale, divisée
en corps actif et en corps de réserve, comme il
en existe dans plusieurs états de l'Europe. Giavella repartit qu'il regardait aussi cette institution
comme utile, et qu'il la recommanderait au ministre.

Un peintre aurait pu faire le portrait de Constantin Botzari quand nous allâmes le voir à son bivouac. Il se tenait sous un grand peuplier; ses guerriers étaient tous rangés debout autour de lui. On ne voyait sur sa personne ni or ni argent. Son costume était aussi simple et aussi modeste que son caractère. Sur son *pesgli* de drap bleu clair, il portait une capote blanche de peau de bouc à longs poils, qui est la capote ordinaire des Suliotes. Accoutumés à distinguer le commandant de ces troupes par la richesse de ses habits, nous le cherchions encore quand il était devant nous. Un tapis étendu sur le gazon, pour qu'il pût s'asseoir commodément, était la seule marque distinctive qu'on eût accordée à son grade. Un profond silence régnait dans cette assemblée de guerriers immobiles. Botzari fumait tranquillement; son accueil fut froid, mais obligeant. Il est de Suli, et frère de Marco Botzari, le Léonidas de la révolution grecque. Quoique petit, il a les membres forts et robustes, et l'on dit qu'il ressemble à son frère. De tous les noms qui subsistent encore de la colonie martiale des Suliotes, c'est celui de Botzari qui leur est le plus cher. Ses soldats sont presque tous Suliotes. Le général Roche lui annonça que le comité français avait choisi le fils de son frère Marco pour le faire élever en France. Botzari répondit qu'il était reconnaissant de ce que le comité voulait faire, et qu'il désirait que son neveu pût s'instruire.

LE GÉNÉRAL. — Êtes-vous versé dans l'histoire des anciens Grecs et dans leurs gestes?

BOTZARI. — Nous n'avons pas lu leur histoire, mais nous l'avons entendu raconter.

LE GÉNÉRAL. — La carrière que vous suivez vous procurera de l'honneur parmi vos contemporains et l'immortalité dans la postérité.

BOTZARI. — Le seul but de nos actions est le bien de notre pays.

LE GÉNÉRAL. — La mort de votre frère sera toujours un souvenir glorieux pour les Grecs.

BOTZARI. — Tous les Grecs désirent une mort comme la sienne.

LE GÉNÉRAL. — Y a-t-il parmi les Suliotes quelqu'un qui porte le nom d'un illustre ancien? A cette question, un cousin de Botzari qui se trouvait derrière lui répondit d'un ton résolu : — C'est le cœur et ce n'est pas le nom qui fait le héros.

LE GÉNÉRAL. — Seriez-vous bien aise d'avoir un roi en Grèce?

BOTZARI. — Je pense qu'un roi serait à désirer pour la Grèce dans la circonstance actuelle.

Le général avait fait la même question à plusieurs autres chefs, et tous avaient répondu comme Botzari. Je ne sais, à vrai dire, si l'on peut se fier à la sincérité de ces réponses, et si les capitani ne montraient pas une trop grande condescendance, soit par politesse, soit par dissimulation.

Constantin Botzari, ainsi que je l'ai déjà observé, est l'idole de ses compagnons d'armes. Dans la dernière affaire du 19 avril, ils l'ont sauvé au prix de leur sang. Il avait été démonté par un officier égyptien qui était sur le point de le faire prisonnier. Aussitôt ses soldats et ses parens, honteux de perdre leur capitaine, se décident à le sauver à tout prix. Ils lui font un rempart de leurs corps, ils combattent en se retirant, ils le poussent devant eux, ils le portent pendant près d'un mille. Quand l'ennemi les presse, ils lui tiennent tête; ils combattent, ils tombent, ils se remplacent, et finissent par emporter leur chef, après avoir laissé dix-sept morts sur la place. Ils reprennent son cheval et s'emparent encore de douze chevaux appartenant à autant d'ennemis qu'ils avaient tués. Dans ce combat, qui rappelle ceux de l'Iliade, six frères, parens de Botzari, périrent pour sauver sa vie et l'honneur des Suliotes.

En prenant congé de nous, Constantin Botzari nous baisa sur la bouche. C'est le salut d'amitié le plus tendre que l'on puisse donner en Grèce. J'avais toujours cru que les peintres italiens, en représentant les traits de l'histoire romaine, exagéraient les formes et le teint qu'ils prêtent aux soldats romains. Ces traits sévères, ces membres athlétiques, cette chair rembrunie me paraissaient bien chargés. Cependant, après avoir vu les Roméliotes et les Suliotes, je me suis convaincu que ces tableaux sont conformes à la nature. Les Roméliotes et les Suliotes sont les hommes les plus beaux et les plus robustes que j'aie vus. Leur peau, toujours exposée au soleil, est absolument de la couleur du bronze. Leur poitrine est large comme une cuirasse. La nature leur a donné en outre de superbes cheveux qu'ils laissent retomber sur leurs épaules, et qui feraient un bien plus bel effet encore, s'ils n'avaient adopté la coutume de se raser les tempes. Les Grecs ont toujours eu une prédilection singulière pour une abondante chevelure. Au nombre des épithètes qu'Homère donne à ses compatriotes se trouve celle de *Grecs aux cheveux blonds*.

. La plus grande partie des Suliotes naissent et meurent soldats. Depuis l'enfance ils portent à leur ceinture des pistolets et un sabre qu'ils ne quittent jamais. De même que les autres soldats de la Grèce, ils sont obligés de fournir eux-

mêmes leurs habits et leurs armes. Leur paie
consiste en une ration de pain et douze paras
par jour pour leurs provisions, et vingt-cinq
piastres par mois pour le reste de leur dépense.
Ils n'ont ni tentes, ni lits, ni aucune espèce
d'abri. Leur capote est leur matelas, une pierre
leur oreiller, leur toit un ciel toujours serein.
Pendant le cours d'une campagne entière ils ne
se déshabillent ni ne changent de chemise.
Aussi sont-ils d'une malpropreté horrible ; mais
leurs armes sont toujours claires et brillantes.
A leur réveil, leur première pensée est de les
polir et de les mettre en ordre. Ils aiment à la
folie des armes richement ornées, et l'or et l'argent qui y brillent offrent un singulier contraste avec leur linge noirci. Du reste, ils n'ont ni
valise ni havresac où ils puissent rien renfermer.
Bien construits sous tous les rapports , ils sont
forts comme des lions, et agiles comme des boucs.
J'ai vu les fiers grenadiers de Napoléon et je connais les superbes gardes anglaises ; mais il me
semble que les Suliotes surpassent les uns et les
autres. Leur marche, leur maintien est tout-à-
fait théâtral. Ils se battent toujours en tirailleurs.
Chacun choisit son poste. Ils ne sont pas accoutumés à combattre exposés. De même que les
anciens qui se couvraient toujours de leurs bou-
cliers, ils se couchent à plat-ventre derrière un

rocher qui les protége et les rend invulnérables, tant ils ont d'adresse pour s'y tenir et pour charger et décharger leurs armes. Afin de tromper leurs ennemis, ils ont l'habitude de placer un bonnet rouge à quelque distance de l'endroit où ils sont cachés. Ils n'ont pas l'habitude de faire des retranchemens ; quand ils veulent se battre en corps et se fortifier, ils forment un *tambour*, c'est ainsi qu'ils appellent un lieu entouré d'un petit parapet de pierres, derrière lequel ils font sur l'ennemi un feu pour l'ordinaire très-meurtrier, car ils savent fort bien tirer. Le général Carratazzo, posté le 17 avril dans un de ces tambours, fit mordre la poussière à plusieurs centaines d'Égyptiens qui voulaient le forcer dans sa position.

On dit que les Suliotes ne font jamais que trois décharges de leurs mousquets, et cela presqu'à bout portant, après quoi ils les jettent, ainsi que leurs capotes, et tombent sur les ennemis le sabre à la main : car ils se servent du sabre au lieu de *l'ataghan*, qui est l'arme des soldats de la Morée. S'ils ne réussissent pas, ils perdent leurs fusils et leurs capotes. Les Roméliotes et surtout les Suliotes regardent comme un très grand malheur de perdre leur capitaine, n'importe comment ; de sorte que, dans un combat, ils ne lui permettent presque jamais de

s'exposer, et ils s'efforcent de le mettre à l'abri
de tout danger. Du reste ils suivent ou aban-
donnent leurs chefs selon leur bon plaisir. Aucune peine, aucun déshonneur n'est attaché
à cette désertion : car ce n'en est réellement
pas une : ils ne font que quitter un drapeau pour
s'enrôler sous un autre. Si l'on voulait comparer
ces soldats aux anciennes compagnies de *condottieri* italiens ou aux *guerillas* espagnoles, on ne
s'en ferait pas une très-juste idée. Ils ressemblent
plutôt aux anciens *clans* écossais. Les membres robustes de ces guerriers et leur costume
rendent cette ressemblance encore plus parfaite. Dans la Romélie, le commandement ré-
side dans certaines familles qui l'ont mérité par
leur valeur, et se transmet pour l'ordinaire de
père en fils. Les Suliotes ont juré une guerre
éternelle aux Turcs, et ont tenu leur serment
plus fidèlement que les chevaliers de Malte. Plus
de cent cinquante de ces braves guerriers périrent dans la bataille du 19 avril, et leur sang est
bien précieux, car depuis que les Suliotes ont
perdu leur patrie, il n'en reste plus qu'un mil-
lier répandu dans la Grèce et les îles Ioniennes.
Leur corps d'armée est cependant toujours nombreux : car beaucoup de Roméliotes, attirés par
leur renommée, aiment à former avec eux une
confraternité d'armes, et deviennent d'excellens

soldats à leur école. Comme jadis les Spartiates, ils comptent sous leurs drapeaux des Grecs de toutes les provinces.

Quand je me trouvai seul avec le général Roche, j'appelai son attention sur la désobéissance de ces troupes au chef du gouvernement, observant que cette conduite était scandaleuse, et pouvait devenir fatale en temps de guerre; que dans ce moment, par exemple, la désertion de deux mille soldats aussi braves ne pouvait manquer de hâter la perte de Navarin. Je conseillai d'après cela au général d'avoir une conférence avec Constantin Botzari, qui me paraissait être le plus sincère et en même temps le plus influent de leurs chefs, d'offrir sa médiation auprès du président pour assurer une réconciliation honorable aux deux partis, et qui deviendrait importante pour le salut de la commune patrie. Le général, que je n'avais pas eu besoin de convaincre par mes discours et qui sentait la nécessité de la réconciliation, fit inviter Botzari à se rendre le lendemain à notre logement pour en conférer avec lui. Botzari vint seul, et le domestique du général servit d'interprète dans la conversation suivante :

Le général. — Vous êtes soldat et vous n'ignorez pas la nécessité de la subordination. Voudriez-vous me dire, d'après cela, si vous

avez quitté le camp avec la permission du président?

Botzari.—A la vérité, le président désirait que
nous restassions dans le camp ; mais nous fûmes
obligés de le quitter, quand nous apprîmes que
l'ennemi menaçait d'attaquer Missolonghi, et
d'envahir la Grèce occidentale.

Le général. — Vous n'en avez pas moins
désobéi au chef du gouvernement : c'est d'un
bien mauvais exemple. Voulez-vous rester à Tripolitza? Moi, qui suis attaché à votre cause, et
qui suis convaincu que l'union peut seule la conduire à un heureux résultat, je m'offre pour mé-
diateur. Je suis impartial, et si vous, Botzari,
vous consentez à suspendre votre départ, je suis
sûr que les autres changeront aussi de résolution.

Botzari. — Nous avons, il est vrai, quitté
le camp malgré le président, mais nous sommes
toujours ses amis. Nous ne pouvons suspendre
notre départ; notre patrie est menacée ; nos soldats savent que leurs maisons et leurs familles
sont en danger; ils nous abandonneraient les
premiers, si nous restions plus long-temps en
Morée; et si mes soldats me quittaient, de quelle
utilité serais-je, moi seul, au président? Je ne
serais d'aucun service, ni à la Morée ni à la
Grèce occidentale.

Le général. — Puisque votre dessein est irrévocablement pris, promettez-moi du moins que vous serez toujours d'accord avec le président, et que vous ne désobéirez pas au gouvernement.

Botzari. — Je vous assure que je n'en veux en aucune manière au président, et je vous promets que je serai toujours son ami.

Malgré le prétexte spécieux que Botzari avait donné pour son départ, on ne tarda pas à en voir les suites funestes; il devint une des principales causes de la prompte reddition de Navarin.

De grands honneurs funéraires furent rendus à Tripolitza à la mémoire du général Xidi. On couvrit de fleurs le catafalque que l'on éleva pour lui. Je ne sais si les Grecs ont pris des Turcs ou des anciens Athéniens la coutume d'orner les bières de fleurs. Du reste, les cérémonies furent absolument pareilles à celles des catholiques. La seule chose qui me frappa fut que les prêtres, sales et misérables, chantaient leurs psaumes d'un ton nasal, encore plus désagréable que celui des capucins en Italie. Le peuple cherche à les imiter dans ses chansons, et quand il y réussit, il est sûr d'obtenir autant d'applaudissemens que jadis Linus et Orphée.

Il y a à Tripolitza une école de grammaire où l'on apprend le grec littéraire dans Hérodote, Thucydide et Xénophon.

Le 8 mai, on ouvrit une école d'enseignement mutuel dans une mosquée que l'on avait disposée à cet effet, et qui pouvait contenir quatre cents élèves. Un petit jardin y est joint, et devant le vestibule on trouve une fontaine abondante. Le maître s'appelle Georges Constantin; il est de Chypre, et il a étudié la méthode dans le grand établissement du *Borough road* à Londres. Plusieurs habitans distingués de Tripolitza se sont chargés de surveiller les études, et le prince Ypsilanti y prend un intérêt particulier. Ayant eu occasion de faire la connaissance d'un éphore (inspecteur de l'instruction publique), le signor Gregorio Constantas, je le priai de me donner quelques détails sur l'état où elle se trouve en Grèce. Ce vénérable et savant ecclésiastique eut la bonté de m'écrire l'épître qu'on trouvera dans l'appendix sous la lettre A.

Il n'y a pas long-temps que mourut à Tripolitza un homme nommé Lavadi–Dimitzana, et qui avait reçu le surnom de Sabeneco. Maltraité physiquement par la nature, car il avait deux bosses, elle l'en avait dédommagé par le talent de l'improvisation. Sans savoir ni lire ni écrire, il chantait en vers la révolution grecque. J'ai réuni à peu près les deux tiers de son poëme improvisé. On y trouve quelques traits heureux au milieu de beaucoup de remplissage, et, semblable à tous les ouvrages des improvisateurs italiens, il ne soutient pas l'épreuve de la lecture. En attendant, cet exemple prouve que les Grecs n'ont pas perdu le talent que possédaient leurs ancêtres.

Après le départ des troupes roméliotes, le président se replia de Scala sur Calamata, d'où il écrivit au général Roche qu'il serait fâché de lui faire faire un voyage désagréable, et qu'il le priait de rester à Tripolitza. Le général crut devoir se conformer au désir du président. Je me séparai donc à regret d'un homme que j'estimais chaque jour davantage, et le lendemain, 30 avril, je me mis en route pour Calamata.

Le premier jour, je ne fis que cinq lieues, et je m'arrêtai dans une maison isolée, à un mille de Léondari, dans une vallée délicieuse qui répond bien aux descriptions qu'on lit dans l'Arioste. Des ruisseaux limpides et qui ne tarissent jamais, un air frais, le chant des oiseaux, des bosquets d'oliviers toujours verts, sont les charmes que l'étranger y trouve, après les fatigues d'une journée brûlante et d'une monture incommode. Le rossignol peuplait les bocages, et le hibou joignait à ses chants mélodieux son perçant et grêle *vagissement*.

A peine étions-nous arrivés que les deux robustes palikari qui nous escortaient, plus actifs et plus infatigables encore que des soldats espagnols, se mirent en devoir de nous préparer à souper. C'est un agneau que l'on sacrifie dans ces occasions. Il ne fallut qu'un instant pour le tuer, le dépouiller, le parer et le frotter entièrement de sel et de poivre. On l'attacha ensuite à un pieu, faute de tourne-broche, et on le mit rôtir devant un feu vif.

« Achille préside au festin hospitalier ; il perce
» les membres de l'animal et les divise avec art,
» tandis que Patrocle se fatigue à souffler le
» feu, dont la flamme éclaire tout l'intérieur de
» la tente. » (*Iliade*, *livre IX.*)

Pendant que l'on préparait le souper, je remarquai qu'un des palikari examinait l'omoplate de notre agneau avec autant d'attention que les anciens en mettaient à observer les entrailles de leurs victimes sacrifiées. Je lui demandai ce qu'il cherchait. Il me répondit en italien qu'il lisait l'avenir dans cet os, et ajouta d'un air moitié railleur, moitié sérieux, que ces prédictions étaient fort certaines, et que la veille de la bataille du 19 avril, l'omoplate d'un agneau avait annoncé son issue funeste. Aussi appelle-t-on en Grèce, cet os la gazette des palikari. Je souris d'abord à sa crédulité ; mais ensuite elle me fit faire la douloureuse réflexion que la superstition est la maladie incurable de tous les peuples, civilisés ou non. Je crois cependant que les Grecs modernes sont moins superstitieux que ne l'étaient les contemporains de Socrate, qui avaient des oracles, des temples, des devins et des sibylles en tous lieux. Les Grecs modernes, quelque attachés qu'ils soient à leur religion, ne sont pas aussi disposés à donner leur argent aux prêtres que l'étaient les anciens, qui, indépendamment des dons précieux dont ils enrichissaient leurs temples, avaient encore la coutume de déposer dans les mains de leurs prêtres tout leur argent comptant (1). Les Grecs de nos jours préfèrent le porter sur eux ou l'enterrer. Le peuple de la Grèce est pauvre; mais son clergé l'est aussi, et ses églises le sont encore davantage; ce n'est pas comme au Japon, où le peuple est misérable tandis que les cathédrales et les moines resplendissent d'or et d'argent. A Tripolitza il n'y a pas même des cloches pour appeler le peuple à l'église. Après quatre années de liberté, on se sert encore pour cet usage d'un morceau de fer attaché aux

---

(1) Ici l'auteur n'a pas *voulu* voir la véritable cause du fait qui l'a frappé : c'est que la religion chrétienne, quelque défigurée qu'elle puisse être par l'ignorance des peuples qui la professent, sert encore à les *préserver* plus ou moins de la superstition à laquelle tout tendait dans le paganisme (T).

22

portes , le despotisme des Turcs ne permettant
point aux chrétiens d'avoir des cloches ; on frappe
ce fer avec une pierre, et à ce bruit, les chrétiens
se réunissent comme un essaim d'abeilles dans
l'église voisine.

La source du Pamise , où nous nous arrêtâmes pour prendre un déjeuner frugal d'olives,
d'ail frais et de fromage de chèvre, est dans un
lieu charmant qui m'a laissé les plus doux souvenirs. Je n'ai jamais hésité dans mes voyages à
suivre les coutumes des pays où je me suis trouvé
afin de mieux les connaître. Ce site était célèbre
chez les anciens pour la salubrité de l'air ; ils
le croyaient surtout favorable dans les maladies
des enfans. Un ruisseau, sortant d'une source
qui entoure une verte prairie, ombragée par
plusieurs majestueux platanes , me rappela la
belle canzonette de Pétrarque.

> « Chiare , fresche e dolci acque,
> Ove le belle membra
> Pose colei che sola a me par donna , etc.»

En Grèce les voyageurs mettent pour l'ordinaire leur couvert dans quelque site agréable ;
les ruisseaux y sont en grand nombre , et les
fontaines , respectées par la soldatesque la plus
barbare , répandent une agréable fraîcheur dans
un climat où, pendant plusieurs mois de l'année,

le soleil n'est que trop prodigue de ses rayons.
Que de ruisseaux, que de vallées , que d'arbres
je pourrais encore indiquer dans un pays où le
génie de la destruction règne depuis quatre
siècles! On ne trouve ici ni châteaux, ni parcs, ni
belles maisons de campagne : la tyrannie turque n'a laissé à la Grèce que son soleil et son
sol.

La provînce de Calamata , qui fait partie de
l'ancienne Messénie, est bien cultivée et fertile
en figues, en vin, en soie et en toute espèce de
fruits ; autant peut-être qu'elle l'a jamais été ;
mais elle a toujours eu des voisins incommodes.
Pendant quatre siècles les Lacédémoniens rava-
gèrent le pays, ne laissant aux habitans que le
choix entre la guerre et l'exil, la mort et l'esclavage; aujourd'hui les Mainotes, successeurs des
Lacédémoniens, s'ils ne sont pas leurs descendans, troublent comme eux la Messénie par leurs
incursions. Ils descendent de leurs montagnes
et pillent ces plaines charmantes remplies de
collines et de ruisseaux.

J'arrivai à Calamata le soir, et je me rendis
sur-le-champ à la maison du président, où je
voulais descendre. Je trouvai rassemblée devant
la porte une foule de monde comme à un spectacle gratis. Je suivis le torrent, dans lequel je
rencontrai le prince Mavrocordato, qui me salua

avec la plus grande politesse. Sa physionomie me parut plus belle et plus animée que dans les portraits que j'avais vus de lui à Londres. Il est vêtu à la française. La première fois que je le vis, il portait un habit troué ou pour mieux dire déchiré, mais je crus voir plus d'affectation que de nécessité dans cette mise négligée. Il parle français avec facilité et élégance. Sa conversation est vive, agréable et pleine d'esprit. Il est surtout prompt à la repartie. Un jour le général Roche lui dit : « C'est une chose remarquable que l'on parle plus des affaires de la Grèce à Paris que dans la Grèce même. » Mavrocordato répondit : « C'est qu'il est plus aisé de parler que d'agir. » — « Je crois plutôt, reprit le général, que cela vient de ce que les amans parlent toujours avec plaisir de l'objet aimé. » — « C'est dommage, repartit Mavrocordato, que jusqu'ici votre amour ait été si platonique. »

Mavrocordato possède tous les talens qu'on exige dans un secrétaire d'état : il entend bien les affaires et les expédie avec promptitude. Ses ennemis, qui ne peuvent nier sa supériorité à cet égard, prétendent qu'il manie mieux la plume que l'épée. Il ne jouit pas dans son pays de l'influence que ses talens et son patriotisme devraient lui donner. La cause en est qu'étant né au Fanar, n'ayant ni fortune ni liaisons en Grèce,

il est obligé de lutter seul contre les factions et les
cabales. Cela l'oblige en outre à se servir souvent des armes de ses ennemis, et il aura bien
de la difficulté à obtenir le pouvoir suprême en
Grèce. Versé dans le dédale de la politique européenne, son premier but est de maintenir
l'indépendance de sa patrie ; mais si jamais elle
se voyait dans la nécessité de se mettre sous la
protection d'une nation étrangère, je pense que
Mavrocordato donnerait la préférence à l'état le
plus puissant et le plus désintéressé.... à la
Grande-Bretagne (1).

Mavrocordato me présenta au président Conduriotti. Elégamment vêtu dans le costume de
son île, il était assis à la turque, et comptait les
grains de son *combolojo*. Comme il ne parle aucune langue étrangère, les diverses conversations que j'eus avec lui furent courtes et peu
intéressantes. La famille de Conduriotti est sans
contredit la plus riche de l'île d'Hydra. Elle
passe pour avoir un million de bien.

Au commencement de la révolution, cette
famille fournit des sommes considérables pour
l'équipement de la flotte, et ce sacrifice,
joint à la réputation d'être un excellent ci-
toyen, élevèrent Conduriotti à la première

---

(1) Désintéressé !!

place dans le gouvernement. Cependant, depuis qu'il y est arrivé, sa renommée baisse. On le regardait autrefois comme un homme ferme; il paraît maintenant que sa fermeté n'est que de l'entêtement. Sa probité est sans tache; mais on l'accuse de donner toujours la préférence à ses amis particuliers et à ses compatriotes. L'issue fatale de son expédition contre les Égyptiens a grandement diminué son crédit. En attendant, quelques défauts qu'on puisse trouver à son administration, elle aura du moins donné un utile exemple dans la révolution, en montrant que les Grecs riches ne doivent pas en attendre le résultat dans le port; mais, comme leurs concitoyens, se précipiter au milieu des tempêtes.

L'armée grecque au lieu de recevoir du renfort s'affaiblissait de jour en jour par le départ des soldats : car en Grèce ils peuvent quitter leurs drapeaux selon leur caprice. Vainement le président avait-il essayé d'armer la fière et belliqueuse population de l'Arcadie : quelques milliers d'hommes accoururent dans le premier moment au secours de Navarin; mais ils ne tardèrent pas à se retirer de nouveau. Les autres habitans du Péloponnèse, irrités des exactions et des vexations que les Roméliotes avaient commises dans la Morée, refusèrent de prendre les armes.

à moins qu'on ne leur rendît leur chef Coloco-
roni, sous lequel ils avaient deux fois triomphé
des Turcs. En attendant, Navarin, sans espoir
d'être secouru du côté de la terre, n'avait de
libre que la mer. C'est pour cela que le président
était venu à Calamata, d'où il comptait traiter
avec les Mainotes et les engager à venir avec
lui au secours de la place assiégée.

Le président avait l'intention de se rendre par
mer au vieux Navarin, de ranimer le courage
de la garnison de Neo-Castro, et de diriger de
là les opérations de la campagne. Dans ce dessein, nous nous embarquâmes à Armiros, sur
le territoire de Sparte, et nous n'attendions plus
qu'un vent favorable, quand nous reçûmes la
nouvelle que la flotte égyptienne était devant
Modon.

Je passai trois jours sur les côtes de l'ancien
territoire lacédémonien, et quoique les antiquités n'aient pas de très-grands charmes pour
moi, j'avoue que je ne pus fouler ce rivage sans
éprouver un sentiment mêlé d'admiration et de
respect. Pendant que nous étions à Armiros, le
général Murzina, un des trois ministres de la
guerre, et l'un des plus puissans chefs des Mainotes, y débarqua avec environ cent soixante
soldats pour tenir une conférence avec le président. On sait que les Mainotes n'ont jamais été

soumis par les Turcs. Défendus par leurs inaccessibles montagnes , et plus encore par leur
extrême pauvreté , ils ont toujours su conserver
leur indépendance. Leur physionomie est plus
belle, mais plus sévère et plus pensive que celle
des autres Grecs , dont ils se distinguent encore
par une plus grande profusion de cheveux retombant sur leurs épaules , et par de larges
haut-de-chausses plissés autour de leurs reins.

Le général Murzina brillait parmi ses soldats ,
moins encore par l'éclat de ses armes que par
ses formes larges et robustes , ainsi que par
d'énormes moustaches , sous le vaste ombrage
desquelles aucun sourire ne pouvait se dessiner.
Il s'assit à côté du président sur le bord de la
mer, et ce fut là que la conférence eut lieu. Le
président lui communiqua un projet de procla-
mation adressée aux Mainotes pour les exciter à
prendre les armes. On la lut en présence de
l'escorte de Murzina; mais elle ne parut faire
aucune impression sur ces soldats; elle n'en fit
pas davantage dans les montagnes. Les Mainotes
ne donnent pas leur sang pour des paroles. On
peut bien dire d'eux : *Point d'argent, point de
Mainotes!* Ce fut ainsi que s'évanouit l'espoir de
secourir Navarin.

Ayant atteint le but de mon voyage, je pris
congé du général et retournai à Napoli de Ro-

manie. Il ne m'arriva aucun accident sur la route, quoique je voyageasse sans escorte, et je découvris que les chemins sont aussi sûrs dans le Péloponnèse qu'en Italie, en Espagne ou en Portugal.

Tous les habitans du Péloponnèse sont armés d'un mousquet, d'une paire de pistolets et d'un ataghan; ce qui était défendu sous le gouvernement des Turcs. Ils déploient maintenant avec ostentation les armes qu'ils ont enlevées à leurs oppresseurs. Une levée en masse dans la Morée produirait peut-être cinquante mille combattans. Le peuple est beau et fort. Dans les visites que je fis à Tripolitza et à Calamata, je réussis enfin à entrevoir le beau sexe. On y trouve quelques femmes bien dignes des louanges que les poètes leur ont prodiguées, et continuent encore à leur donner.

J'ai vu quatre επαρχιαι (préfectures); mais il ne faut pas croire qu'elles ressemblent en rien aux provinces qui portent ce nom en Europe. On n'a encore organisé dans la Grèce ni l'administration municipale ni les cours de justice. Il suit de là que l'éparque exerce plusieurs fonctions qui devraient être distinctes. L'éparchie se compose d'un secrétaire qui communément couche, mange et donne ses audiences dans la même pièce. Il n'y a point de poste aux lettres dans la Morée ; le gouvernement correspond par le moyen d'exprès, et les particuliers sont obligés d'envoyer leurs lettres par des messagers. Les gazettes d'Hydra, d'Athènes et de Missolonghi, ne sont pas encore répandues dans le peuple ; mais elles sont lues avec avidité par les classes bien élevées. Celle de Missolonghi se soutient par le débit qu'elle trouve dans les îles Ioniennes : la gazette d'Hydra n'a que deux cents abonnés, et celle d'Athènes moins encore.

Les domaines nationaux se sont loués cette année deux fois plus chers que l'année précédente : cette circonstance est due à la cessation du monopole que les primats exerçaient dans leur location, et aux progrès de l'agriculture qui augmentent avec la confiance du peuple.

C'est là une partie des observations que j'ai faites en parcourant la région située entre Napoli de Romanie et Calamata. On demandera peut-être ce que les Grecs ont donc fait depuis quatre ans. Je suis forcé de répondre peu, fort peu de chose. Mais aussi que pouvait-on attendre d'un peuple qui, après avoir repoussé deux invasions des Turcs, a été encore obligé d'étouffer il y a peu de mois une guerre civile ? Et que peut exécuter un peuple qui ne fait que de sortir d'un esclavage abrutissant de quatre siècles ? La tyrannie attaque dans les nations jusqu'aux sources de la vie ; les effets de ce poison mortel se font encore sentir après que la cause en a cessé.

On concevra facilement qu'à mon retour à Napoli, le principal sujet des conversations était Navarin. Tant que les communications avec Neo-Castro restèrent ouvertes, nous nous flattions que la place pourrait tenir long-temps ; mais quelle fut notre surprise en apprenant que les Égyptiens avaient pris l'île de Sphactérie, située entre le vieux et le nouveau Navarin ! En effet, la flotte égyptienne après une attaque infructueuse, le 7 mai, fit le lendemain à midi, sur plusieurs points à la fois, une nouvelle tentative contre l'île, et s'en empara sans éprouver une perte considérable. Les Grecs, qui avaient négligé de la fortifier suffisamment, ne la défendirent pas avec autant de courage qu'exigeait l'importance de la position. Mavrocordato, qui se trouvait dans l'île, se sauva sans difficulté ; le brave capitaine Psamadò d'Hydra fut tué, et cinq cents Grecs périrent ou furent faits prisonniers. On trouvera dans l'appendix, sous la lettre B, une relation d'un témoin oculaire que je n'ai pas cru devoir supprimer, quoique parmi les éloges qui y sont prodigués il y en ait qui me semblent dictés principalement par l'amitié et la reconnaissance.

Cet événement me causa la plus vive douleur.

Le comte de Santa-Rosa, mon ami intime, fut tué dans la bataille. Il était arrivé en Grèce peu de mois auparavant, avec le major Collegno, pour offrir ses services au gouvernement. Trouvant qu'on le recevait froidement, il se revêtit du costume albanais, et s'engagea avec l'enthousiasme d'un croisé, comme simple volontaire dans l'armée grecque, s'efforçant partout d'inspirer aux soldats l'ardeur dont il était animé. Le jour où les Turcs attaquèrent l'île, il ne voulut pas suivre l'exemple des fuyards et se sauver avec eux à bord d'un brick grec. Il préféra attendre l'ennemi de pied ferme. Le petit nombre de Grecs qui l'imitèrent trouvèrent comme lui une mort glorieuse, mais inutile. L'armée piémontaise chérira la mémoire de deux de ses officiers les plus distingués, le comte de Santa-Rosa et le lieutenant-colonel Tarella, qui dans cette contrée, antique sœur de l'Ausonie, ont élevé un trophée à la valeur italienne. Tarella fut tué en 1822 à la bataille de Peta; ces deux héros sont morts ainsi chez l'étranger, où ils n'ont trouvé d'autre tombeau que les cœurs de leurs amis.

Ce nouveau désastre engagea le corps législatif à révoquer le vote négatif qu'il avait donné sur la formation d'un corps de troupes régulières. Le corps exécutif, convaincu dès le commencement de la campagne de l'impossibilité de tenir tête aux Égyptiens, avait proposé de former un corps de soldats disciplinés et de le composer d'étrangers pour gagner du temps. Cette proposition avait été rejetée, soit que l'on se méfiât des étrangers, soit que l'on eût trop d'égard aux idées des chefs grecs, qui ne peuvent se faire à celle de la discipline militaire; mais alors, ainsi que je viens de le dire, il fut unanimement résolu de prendre à la solde du pays quatre mille soldats étrangers, et d'organiser six mille hommes de troupes régulières nationales.

Peu de temps après la prise de l'île, la garnison du vieux Navarin, au nombre d'environ mille hommes, ne pouvant plus rester dans une place peu forte par elle-même, et où d'ailleurs on manquait d'eau, essaya, dans l'obscurité de la nuit, de se frayer un passage à travers le camp ennemi; mais, surprise sur la route, elle fut obligée de se rendre, à l'exception de cent quarante Roméliotes, qui se firent jour l'épée à la main. Ibrahim ne retint prisonniers que les deux commandans, Hadji-Christo et l'évêque de Modon. Il laissa partir les autres après les avoir dépouillés de leurs armes et de leur argent (1).

---

(1) M. Émerson rend compte de cette reddition d'une

Tandis que les prisonniers défilèrent devant Soliman-Bey, le major français Selve, lieutenant d'Ibrahim, dit à ceux qui l'entouraient : « Voyez ces malheureux fils de la liberté, qu'ont-ils fait depuis quatre ans ? Ils n'ont pas construit un seul vaisseau de guerre, pas organisé un seul régiment : ils n'ont pensé qu'à se faire la guerre entre eux et à se détruire les uns les autres ». Ce discours était insolent ; mais les Grecs pouvaient en tirer une utile leçon.

Faciles à décourager, les Grecs avaient besoin de quelque événement heureux pour ranimer leur courage, et la fortune leur sourit un moment. Le 15 mai, on répandit la nouvelle que l'amiral Miaoulis avait brûlé la flotte égyptienne dans le port de Modon. Un voyageur assura qu'il avait senti pendant la nuit une forte secousse à Calamata. Un autre rapporta que du haut des montagnes de l'Arcadie il avait aperçu dans le port de Modon un incendie qui avait duré plusieurs heures. Au milieu de la joie, du doute et de l'espérance, on reçut enfin une lettre de l'éparque

-----

manière tout-à-fait différente, ce qui est assez remarquable de la part de deux personnes qui se trouvaient en même temps sur les lieux. Il est inutile de dire que par les motifs allégués dans la préface, le récit de M. Émerson nous paraît plus digne de foi (T).

de Calamata, qui annonçait que l'escadre de Miaoulis avait brûlé plus de vingt vaisseaux ennemis, et que la ville de Modon elle-même avait éprouvé quelque dommage par l'explosion.

« On a beaucoup fait; mais il reste encore beaucoup à faire. Leurs galères brûlent ; pourquoi leur ville ne brûlerait-elle pas? » (*Le Corsaire.*)

La renommée avait exagéré cet événement. La plus grande partie de la flotte égyptienne était dans le port de Navarin ; les vaisseaux brûlés à Modon n'en formaient qu'une très-faible partie. Cependant le peuple, qui croit toujours ce qu'il désire, se livra à une joie excessive, ne doutant pas que la flotte entière ne fût incendiée avec tous les magasins de l'armée. Le gouvernement ne jugea pas convenable de dissiper cette douce illusion. Des actions de grâces solennelles furent rendues au dieu des batailles, et l'éloquent signor Tricoupi prononça une harangue à cette occasion. Le bataillon qui s'organisait depuis plusieurs mois à Napoli de Romanie fut passé en revue hors de la porte d'Argos. Les précipices des châteaux de la Palamide se couvrirent de groupes de Grecs en habits de différentes couleurs; tandis que la musique militaire, jouant au milieu de cette scène animée le beau chœur des chasseurs du Freischütz, rendit cette soirée plus délicieuse qu'une belle matinée à Hyde park.

Dans ces momens, où la joie et la douleur se succédaient alternativement, il s'éleva une question fort délicate et fort intéressante. Coloco-troni, ainsi qu'on l'a déjà dit, était depuis assez long-temps prisonnier dans un couvent à Hydra, avec plusieurs autres chefs moréotes; et depuis sa disgrâce la fortune du gouvernement n'avait cessé de baisser. Quelques-unes des provinces de la Morée avaient demandé sa libération; il avait lui-même deux fois supplié le gouvernement de lui accorder la permission de se mesurer avec les ennemis, et avait offert ses deux fils pour otages de sa fidélité. Les habitans de la Morée persistaient à vouloir rester tranquilles spectateurs de la guerre, à moins que le commandement de l'armée ne fût confié à Colocotroni. Le gouvernement voyait Navarin succomber; il était sans moyen de le secourir, sans armée, abandonné par le peuple. Que restait-il à faire, sinon de tout remettre encore une fois dans les mains de celui qui avait déjà sauvé la péninsule? Deux membres du gouvernement étaient pour sa délivrance, et deux étaient contre. On suspendit donc la décision jusqu'à l'arrivée du président, dont l'opinion devait être adoptée. Il ne tarda pas à revenir à Napoli, tous ses efforts pour lever une armée ayant été inutiles. Son retour devint le signal d'une cabale générale. Coletti, qui depuis plusieurs mois intriguait contre Colocotroni, s'opposa fortement à son retour ; et le président, indigné contre Coletti, qu'il regardait comme le séducteur des troupes roméliotes, qui avaient abandonné le camp de Cremidi, aurait voulu le voir expulsé du gouvernement. Le parti de Colocotroni, de son côté, attribuait tous les malheurs de la campagne au défaut d'habileté du président, et désirait vivement le renvoi de Mavrocordato, son plus fidèle conseiller.

Ceux qui ne voulaient que la paix trouvaient que l'expulsion de l'un comme de l'autre aurait été également injuste et imprudente, dans un moment de crise où la Grèce avait plus que jamais besoin de l'union de tous les partis pour pouvoir se sauver. Le président et Mavrocordato se montraient disposés à céder sur le point du renvoi ; mais le premier, sentant bientôt qu'il aurait besoin d'être soutenu dans le gouvernement contre son plus grand ennemi, Colocotroni, renonça à toute idée de renvoyer Coletti, et laissa à la sagesse du corps législatif à décider sur le sort de Colocotroni.

Cet exemple de la manière dont les intérêts et les passions se heurtaient suffira pour démontrer

23

que les modernes Grecs ont conservé la même inquiétude , les mêmes rivalités , les mêmes affections politiques que leurs ancêtres, tant en Grèce
que dans l'Asie mineure , dans la Sicile dans
la grande Grèce , et partout où ils se sont établis.

Sur ces entrefaites, la saison approchait où
les Turcs ont l'habitude d'envahir l'Attique. Désirant de voir Athènes avant le commencement
de leurs incursions, je ne perdis pas de temps,
et je partis pour Hydra le matin même du jour
où la discussion devait s'ouvrir dans le corps
législatif sur la délivrance de Colocotroni.

La manière ordinaire de naviguer d'île en île
dans l'Archipel est par le moyen de bâtimens à
voiles triangulaires, appelés caïques. Les Grecs
sont très-habiles à la manœuvre de ces bâtimens,
et les habitans de Cranidi sont regardés comme
les plus experts de tous dans ce genre de navigation. La mer était houleuse ; mais le vent favorable, et le caïque avançait rapidement pendant que les matelots chantaient les chansons de
leur révolution. Ils dînèrent avec quelques olives
et de l'ail , car c'était un des nombreux jours
d'abstinence que les Grecs sont tenus d'observer.
En y comprenant les quatre carêmes que leur
religion prescrit, ils ont deux cent trente-six
jours de jeûne dans l'année. Je ne répondrais
pas des personnes des classes élevées, mais je

puis assurer que, dans le peuple, tous ces jeûnes
sont strictement gardés. Forcé souvent moi-
même de partager leur pénitence, je me voyais
à regret privé du lait délicieux et léger que produit leur pays.

Au bout de quatre heures, nous arrivâmes à
Spezzia. Je descendis à terre, impatient d'apprendre quelques détails de l'incendie de Modon.
Les habitans, qui étaient encore dans la joie de
cet événement, me conduisirent chez le secrétaire du sénat de Spezzia. C'est un prêtre des
îles Ioniennes, d'un aspect majestueux et portant une barbe longue et touffue. Il me confirma
la nouvelle de l'incendie, et nomma quelques-
uns des brûlots qui avaient péri dans l'attaque.
Ce prêtre me parut être un homme instruit. Je
lui demandai comment il se faisait que les Spezziotes, formant une population de dix mille
âmes, dans une île accessible de différens côtés, ne craignissent point d'éprouver le même
sort que les Ipsariotes. Il me fit observer que
l'ennemi n'oserait jamais tenter un débarquement avec des forces médiocres; tandis que, s'il
en amenait de considérables, on l'apercevrait
de loin, et l'on aurait le temps de faire des
préparatifs pour le recevoir avec des brûlots. Indépendamment de cela, on pourrait, en cas de
danger, faire venir trois ou quatre mille hom-

mes du continent voisin. Cette réponse ne suffit
pas pour dissiper mes craintes; toutefois, afin
de ne pas décourager ces insulaires, je parus satisfait, et me contentai d'observer que le meilleur moyen de défense qu'il y eût pour les Grecs
était l'unanimité. L'ecclésiastique me répondit
avec l'air grave et solennel d'un ancien pontife :
« Il n'est pas surprenant que quelques différends
existent parmi les Grecs ; ils sont inévitables dans
tout état naissant. Le peuple, pendant la durée
d'une révolution, est dans une espèce de délire,
et ne recouvre sa raison que quand le paroxisme
est passé. L'empire romain lui-même commença
par un fratricide, et la Grèce n'a pas encore offert un crime aussi noir. Dans le monde moral,
comme dans le monde physique, les choses,
dans les premiers momens de leur existence,
sont imparfaites, informes et d'un aspect désagréable. » Pendant que le vénérable secrétaire
cherchait ainsi à justifier son pays, je remarquai, parmi les assistans, quatre jeunes Spezziotes d'une figure noble et intéressante, vêtus
avec élégance ; et que je jugeai devoir être les
frères de la célèbre Bobolina, tant ils ressem-
blaient à un autre de ses frères, avec lequel
j'avais voyagé en Morée. Dans cette pensée,
je mis la main sur le cœur, et après m'avoir
rendu mon salut, ils m'engagèrent à venir voir

leur sœur, invitation que j'acceptai avec beaucoup de plaisir. Cette moderne amazone, au teint bronzé, aux yeux brillans, et pleine de feu dans tous ses mouvemens, qui a été parmi les Grecs un objet à la fois de louanges et d'épigrammes, vint au-devant de moi avec un air de joie et de franchise, et me reçut avec la plus grande cordialité. Désirant lui donner une nouvelle agréable, je lui annonçai la délivrance probable de Colocotroni. «S'il en est ainsi, répondit-elle, je retournerai à l'armée avec lui et je ferai la guerre aux Turcs. » Infortunée! elle n'eut pas le temps d'accomplir son vœu. Quinze jours après, elle fut tuée, dans sa maison, d'un coup de fusil tiré par les parens d'une jeune fille que son fils avait enlevée.

Pour ne pas perdre l'avantage du vent, nous nous embarquâmes, et à une heure du matin, nous arrivâmes dans le port d'Hydra. Pendant une belle nuit d'été, quand il fait clair de lune, cette entrée offre un des spectacles les plus magnifiques que l'on puisse imaginer. La ville, qui se compose de maisons d'une blancheur éclatante, placés en amphithéâtre sur le penchant d'une montagne escarpée, ressemble à une masse de neige, tandis que les lumières, qui de loin brillent dans les fenêtres ouvertes, ont l'air d'étoiles d'or sur un fond d'argent. Je crois que

cette comparaison a déjà été faite par d'autres,
et je la répète d'autant plus volontiers, que je
la trouve d'une justesse extrême. Quand nous entrâmes dans le port, il retentissait de coups de
marteau et des cris des matelots qui levaient
l'ancre de leurs vaisseaux. Ce bruit provenait de
trois brûlots qui se préparaient en toute hâte
pour aller rejoindre l'escadre de Miaoulis. Le lendemain de grand matin, j'allai visiter ces machines infernales. Rien de plus simple que leur
construction : ce sont des vaisseaux dont l'intérieur est rendu semblable à une mine au moyen
de barils de poudre, de poix et d'autres substances. Une mèche, qui entoure tout le bâtiment, communique en même temps avec la
poudre et avec l'extérieur par deux grands
trous à la poupe. Quand le brûlot, protégé, soit
par l'obscurité de la nuit, soit par un brick de
guerre, s'est cramponné à un des vaisseaux de
l'ennemi, les matelots descendent dans une
chaloupe ; le dernier met le feu aux deux trous,
et la chaloupe se sauve promptement pour éviter
l'explosion. Chaque homme de l'équipage reçoit
une prime de 100 piastres. Miaoulis en donna
200 à tous ceux qui s'exposèrent dans le port de
Modon. Chaque brûlot coûte au gouvernement
3 à 4,000 piastres, selon sa grandeur (1). Les

____

(1) Ceci est une bien grande erreur. Le lecteur n'a qu'à

matelots hydriotes préparaient ces vaisseaux,
qui peut-être leur serviront de tombeaux, avec
autant de gaîté que s'ils s'étaient occupés à décorer
une salle de bal. Les Hydriotes sont robustes et
un peu taciturnes ; ils ont conservé le caractère
sérieux des Albanais dont ils descendent. Ils regardent avec dédain la gaîté et la loquacité des
Moréotes. Il y en a peu qui sachent lire ou écrire;
mais plusieurs d'entre eux parlent différentes
langues : l'italien, le français et le turc.

Hydra et Spezzia n'ont point d'éparchies ;
elles sont gouvernées chacune par un synode
ou sénat, composé de quelques-uns des chefs
de l'île. Selon la coutume des voyageurs, j'allai
rendre mes hommages au sénat, et je demandai au président signor Lazzaro Conduriotti, la
permission de voir le général Colocotroni.

Ispida e folta la gran barba scende. (*Tasso.*)

Quand je vis Colocotroni assis au milieu de dix
de ses compagnons, prisonniers d'état comme
lui, et traité avec respect par ses gardes, je me
rappelai le portrait que le Tasse fait de Satan
dans le conseil des démons. Ses cheveux blancs
et négligés tombaient sur ses larges épaules et

revoir la description détaillée d'un brûlot dans l'ouvrage
de M. Emerson (T).

se mêlaient à une barbe touffue , que depuis sa
captivité il avait laissée croître en signe de douleur et de vengeance. Ses formes âpres et vigou-
reuses , ses yeux pleins de feu , et sa figure martiale et sauvage lui donnaient l'air d'un de ces
rochers aigus et grisâtres qui sont répandus çà et
là dans l'archipel. Je le saluai de la part de Bobolina , et je lui annonçai que dans quelques
jours il serait libre ; il me remercia par la voix de
l'interprète et me demanda les nouvelles. Je lui
racontai que les Égyptiens étaient sur le point
de s'emparer de Navarin , et ajoutai qu'ils étaient
formidables , non-seulement par leur valeur personnelle , mais encore par leur tactique et par
leur cavalerie. Il répondit que pour vaincre les
Égyptiens , il suffisait d'avoir des hommes et de
tirer. En disant ces mots , il fit le geste d'un
homme qui couche en joue. « Je connais , continua - t - il , des positions dans lesquelles ni
leur tactique ni leur cavalerie ne leur serviraient
de rien. Savez-vous ce qui a procuré la victoire
aux Égyptiens ? l'unité dans le commandement ;
tandis que les Grecs se ruinent par la manie
qu'ils ont tous de vouloir commander sans avoir
l'expérience nécessaire. » Comme il levait le bras
en parlant, j'y remarquai la cicatrice d'un coup
de sabre , et je lui demandai où il avait gagné
cette honorable décoration. « Ce n'est pas la

seule , me dit-il, que je porte sur moi. » Il me
montra la marque d'une balle sur son bras gauche, une autre sur sa poitrine et une quatrième
sur sa cuisse.

Tout en me parlant il parcourait rapidement
les grains d'un rosaire, et loin de montrer cette
gravité turque que les Grecs ont contractée, il
ne cessait de rouler les yeux d'un air ardent et féroce; il se levait, se rasseyait, marchait avec toute
l'agitation d'un klepht, qui craint une embus-
cade et qui se prépare à combattre. Il est certain
que le général Colocotroni n'est pas un homme
d'une trempe ordinaire. Peu de jours après mon
entrevue avec lui, il fut remis en liberté et reçu
par le gouvernement à Napoli de Romanie avec
les plus grands honneurs. Un des législateurs lui
ayant adressé un discours, il y répondit sans
préparation, et dans cette réponse se trouvait ce
passage remarquable.

« En venant ici d'Hydra , j'ai jeté tout ressentiment dans la mer : faites de même; enseve-
lissez dans cet abîme toutes vos haines et toutes
vos dissensions, ce sera là le trésor que vous aurez gagné. » Il parlait dans la grande place de
Napoli, où les habitans creusaient depuis plusieurs jours la terre, dans l'espoir, commun
parmi les Grecs, de trouver un trésor.

Hydra n'était point habitée par les anciens.

C'est une île qui ne renferme que des montagnes arides , sauf quelques petits coins de terre
cultivés en jardins , avec beaucoup de peine et à
grands frais , par les plus riches propriétaires.
Les maisons sont belles et solidement construites en pierre ; quelques-unes se font remarquer
parmi les autres : telles sont les habitations du
président Conduriotti , de Miaoulis et des frères
Tombazi. Les nobles d'Hydra sont comme les
anciens Génois, qui vivaient avec frugalité et
qui mettaient tout leur magnificence dans leurs
palais, afin d'imposer au peuple et de le gouverner. Cette île doit sa prospérité à l'amour de
l'indépendance. Avant la révolution , les Grecs
qui voulaient échapper à l'oppression des Turcs
quittaient les îles plus fertiles qui excitaient
l'avidité de leurs tyrans et venaient chercher sur
ce rocher aride la plus douce hospitalité, celle
de la liberté. Ce fut ainsi que s'éleva Venise ; ce
fut ainsi que la république de Hollande sortit de
ses marais ; c'est ainsi que la liberté a été cultivée
au sein des déserts de l'Amérique. Depuis vingt
ans , la population de la ville d'Hydra n'a cessé
d'augmenter, et l'on dit qu'elle compte maintenant plus de trente mille habitans. Hydra pourrait
fournir six mille matelots ; mais, faute de vaisseaux et d'argent, elle n'en emploie que deux mille.
La flotte grecque se compose de quatre-vingt-

quatorze bricks, divisés en trois escadres. Hydra fournit cinquante vaisseaux, Spezzia trente, Ipsara douze. Au commencement de la campagne, la flotte possédait vingt brûlots qui sont toujours remplacés, à mesure qu'ils sont détruits. C'est cette île qui jusqu'à présent a produit les capitaines les plus distingués : témoins Miaoulis, Saktouri, Psamadò, Tombazi, etc. Les Hydriotes attendent avec impatience les frégates achetées par le gouvernement en Amérique. Ils ne cherchent nullement à se faire valoir et avouent franchement que n'étant pas toujours en état de tenir tête à l'ennemi avec leurs petits vaisseaux, ils sont obligés de lui faire une guerre de stratagèmes et de surprises.

J'eus beaucoup à me louer de l'hospitalité des nobles d'Hydra. Les fils de quelques-uns des chefs me firent la politesse de me mener voir les batteries du port et les autres fortifications de l'île, les premières sont bien construites et tenues avec beaucoup de soin. Avant la révolution, Hydra ne possédait que trois pièces de canon. Le port seul est maintenant défendu par trente pièces de bronze ; les jeunes gens me conduisirent par mer à Vlicos, qui est à un mille environ de la ville, et où le sénat entretient un poste avancé de *stratioti* (soldats). Vlicos étant d'ailleurs un lieu de débarquement, le sénat y a fait élever un parapet de pierre d'une grande force , derrière lequel les fusiliers peuvent tirer sur l'ennemi s'il se présente pour descendre sur la côte. Tous les ans , pendant que la flotte turque est en mer, le sénat entretient une garnison de trois mille hommes. L'île a par conséquent trois moyens de défense : d'abord son escadre , ensuite sa situation dans un canal étroit qui facilite les manœuvres des brûlots , et enfin une garnison généralement composée de soldats roméliotes. Vlicos offre une promenade agréable vers le coucher du soleil. Un torrent s'ouvre un passage vers la mer ; par ci par là on voit quelques bananiers , quelques figuiers et quelques oliviers ; plus haut sont les maisons de campagne des capitaines de vaisseaux , qui , dans de petits jardins , cultivent des fleurs , des orangers et d'autres arbres fruitiers. Il y a à Vlicos deux très-petites églises , où deux lampes brûlent toujours. C'est là que les mères et les sœurs des marins ont coutume de venir déposer leurs prières et leurs offrandes, chaque fois que la flotte hydriote met à la voile pour aller attaquer celle des Turcs, tandis que l'escadre, en passant devant ces chapelles , fait par des signes ses derniers adieux aux femmes agenouillées.

La description qu'Homère fait du caractère du peuple de la Phæacie peut s'appliquer à celui de l'île d'Hydra.

« C'est une race de marins grossiers, incultes et impétueux comme leurs flots. Ils n'aiment que les hommes qui sont nés dans leur île ; tous ceux qui respirent un air étranger leur sont odieux. Ce sont eux que le dieu des mers a destinés à construire d'orgueilleuses flottes, à commander aux eaux, à sillonner l'abîme avec des ailes de toiles, plus légers que des oiseaux, plus prompts que la pensée. » *Odyssée, liv. VII.*

On accuse le peuple d'Hydra de cruauté et de mœurs relâchées. Je ne puis prendre sa défense sous ces rapports : car j'ai vu moi-même jusqu'où il pousse l'amour de la vengeance. Il y a deux ou trois ans qu'un habitant d'Hydra en tua un autre par trahison. Quelle fut la peine qu'on lui infligea ? Les amis du mort détruisirent de fond en comble deux moulins qui appartenaient à l'assassin et démantelèrent sa maison. Ces ruines, résultats de la punition d'un crime par un autre crime, sont encore visibles. En attendant, ces insulaires sont prudens et courageux. Le trait suivant en offre la preuve. Dans la soirée du 23 mai, à l'heure où, même en Grèce, il est permis de faire la sieste, le bruit du canon se fit entendre de loin. Chacun en demanda la cause : la vigie annonça qu'une frégate autrichienne s'était présentée devant Spezzia pour réclamer une prise conduite dans cette île, et qu'elle avait accompagné sa demande de quelques coups de canon. L'alarme se répandit aussitôt dans l'île d'Hydra : on craignait que la frégate n'y vînt aussi redemander deux prises impériales faites quelques jours auparavant. Les canonniers se mirent à leurs postes; les matelots préparèrent un vaisseau; toute la jeunesse brûlait du désir de se mesurer avec cet allié des Turcs. Cependant la frégate autrichienne se contenta de commettre quelques actes de pirateries et ne vint pas plus loin (1). Si cette tentative du vaisseau autrichien causa une indignation générale, une joie non moins grande fut produite par l'arrivée de la frégate anglaise *la Cambrienne*. Elle jeta l'ancre à trois milles de l'île. Tous les jeunes Grecs s'empressèrent d'offrir leurs hommages au capitaine Hamilton, ami tendre et généreux de leur amiral Miaoulis. Je passai une journée entière à bord de la frégate avec plusieurs de ces jeunes Grecs, qui serraient la main aux matelots anglais avec une confiance tout-à-fait paternelle. Je quittai avec regret l'île d'Hydra, et je songeai avec douleur que ce berceau d'intrépides marins est peut-être menacé du sort qu'ont déjà éprouvé les îles d'Ipsara et de Scio.

---

(1) Je compte trente vaisseaux impériaux naviguant dans l'archipel, au service des Turcs (A).

L'amour de l'indépendance, semblable à l'a-
mour platonique, anime tout l'univers. Il donne
la vie aux déserts, aux montagnes, aux grottes.
Au sommet d'un rocher élevé, situé en face de
l'île d'Hydra, est une petite chapelle qu'ombrage
en partie un olivier solitaire. Un moine, gardien
de la chapelle, était assis au pied de l'arbre :
notre pilote le héla et lui demanda de prier pour
notre heureux voyage. Le bon ermite répondit :
« Je prierai pour vous et pour notre pays. » Entre
les îles de Modi et de Porro, nous rencontrâmes
un corsaire ipsariote, traînant lentement à la
remorque deux vaisseaux autrichiens qu'il avait
pris à l'entrée des Dardanelles. A peine nos
marins l'eurent-ils aperçu, qu'ils lui crièrent à
haute voix de courir après la frégate autrichienne,
et lui annoncèrent la victoire de Miaoulis. Le
corsaire nous remercia, et nous annonça que la
flotte turque était sur le point de sortir des
Dardanelles. Dans l'intervalle, le soleil s'était
couché, le vent était tombé et la mer était deve-
nue unie comme une glace. Les marins ont coutume de dire qu'il faut manger avec la lumière
du jour. Chacun tira donc ses provisions ; et
avec l'hospitalité commune dans l'archipel,
toutes furent mises en commun, et le repas
commença sans distinction de rangs. Quand la
nuit fut venue, nous nous endormîmes tous,

n'ayant pour abri que le ciel, étendus au fond du vaisseau et bercés au doux bruit de nos rames.

Au point du jour, nous nous trouvâmes devant Egine. Une colonne antique et solitaire que l'on voit s'élever de loin sur le rivage ; la magnifique plaine qui s'étend jusqu'au bord de la mer, et qui se montre couverte d'oliviers, de riches pâturages et de champs de blé ; les montagnes irrégulièrement posées qui bornent au sud de l'île cette perspective enchanteresse, me firent désirer vivement que quelque accident vînt suspendre notre voyage. Le vent s'étant complètement calmé, mon désir fut satisfait. Nous allâmes à terre pour attendre la brise. Je me dirigeai sur-le-champ vers la colonne, reste peut-être de quelque temple, et de là, par les ruines de l'ancien port d'Egine, vers la ville, qui ne s'est élevée que depuis peu d'années. Les habitans demeuraient autrefois dans une ville construite par les Vénitiens sur une montagne dans l'intérieur de l'île ; mais l'amour du commerce leur a fait préférer le rivage de la mer, et ils ont choisi en conséquence le site de l'ancienne Egine.

Les émigrations occasionées par la révolution actuelle ont rassemblé en ce lieu un mélange d'individus de différentes parties de la Grèce. Ils sont venus de Scio, de Natolie, de Zeitouni,

de Livadie, etc. , de sorte que les costumes variés des femmes offrent au voyageur l'apparence
d'une mascarade continuelle. La population se
monte aujourd'hui à environ dix mille âmes,
parmi lesquelles on compte mille Ipsariotes, qui
après la catastrophe survenue à leur île ont
cherché un asile dans celle-ci. Le costume des
femmes ipsariotes frappe, par l'éclat et la variété
des couleurs ; il ressemble à celui des paysannes
dans certaines parties de la Suisse. La plupart
d'entre elles portaient quand je les vis le deuil de
leurs maris ou parens tués l'année dernière par les
Turcs. Elles sont coiffées d'un large turban,
dont une des pointes descend et leur couvre
toute la figure, à l'exception des yeux et d'un
bandeau de cheveux qui leur traverse le front.
Je ne saurais dire si cette coutume de se couvrir
le visage leur vient des Turcs, ou si elle n'est
que la suite de l'ancien usage des femmes athé-
niennes. Les Ipsariotes sont belles, courageuses
et capables des actes les plus héroïques ; presque
toutes savent nager. La tante du capitaine Canaris, femme robuste et sexagénaire, s'est sau-
vée, lors de la prise d'Ipsara, en faisant plus de
trois milles à la nage. Les familles les plus riches
d'Ipsara se sont réfugiées à Egine, et continuent
de se livrer à des travaux maritimes. Ipsara n'est
qu'un rocher stérile. Le gouvernement a offert

24

aux Ipsariotes le Pirée pour les dédommager de la perte de leur île; mais ils veulent être aussi autorisés à changer le nom du Pirée en celui de nouvelle Ispara. Le nom seul de sa patrie est une illusion chère à celui qui en a perdu la réalité.

Je m'informai de la demeure du capitaine Constantin Canaris, désirant faire la connaissance de cet intrépide commandant de brûlot. Je le trouvai assis à côté de sa femme, et jouant avec son fils Miltiades, enfant de trois ans. Il me reçut avec franchise et courtoisie et dit à son fils aîné, Nicolas, de me présenter une rose à moitié épanouie : ce qui est dans le Levant une marque d'amitié. Canaris est un jeune homme de trente-deux ans, plein de franchise, de gaîté et de modestie. Je ne pus jamais obtenir de lui qu'il me racontât aucun de ses hauts faits. Il est aimé de ses compatriotes, mais les habitans d'Hydra sont jaloux de lui et l'ont laissé cette année sans lui donner de brûlot. Son fusil était suspendu au mur. Cet homme intrépide qui a déjà brûlé quatre vaisseaux ennemis, n'a pour richesses que ses armes et son courage. L'année passée, après avoir vengé l'incendie de sa patrie par celui d'un vaisseau ennemi, il se présenta à Napoli dépourvu de tout moyen de subsistance. Les habitans s'empressèrent de lui faire des cadeaux; mais Canaris dit en présence du corps législatif : « Je préférerais à tous ces dons un autre brûlot, que je pusse consumer au service de mon pays. »

Pendant notre conversation, sa femme donnait le sein à un enfant de trois mois nommé Lycurgue. C'est une Ipsariote d'une grande beauté, grave et modeste, en un mot une Minerve. Après avoir payé ce tribut de respect au plus courageux des Grecs, je me rendis au port où un vent favorable s'était élevé. J'y trouvai plusieurs des principaux personnages de l'île qui me firent de grandes politesses. Ils observent encore cette hospitalité libérale, ancien précepte dicté par Jupiter (1). Ils me firent promettre de revenir à Egine pour visiter le temple de Jupiter Panhellénien, et je m'engageai envers Runfo à descendre chez lui.

Anacharsis compare les îles de l'archipel aux étoiles répandues dans le ciel. Byron les appelle « les bijoux de la mer ». Je vais faire une comparaison plus prosaïque. J'ai voyagé aux lacs de l'Ecosse, à ceux de la Suisse, à ceux de la Haute-Italie qui sont magnifiques; mais nulle part je n'ai éprouvé autant de plaisir qu'en naviguant

____

(1) Jupiter est-il le seul Dieu qui ait ordonné d'exercer l'hospitalité ? (T).

dans l'archipel. La scène y est plus variée et plus étendue. Ces îles qui s'élèvent et qui disparaissent à chaque instant sont comme des pensées agréables qui se succèdent. A peine le voyageur voit-il celle qu'il quitte se perdre au loin dans l'horizon, qu'une autre devant ses yeux lui présente d'abord l'aspect d'un nuage, rougit ensuite et offre soit des points obscurs qui sont des bosquets toujours verts, soit des points brillans qui deviennent des villes et des villages. C'est comme une illusion qui se change en réalité.

Nous arrivâmes à Colouris à une heure avancée. Les caïques que nous trouvâmes dans le port étaient pleins de familles de la Grèce occidentale fuyant les Turcs, qui venaient d'entrer à Salona avec dix mille hommes. Le rivage et les places étaient remplis de monde venant d'Athènes, chassé par la crainte des Turcs de Négrepont. Colouris et Bellachi sont deux gros villages de l'île de Salamine, qui tous les ans à l'ouverture de la campagne donnent asile aux vieillards, aux femmes et aux enfans de la Grèce orientale et occidentale. Cette île, qui plus d'une fois servit de refuge aux Athéniens, a reçu en 1821 plus de cent mille Grecs dans son sein. A l'ouverture de l'hiver, quand les Turcs ont coutume de se retirer, les familles grecques rentrent dans

leurs foyers si la fureur des ennemis ne les a
pas détruits. A mon arrivée dans l'île, le bruit
courait que les Turcs avaient fait une incursion ;
pour m'en assurer je résolus d'y demeurer vingt-
quatre heures. Ces familles errantes vivent entassées dans des maisons, ou pour mieux dire
dans des cabanes couvertes de feuillages : c'était
un spectacle touchant. Si les peuples savaient à
quel prix leurs ancêtres ont acheté l'indépendance, ils répandraient jusqu'à la dernière goutte
de leur sang pour la conserver. Au milieu de ce
tableau de confusion et de misère, j'eus le bonheur de faire la connaissance d'Emmanuel Tombazi, un des plus habiles marins d'Hydra, et
qui commanda pendant long-temps l'escadre
grecque dans la guerre de Candie. Il a construit
la plus belle corvette de la flotte grecque, et il
s'occupait alors à faire un brûlot de son inven-
tion, qui devait être d'une forme plus légère,
avec l'avantage d'avoir le pilote placé sous le pont.
Il me dit qu'il espérait obtenir du gouvernement
que le commandement en fût donné à Canaris.
A mon retour de Grèce, je rencontrai effectivement ce brûlot dans la flotte de Miaoulis, et il
a sans doute à présent exécuté déjà quelque
entreprise glorieuse. Tombazi eut la bonté de
me procurer la société d'un jeune et aimable
médecin, nommé Petrachi, qui m'accompagna

jusqu'à **Athènes**. Ayant appris que la nouvelle du débarquement des Turcs dans la plaine de Marathon était fausse, je poursuivis mon voyage, et le soir même nous mîmes à la voile du port de Bellachi pour nous rendre au Pirée. En traversant, « invincible Salamine , le golfe témoin de ta gloire » (Corsaire, ch. 3), il est impossible de ne pas se sentir agité de mille pensées différentes. A ma gauche, je voyais l'ancienne et mystérieuse Eleusis; devant moi, la montagne d'où l'on dit que Xercès fut témoin de la défaite de sa flotte. Cependant les ombres de la nuit couvraient peu à peu les objets; rempli de ces grands souvenirs, je répétai à mes compagnons de voyage ces beaux vers de Foscolo (*Suoisepolcri*), dans lesquels il suppose que le matelot, en parcourant les côtes de l'Eubée, voit se lever devant lui les ombres des guerriers de Marathon.

> . . . . Il navigante
> Che veleggiò quel mar sotto l'Eubea,
> Vedea per l'ampia oscurità scintille ,
> Balenar d'elmi e di cozzanti brandi,
> Fumar le pire, igneo vapor , corrusche
> D'armi ferree; vedea larve guerriere
> Cercar la pugna ; e all' orror de' notturni
> Silenzj si spandea lungo ne' campi
> Di falangi un tumulto e un suon di tube,
> E un incalzar di cavalli accorenti ,

Scalpitanti su gli elmi a' moribondi
E pianto, ed inni e delle parche il canto.

Je me réveillai le matin sous le ciel salubre de l'Attique, et mes regards avides cherchèrent le Pirée, l'antique, le célèbre Pirée; mais à ma grande douleur, je ne vis qu'un port peu sûr et quelques ruines éparses sur le bord de la mer. Néanmoins, en me retournant, j'aperçus le Parthénon s'élevant au-dessus de l'Acropolis d'Athènes, et je trouvai dans cette vue une magnifique récompense des fatigues de mon voyage. La route du Pirée à Athènes était couverte de femmes et d'enfans venant de la ville. C'était l'époque de la récolte de l'orge. Cette graine est celle qui réussit le mieux dans l'Attique, et les pauvres en mêlent dans leur pain. On se hâtait pour lors d'achever la moisson, afin qu'elle pût être rentrée dans la ville avant que les Turcs vinssent, comme des sauterelles, ravager les campagnes. Après une promenade de deux heures entre les vignes et les oliviers, j'entrai dans Athènes. Les rues étaient pleines de palicari; mais les maisons étaient vides, car les habitans avaient abandonné leurs demeures en emportant leurs meubles. L'hiver, la population d'Athènes est de douze à quatorze mille habitans; en été il n'y reste que trois mille hommes pour sa défense. Une garnison de cinq cents hommes

suffit pour l'Acropolis. Cette forteresse est abon-
damment pourvue d'eau et de provisions de toute
espèce. Le général Goura, qui commande dans
la Grèce orientale, l'a mise en état de soutenir
un siége de deux ans. La ville n'est défendue que
par un rempart derrière lequel on place, selon
que l'occasion l'exige, deux ou trois mille fusiliers. Cela serait peu de chose sans doute contre
une armée européenne; mais contre des Turcs
il ne faut qu'un mur. Un simple fossé arrêta, en
1822, vingt mille Ottomans devant Missolonghi.
Quand les Vénitiens possédaient la Morée, ils
l'avaient remplie de tours et de petits châteaux
sur des hauteurs, pour suppléer au défaut d'armées nombreuses. Les Athéniens ont un meilleur système de défense, en éloignant de la portée
de l'ennemi tout ce qui pourrait tenter son avarice. C'est pour cela que le général Goura a fait
sortir de la ville les femmes et les enfans; de sorte
que, si les Turcs s'obstinent à vouloir prendre
Athènes, ils n'achèteront au prix de leur sang que
des monceaux de pierre. Si les Grecs, de leur
côté, sont disposés à faire une vigoureuse résistance, ils peuvent commencer par défendre l'une
après l'autre chaque maison, et se retirer ensuite
dans la partie de la ville qui est située au pied
de l'Acropolis et protégée par son feu.
 Le 30 mai, pendant que j'assistais dans une

vieille mosquée à une assemblée de chefs, un palicari, venu de Napoli de Romanie, apporta la
nouvelle que Navarin avait capitulé. Malgré l'imperturbable gravité mahométane des chefs du
continent de la Grèce, cette nouvelle leur causa
quelque émotion, et leur fit poser leurs pipes. La
reddition de Navarin est en effet un événement
qui peut avoir des suites funestes. Comme place
forte, cette ville n'est pas très-importante, mais
elle l'est beaucoup comme port de mer : car ce
port est vaste et sûr, et pourrait contenir pendant l'hiver toute la flotte ennemie, qui de là serait
en état de menacer tous les points de la Morée.
Dans la guerre du Péloponnèse, les Lacédémoniens firent la faute de négliger cette position ;
et les Athéniens, s'en étant emparés, fortifièrent
le port et ne cessèrent de harceler leurs ennemis.
Voici les détails du siége de Navarin, tels qu'ils
me furent communiqués par le major Collegno
lui-même, qui avait contribué par sa valeur et
par ses conseils à la défense de la place.

Navarin est une ville de six à sept mille habitans, qui, lorsque les Égyptiens commencèrent
le bombardement, se retirèrent dans l'Arcadie.
Le port est spacieux, défendu du côté de la mer
par l'île de Sphactérie, et capable de recevoir une
flotte nombreuse. Le passage entre le vieux Navarin et l'île, qui n'a que vingt à trente toises de

large et très-peu de profondeur, n'est navigable
que pour des bateaux pêcheurs ; il y a même un
endroit que l'on peut passer à gué. Avant la prise
de l'île, la forteresse tirait l'eau du vieux Navarin. La ville n'est entourée que d'un rempart sans
fossé ; la hauteur qui domine la place est défendue par un petit fort hexagone ayant cinq tours
aux angles extérieurs, mais sans fossés, sans
ouvrages avancés , sans remparts intérieurs. De
la mer, une frégate pourrait en deux ou trois
heures réduire les murailles en poudre. L'artillerie de la place consistait en quarante pièces de canon, dont la plus grande partie se trouvaient dans
le fort et sur la batterie à l'entrée du port, et
un petit nombre dans les tours de la ville.

Les Égyptiens firent leur descente à Modon
le 15 février. L'intervalle qui s'écoula entre cette
descente et la seconde fut employée par eux à
ravitailler Coron, et à faire les préparatifs du
siége de Navarin. La seconde descente eut lieu
dans le commencement de mars. L'armée ennemie se composait en tout d'environ quinze
mille hommes de troupes régulières, savoir :
trois régimens d'infanterie arabe de quatre mille
hommes chaque, sept cents hommes de cavalerie et deux mille Albanais. Ils parurent devant
Navarin le 9 mars, dans un moment où il n'y
avait dans la place que cent cinquante hommes

en état de porter les armes. Ils furent reçus par quelques coups de canon, et s'étant retirés hors de la portée des pièces du fort, ils élevèrent une batterie de cinq canons et d'un mortier, au pied du mont Saint-Nicolas, et une autre de deux mortiers, sur le bord de la route de Modon. En fort peu de temps, ils parvinrent à couper l'aquéduc qui portait de l'eau à la ville ; ce qui fait penser que, si dans ce moment ils avaient tenté une escalade, elle aurait réussi.

Cependant ils ouvrirent leur feu contre la place, que les femmes et les enfans avaient quittée, mais dans laquelle quinze cents hommes étaient entrés du côté du vieux Navarin. Il était néanmoins évident qu'elle ne pouvait soutenir un siége en règle, et que le gouvernement devait songer à la secourir extérieurement. Les Égyptiens, qui ne l'ignoraient point, ne laissèrent pas aux Grecs le temps de réunir des forces considérables ; ils les attaquèrent en détail à mesure qu'ils s'approchaient, et presque toujours avec succès. Vers le milieu d'avril le gouvernement était cependant parvenu à rassembler environ huit mille hommes à Cremidi, et l'on avait résolu de s'avancer dans la nuit du 19 au 20 avril sur la route entre Modon et Navarin; mais, dès la matinée du 19, les Grecs furent surpris et défaits par les Égyptiens, et depuis ce moment la ville n'eut plus rien à espérer que de ses propres ressources. Cependant les maisons étant détruites par les bombes, la garnison n'avait d'autre asile que de mauvaises casemates, et la brèche formée par les canons de la batterie de Saint-Nicolas aurait déjà été praticable pour toutes autres troupes que des soldats arabes. Indépendamment de la garnison du nouveau Navarin, il y avait encore cinq cents Arcadiens dans le vieux Navarin au nord de l'île.

Pendant les derniers jours du mois d'avril la garnison s'occupa d'élever un retranchement derrière la brèche pour pouvoir se défendre dans le cas où l'ennemi voudrait tenter un assaut. Le 1er mai, on signala la flotte égyptienne : une division entra dans le port de Modon le soir même, et le reste le lendemain matin. Le 3 elle fut rejointe par la flotte grecque et forcée d'abandonner la rade. Du 3 au 7, il y eut entre les flottes plusieurs petits combats sans résultat; on y vit cependant vingt bâtimens marchands tenir tête à soixante vaisseaux ennemis, parmi lesquels se trouvaient dix-huit frégates, vingt corvettes et bricks.

Après que l'aquéduc eut été coupé, la place se vit réduite à quatre citernes, dont la plus grande avait été imprudemment épuisée dès le commencement du siége. On fréta pour lors deux bricks de Zante afin de pourvoir aux besoins journaliers de la garnison. Le 7, la flotte paraissant avancer sur l'île de Sphactérie, cinq cents hommes furent envoyés tant du nouveau que du vieux Navarin. Ils prirent position dans le lieu où ils jugèrent que l'ennemi attaquerait après son débarquement ; ils y placèrent douze pièces de canon, qui devaient être servies par les marins de la flotte. Il est nécessaire d'observer que dans les premiers jours d'avril, l'escadre destinée pour Patras, et commandée par le capitaine Psamadò, était restée dans le port de Navarin et s'y trouvait encore. Le 8 à midi les Turcs attaquèrent, et à une heure ils étaient maîtres de l'île. Les huit vaisseaux quittèrent le port, abandonnèrent quelques-uns de leurs capitaines et plusieurs matelots, et emportèrent une grande partie des munitions destinées à la défense de Navarin. Le commandant de la place qui se trouvait par hasard dans l'île suivit la flotte, de sorte que dans la soirée du 8 la ville demeura sans commandant, sans eau, sans provisions, avec une garnison de mille hommes et seulement vingt barils de poudre. Le 10 l'ennemi se rendit maître du vieux Navarin, dont la garnison capitula et obtint la permission de se retirer après avoir posé les armes ; à midi deux brigantins entrèrent dans le port, malgré le feu de la

place ; ils furent suivis le lendemain de onze frégates et de quatre brigantins, qui mouillèrent à
une portée de pistolet du rempart de la ville. Ils
envoyèrent un prisonnier grec pour parlementer,
mais il ne fut pas reçu , et la flotte , ayant jeté
l'ancre , commença sur-le-champ un feu très-
vif. Dans la matinée du 12, l'ennemi réitéra
l'offre de permettre à la garnison de se retirer
sans armes et par terre. La proposition ayant
été rejetée, le feu recommença. Il continua le 13
et le 14, n'étant interrompu que par de nouvelles propositions qui furent rejetées comme les
premières. Cependant les Égyptiens avaient
élevé quatre nouvelles batteries, et dans la matinée du 15, il y avait quarante-six pièces de
canon et dix mortiers dirigés contre la ville
du côté de la terre. Hors d'état de résister à un
feu si peu proportionné à la force de la place ,
il ne restait aux Grecs qu'à essayer de gagner du
temps dans l'espoir de recevoir du secours , soit
par terre soit par mer. Ils proposèrent en conséquence de négocier à condition que le feu ces-
serait sur-le-champ ; les pourparlers durèrent une
semaine entière, la garnison les prolongeant à
dessein. Il fallut pourtant à la fin terminer, et
le 23 la garnison sortit de la place n'y laissant
de l'eau que pour quatre jours et du pain pour
dix. Les articles de la capitulation furent que la

garnison se retirerait sans armes et qu'elle serait embarquée dans des vaisseaux neutres, pour être conduite à Calamata, où elle se rendrait sous l'escorte de deux galiotes ; une autrichienne, *l'Aréthuse*, capitaine Bandiera, et l'autre anglaise, *l'Amaranthe*, capitaine Bezar (1). La capitulation ne fut violée qu'à l'égard des deux principaux commandans, qui furent retenu prisonniers par le pacha, sous le prétexte que les Grecs avaient aussi retenu deux pachas après la capitulation de Napoli. Ibrahim promit de rendre Iatraki et le fils de Petro-Bey, Mavromicali, aussitôt que les deux pachas lui seraient rendus.

Après la prise de l'île, la garnison se trouvait réduite à neuf cents hommes, tant par la perte qu'elle avait éprouvée que par l'abandon de cent Roméliotes qui étaient partis pour Missolonghi. Sur ces neuf cents hommes, il y avait trois cents Spartiates ou Mainotes, trois cents Candiotes, et le reste était des Roméliotes, sauf cinquante hommes de l'île de Céphalonie. L'artillerie était servie par ces derniers, par les Roméliotes et par une compagnie d'artilleurs qui, à la fin du siége, se trouva reduite à trente hom-

----

(1) N'est-ce pas là une erreur : *l'Amaranthe* n'est-elle pas un vaisseau français ? (T).

mes. « Così la mezza luna prese il posto della croce ! »

La perte de Navarin fut un coup qui réveilla le gouvernement de l'aveugle confiance dans laquelle il s'était jusqu'alors endormi. Ce ne fut qu'en ce moment qu'on s'aperçut qu'il n'y avait point d'armée à opposer aux Égyptiens, que s'ils recevaient du renfort, ce qui était très-probable, ils pourraient s'étendre et pénétrer dans l'intérieur de la Morée; que Colocotroni ne pourrait pas créer une armée par enchantement, et que dans le cas où il remporterait une victoire, le gouvernement se verrait exposé à l'ambition et à la vengeance de cet homme intraitable. Ces réflexions engagèrent le corps exécutif à jeter les yeux sur l'Europe, dans l'espoir d'obtenir du secours. A cet effet, il demanda aux provinces la permission d'invoquer la médiation des cabinets européens, et de leur laisser le choix du prince qui gouvernerait la Grèce en pays indépendant. Cette prière du gouvernement parvint à Athènes en même temps que la nouvelle de la prise de Navarin. Quelques-uns des chefs me communiquèrent les dépêches et me demandèrent mon opinion sur ce sujet. Je leur dis franchement que la pauvreté de la Grèce, sa position maritime et commerciale, demandaient un gouvernement économique et républicain; qu'un prince européen coûtait plus qu'un pacha à trois queues, et que les revenus de dix années ne suffiraient pas pour monter et loger une cour européenne. Que néanmoins, puisque l'imprévoyance et la désunion leur avaient enlevé l'espoir de posséder la forme de gouvernement la mieux adaptée à la nature du pays, ils pourraient, comme une dernière ressource, essayer si l'ambition de quelque puissance européenne ne l'engagerait pas à faire pour eux ce que l'humanité seule n'avait pas eu le pouvoir d'obtenir; qu'aucun sacrifice ne devait coûter pour parvenir à l'indépendance, le premier des biens, la *vie* de la vie, et qui avait coûté à plusieurs peuples de l'Europe des sacrifices bien plus pénibles que ceux que l'on pourrait exiger des Grecs. J'ajoutai que pour cela il fallait convoquer une assemblée nationale et dresser un pacte social, afin de lier l'étranger qui viendrait régner sur eux, et se mettre à l'abri des maux du despotime; que les Grecs n'avaient d'autres joyaux à offrir avec leur couronne que de bonnes lois; enfin que leur faiblesse les obligeait à dissimuler et à tout faire pour intéresser les cabinets en leur faveur; mais toujours en se fiant principalement à *celui* qui plus qu'aucun autre était intéressé à l'indépendance de la Grèce, et à la balance du pouvoir en Europe. La même

25

question me fut adressée plus tard par Colouris à Egine et par d'autres; je répondis par les mêmes observations, qui, à ce qu'il me parut, ne furent pas mal reçues. Les Grecs, par des motifs différens, sont tous portés pour le gouvernement républicain. Les capitani, afin de se voir caressés par une administration faible, les nobles afin de jouir du pouvoir, et les insulaires pour être sûrs de la liberté de leur commerce; mais la crainte des Turcs prévaut sur tout autre sentiment.

Je profitai du peu de temps que les Turcs m'accordèrent pour visiter les antiquités d'Athènes. Que j'aurais de plaisir à les décrire, quelque peu nombreuses qu'elles soient, si déjà leur description n'avait été si souvent et si bien faite! Je vis avec beaucoup de satisfaction que les autorités , secondant la société des *Amis des Muses*, avaient pris depuis un an le plus grand soin des monumens , surtout de ceux situés dans l'Acropolis : on a fait enlever les fragmens brisés et les décombres qui cachaient ces restes étonnans du génie et de la superstition des Athéniens. Le peuple d'Athènes a conservé l'usage de s'assembler en temps de paix dans le Pnix, qui maintenant est situé hors des murs de la ville. C'est là que les représentans d'Athènes furent élus l'année passée. Quand au contraire la ville est menacée de la présence des Turcs, on se réunit sous le magnifique porche du temple de Thésée, d'où la vue s'étend sur la campagne à une distance considérable. Le jour que j'arrivai à Athènes, on délibérait pour savoir si l'on admettrait dans la ville le général Stati avec un de ses parens. Il avait la veille insulté de la manière la plus brutale un des députés du gouvernement.

Depuis bien long-temps il existe à Athènes une école (lycée) dans laquelle on apprend le grec, l'italien et l'histoire. Elle possède une petite bibliothèque, et est fréquentée par soixante écoliers.

Depuis la révolution, on a établi deux écoles d'enseignement mutuel, l'une pour les garçons et l'autre pour les filles. La première a été ouverte au mois d'octobre dernier, et l'autre au mois de janvier. Chacune d'elles compte plus de cent écoliers. La société des Amis des Muses, fondée à Athènes en 1813, surveille ces écoles avec le plus grand soin. Elles ont été depuis peu transférées à l'île de Salamine, ainsi que l'imprimerie du journal, que rédige un jeune homme nommé Psilla, aussi distingué par ses talens que par son amour pour son pays. Un ancien disait : « Celui qui n'a pas vu Athènes est insensible, et celui qui l'a vue et qui n'y reste pas est plus insensible encore. » Pour moi, j'y serais demeuré plus long-temps, si la crainte des Turcs ne m'avait forcé de hâter mon départ. Un soir le bruit se répandit qu'ils étaient à Marathon. Tous les palicari coururent à leurs postes. Je fis le tour des remparts pour voir comment ils s'y prenaient pour garder la ville. La garnison, qui se compose pour la plus grande partie de citoyens d'Athènes et de paysans de l'Attique, passe la nuit sur les remparts. La moitié d'entre eux veillent, placés de distance en distance sur les tours et sur les plates-formes de bois, tandis que les autres dorment à la belle étoile enveloppés dans leurs capotes. Le mot de ralliement est donné de la citadelle ou Acropolis, et se répète de bouche en bouche tout le long des remparts. La nuit était obscure; une seule lanterne brillait dans l'Acropolis, au haut d'une vieille tour vénitienne. C'est dans cette même tour qu'était renfermé Ulysse, qui, après avoir combattu pour la liberté de la Grèce, trahit son pays et passa du côté des Turcs. Pressé par le général Goura et craignant la vengeance des Turcs, à laquelle un malheureux commandant ne saurait se dérober, il se rendit et fut emprisonné dans la tour. Ayant beaucoup entendu parler de la belle figure, de l'esprit et des bonnes manières de ce chef, qui, comme le roi du même nom, est aussi né dans l'île d'Ithaque,

j'éprouvai un grand désir de le voir et j'en demandai la permission , qui ne me fut pas accordée. Ulysse est le fils d'un klepht qui, s'étant re-
fugié en Autriche, fut inhumainement livré par
cette puissance à la Porte ottomane ; et les Turcs
lui ayant demandé ce qu'il ferait s'il recouvrait
la liberté, il répondit : « Je tuerais deux fois autant de Turcs que j'en ai déjà tués. » La mémoire
de son père et les cris d'alarme qu'il entend autour de lui doivent percer son cœur, si dans le
cœur d'un traître il peut encore rester quelque
sentiment de patriotisme et d'humanité.

Je quittai Athènes pour retourner à Égine, et
accomplir le vœu que j'avais fait d'un pèlerinage
au temple de Jupiter. Les ruines de ce temple ,
qui se composent de vingt-trois colonnes , sont
situées sur une montagne à environ quatre lieues
du port d'Égine. Le chemin par lequel on s'y
rend forme une des promenades les plus agréables qu'un voyageur puisse faire. L'île est superbe et très-bien cultivée ; elle produit des fruits
de toute espèce. Le sentier qui conduit au temple
serpente à travers des vallées et des prairies parse-
mées de grenadiers, de figuiers et d'oliviers. Avant
d'y arriver, nous passâmes par un bois touffu
de pins odoriférans. La perspective que l'on découvre du temple embrasse le cap Colonna, Salamine, le Parthénon et Éleusis. On descend à

la mer de deux côtés différens par une pente
douce. Pendant que j'examinais ces colonnes
doriques si massives, sur lesquelles trente siècles ont passé, les pierres énormes dont leurs
architraves sont formées, et dont les unes sont
demeurées entières, tandis que les autres ont été
renversées, nous entendîmes, dans la direction
du cap Colonna, une forte canonnade, et nous
éprouvâmes la secousse causée par une explosion. Le bruit continua à se faire entendre pendant que nous descendions la montagne ; mais
il cessa au bout d'un quart d'heure. Nous montâmes une seconde montagne située sur le rivage
occidental de l'île, où nous trouvâmes un couvent de caloyers, à qui nous nous décidâmes à
demander un asile pour la nuit. Le monastère
a non seulement l'apparence, mais encore tous
les moyens de défense d'un château-fort. Les
murs épais sont garnis de tours ; les cellules des
moines ressemblent à des casemates. La porte
flanquée d'une tour est étroite et garnie en fer.
Ce lieu ne renferme cependant que huit religieux, et dans l'intérieur tout respire la paix et
l'abondance. Quelques-uns des caloyers sou-
paient avec une gaîté et un bon appétit qui rap-
pelaient les tableaux des cabarets flamands, tandis que l'un d'entre eux lisait les miracles des
saints dans un grand volume in-folio, avec autant

d'attention que si c'eût été un conte des Mille et une Nuits (1). Les religieux nous firent l'accueil le plus obligeant ; ils nous donnèrent un bon souper et des couvertures propres pour nous coucher. Un des caloyers nous réveilla au point du jour et nous conduisit au haut d'une montagne voisine, d'où nous vîmes la flotte turque se dirigeant vers Hydra. Nous prîmes congé de ces moines hospitaliers, et nous continuâmes notre route vers le port. En descendant la montagne, nous vîmes distinctement un convoi de dix-huit caïques pleins de soldats roméliotes, qui levaient l'ancre pour aller renforcer la garnison d'Hydra. De retour à la ville, nous apprîmes du brick que les habitans d'Égine font croiser à la hauteur du cap Colonna, que, la veille, l'escadre de Saktouri avait brûlé une frégate turque et un autre vaisseau dans les eaux de Négrepont : c'était là ce qui avait causé l'explosion que nous avions entendue du temple de Jupiter. La nouvelle se confirma. Quelques jours après, en passant devant Négrepont et Andros, pour nous rendre à Smyrne, nous vîmes des planches et des cadavres flottant sur la mer.

Impatient de retourner à Napoli de Romanie, je louai un caïque pour me rendre à Piada, avec

----

(1) Quelle agréable et spirituelle plaisanterie ! (T).

un matelot ipsariote, jeune homme plein de vivacité qui m'intéressa par les anecdotes qu'il me rapporta durant le voyage. Comme nous passions tout près de l'île d'Angistri, un groupe de femmes et d'enfans se réunirent sur un promontoire, pour nous demander des nouvelles de l'escadre de Saktouri. Nous leur donnâmes l'agréable avis de la victoire qu'elle avait remportée ; après une traversée de quatre heures, nous débarquâmes sur la belle et fertile plage de Piada ; ce village est situé à deux milles de la mer et ressemble beaucoup à ceux de la Suisse. Je louai un guide pour me conduire à la maison où les Grecs s'assemblèrent pour la première fois en 1821, afin de proclamer leur indépendance et de former une constitution, à laquelle pour l'ennoblir, ils donnèrent le nom de *Constitution d'Epidaure*. Cette maison n'est qu'une grande chambre rustique, en forme de parallélogramme; elle est isolée au milieu du village, non loin d'une tour construite du temps des Vénitiens, et elle est maintenant habitée par une pauvre vieille femme. Cette demeure grossière me rappela les chaumières du canton d'Uri où les Suisses se confédérèrent contre la tyrannie de l'Autriche. Le gouvernement se propose, si ses efforts sont couronnés de succès, de faire bâtir en ce lieu une église, en souvenir de la résurrection de la

Grèce. Puisse cette église devenir un jour plus célèbre que celle de Saint-Pierre de Rome !

Afin de profiter du jour qui restait, j'alla visiter les ruines de l'ancienne Épidaure, qui n'est qu'à deux lieues de Piada. Le chemin qui y conduit est un sentier tracé dans les montagnes, couvert de lauriers, de myrtes et de pins, et toujours en vue de la mer. Les ruines de la ville ne consistent qu'en quelques restes des remparts construits en grosses pierres carrées. Je n'ai pas vu le temple d'Esculape, qui est à une lieue de la ville ; le golfe est tranquille, retiré et remplit le cœur d'une douce mélancolie. Je n'y aperçus pas une seule barque qui me rappelât le bruit et les travaux du monde. Le rivage est maintenant occupé par une colonie de Grecs de Négrepont, qui se reposent dans cette terre fertile, après avoir échappé aux Turcs, et qui se livrent à l'agriculture, dans laquelle ils surpassent les autres Grecs. Le pays est en effet couvert de jardins potagers, de prairies et de riches vignobles. Cette colonie naissante est logée en partie dans des maisons et en partie dans des cabanes de branchages. Infortunés Grecs ! ils ressemblent aux abeilles qui, après que leurs ruches ont été détruites, ne peuvent encore quitter la montagne qui leur a donné la subsistance. Me rappelant l'expression d'Homère,

« Épidaure réjouie par le vin , » je voulus goûter de celui qu'il produit; j'entrai donc dans une des cabanes et j'invitai mon compagnon de voyage à boire à la prospérité de la nouvelle Ipsara ; il me remercia de mes bons souhaits, mais il ne voulut pas accepter de vin , disant que ni lui ni ses frères n'en avaient jamais bu , et que les jeunes gens d'Ipsara n'en usaient point avant l'âge de vingt ans. Cet Ipsariote était enchanté de pouvoir parler de son pays : douce consolation pour tous les exilés ! je l'écoutai de mon côté avec plaisir, par le désir que j'avais de connaître les coutumes de ces malheureux insulaires. Il me dit qu'Ipsara n'était ni esclave ni malheureuse avant la révolution ; elle se gouvernait comme Spezzia, Hydra et quelques autres îles de l'Archipel, la Turquie se contentant d'une soumission apparente ; mais cet état de demi-indépendance était sur le point de cesser. La Porte , jalouse de la prospérité et de la puissance des îles de l'Archipel, avait résolu en secret de détruire leur commerce et leur marine par un de ces actes de perfidie que son gouvernement a coutume d'employer. Aussi Ipsara avait-elle d'avance pris la résolution de s'armer pour échapper à l'esclavage et peut-être à la destruction. Avant la révolution , tous les Ipsariotes vivaient entre eux comme des frères.

« Nous sommes encore amis, me dit-il, et nous nous aimons dans notre affliction. Notre amitié était telle que les jeunes femmes de notre île ne voulaient jamais en sortir pour se marier, et que les autres Grecs établis parmi nous ne pouvaient y trouver des épouses qu'après un séjour de plusieurs années. Le commerce était notre occupation ; le mariage, notre bonheur. Toute notre étude consistait à fixer les affections de nos femmes sur l'homme que le ciel lui avait donné pour partager le destin de sa vie. Aussi nos mariages étaient-ils arrêtés dès le berceau, et nos jeunes filles s'accoutumaient depuis leur enfance à aimer celui avec qui elles devaient passer leurs jours. Malheur au jeune homme qui eût manqué à sa promesse : la vengeance des parens de la jeune personne était inévitable !

» Avant la révolution nous subsistions par le commerce, et maintenant nous subsistons par notre courage, je puis même dire par notre adresse. Il y a quinze jours qu'avec un petit bâtiment, n'ayant qu'une pièce de canon, j'abordaï et je pris dans la nuit un vaisseau turc de douze canons. Les Turcs me reprochèrent de les avoir attaqués dans l'obscurité. Je leur répondis que dans la guerre il fallait user de ruse autant que de courage. Quand les forces ne sont pas égales, il faut avoir recours à l'adresse. Les Turcs ont des frégates et des vaisseaux de ligne, et nous ne pouvons leur opposer que notre intrépidité et nos brûlots. Nous ne manquons jamais de l'une quand nous en avons besoin. L'Ipsariote Papa-Nicholi, qui brûla le premier un vaisseau de ligne turc; Nicodemo, qui détruisit une corvette; mais par dessus tous, mon cousin Canaris, sont, je pense, des témoins vivans de notre fermeté. Vous avez vu à Egine ce vieux marin qui est toujours au milieu de nous, c'était le chef d'escadre Apostoli, qui nous commandait autrefois, et que nous vénérons comme un patriarche. Ce brave guerrier, dans une bataille que nous livrions aux Turcs, s'étant aperçu que son fils, âgé de quatorze ans, s'était mis à couvert du feu de l'ennemi, descendit lui-même, le ramena sur le pont, et dit : C'est ici le poste du fils d'Apostoli! Vous voyez qu'avec de pareils exemples devant les yeux nos marins ne peuvent manquer de courage. »

J'ai appris quelque temps après avec beaucoup de plaisir que ce jeune Ipsariote, si distingué par son jugement, son courage et sa force physique, avait obtenu le commandement d'un brûlot.

La route de Piada à Napoli de Romanie est magnifique. Elle est parsemée de bois et de collines et arrosée par de nombreux ruisseaux. Nous mîmes sept heures à la parcourir. En arrivant à Napoli, j'eus la satisfaction d'embrasser le major Collegno, qui revenait de Navarin. A peine avait-il quitté cette ville, qu'il s'occupa dans le camp d'Ibrahim à faire la recherche du corps de son ami, le comte de Santa-Rosa, afin de lui rendre les derniers devoirs. Les officiers d'Ibrahim témoignèrent le plus grand désir de le satisfaire ; mais toutes les perquisitions furent inutiles, et il ne reste du comte de Santa-Rosa que la certitude de sa mort.

Colocotroni était parti pour Tripolitza. Dans tous les lieux par lesquels il a passé, il a fait fermer les cafés et les cabarets, et a appelé ses compatriotes aux armes. Vers le 10 juin, il avait rassemblé environ huit mille hommes à Tripolitza. Cependant les Égyptiens continuaient à avancer dans la Morée. De petits combats avaient lieu tous les jours avec des succès balancés, et dans un des plus importans qui se livra entre Leondari et Modon, le ministre de l'intérieur, Pappa Flescia, périt les armes à la main. Cet homme singulier avait été dans la Morée l'un des apôtres les plus zélés de la révolution. Il ne put cependant se préserver de la corruption, et il s'enrichit au milieu des malheurs de son pays ; il ne sut pas non plus respecter le caractère de prêtre dont il était revêtu , et vécut entouré d'un nombreux harem. Poussé par les dangers de sa patrie , il était sorti de Napoli dans l'intention de lever une troupe de soldats , et de combattre à leur tête. Je le rencontrai sur la route d'Argos à Tripolitza , comme un véritable pacha , précédé de ses femmes et de deux porteurs de pipes, et entouré d'une pompe tout-à-fait orientale. Il était bel homme, sa physionomie avait de la majesté et de la grandeur, ce qui fait toujours de l'impression sur le peuple. Il ne put lever que trois cents hommes avec lesquels il entreprit de défendre un poste. Les Égyptiens l'ayant attaqué vivement, ses soldats lâchèrent pied; il ne resta que cent cinquante hommes auprès de lui, et il continua à se battre jusqu'à ce qu'il fût tué, expiant ainsi ses vices par une mort glorieuse. Ce combat coûta beaucoup de monde aux Égyptiens. Ibrahim-Pacha, charmé de la mort de Pappa Flescia , envoya un exprès au sultan pour lui en donner la nouvelle. Dans la relation de cet événement, que je lus à Smyrne quinze jours après, Ibrahim convenait d'avoir perdu deux cent cinquante hommes. Après cette action, les Égyptiens s'avancèrent jusqu'à la ville d'Arcadie ; mais le général Cogliopulo les repoussa et ils se replièrent de plusieurs milles. Cependant le 11 juin, jour où je quittai la

Grèce, on reçut à Napoli la nouvelle que les Égyptiens étaient entrés à Calamata.

Voici en peu de mots quel était l'état des affaires le 11 juin, époque où je m'embarquai à Napoli de Romanie pour me rendre à Smyrne.

L'armée d'Ibrahim - Pacha se composait de plus de onze mille hommes disciplinés à l'européenne. Ces forces n'étaient pourtant pas suffisantes, soit pour maintenir des communications avec la garnison de Patras, à cause de la distance, soit pour marcher sur Tripolitza, dont les approches sont défendues par des ravins et des défilés. Il était néanmoins probable qu'Ibrahim tenterait une de ces deux opérations, s'il recevait des renforts qui, selon les apparences, lui sont arrivés maintenant. Le 30 juin je passai au milieu de la flotte égyptienne, qui était forte de plus de cent voiles et qui se dirigeait sur Navarin. Douze frégates, six corvettes et autant de bricks ou de schooners, portant mille pièces de canon, formaient le convoi. La flotte grecque, que j'avais vue la veille au sud de l'île de Cerigo, n'était que de quarante bricks et d'une douzaine de brûlots ; elle ne me parut pas en état d'offrir la bataille aux Égyptiens, et je crains qu'elle n'ait pas pu empêcher leur débarquement.

Colocotroni avait rassemblé environ douze

mille hommes, mais n'avait pas encore commencé ses opérations.

La garnison turque de Patras se composait de quatre à cinq mille hommes, mais qui n'agissaient pas, et qui étaient surveillés par deux mille Grecs campés à cinq milles de la place.

A l'exception de Missolonghi et de l'Acropolis d'Athènes, les forteresses de la Grèce n'étaient ni bien approvisionnées, ni en bon état de défense. Napoli di Malvoisie n'avait pas pour quinze jours de vivres. Les Turcs de Négrepont peuvent dévaster l'Attique; mais ils ne sont pas assez forts pour assiéger Athènes et moins encore sa citadelle.

Dix mille Turcs occupent Salona; mais le corps du général Goura, fort de deux mille hommes, avec deux mille autres sous les ordres de Caraïscaki, de Botzari et de Giavella, ne leur ont pas permis de s'approcher d'Athènes.

Missolonghi a une garnison de deux mille hommes et des provisions pour quatre mois. Dans une sortie faite en dernier lieu par la garnison, les assiégeans, dont l'armée était de douze mille hommes, ont perdu plusieurs pièces de canon, et ils commencent à se décourager de la résistance qu'ils éprouvent: de sorte que le seul danger qui menace la Grèce pendant cette campagne provient des opérations d'Ibrahim-Pacha;

mais ce danger est grand. A Smyrne on est généralement dans l'opinion qu'Ibrahim réussira
dans son projet de soumettre la Morée. Plusieurs
négocians de cette ville ont cru cependant remarquer que la Porte ralentissait ses efforts dans
la crainte des succès d'Ibrahim.

Le gouvernement de Napoli avait reçu
40,000 l. st. de Londres; mais cette somme avait
été bientôt absorbée par ce qui était dû à la flotte
et à l'armée de Colocotroni. Malgré la position
difficile où ce gouvernement se trouvait, il hésitait encore à envoyer une députation à quelques-uns des cabinets de l'Europe pour implorer
leur généreuse protection.

Le bataillon qui s'arme à Napoli de Romanie
d'après la manière européenne n'est que de six
cents hommes; il est mal armé et aurait besoin
d'une meilleure instruction que celle qu'il reçoit.

Le colonel français Fabvier, dont le nom est
au-dessus de tout éloge, a proposé au gouvernement de lever dans l'Attique un corps de mille
hommes, qui, tout en s'instruisant à l'école pratique de la guerre, servirait comme de pépinière
pour en tirer les officiers de l'armée. Si le gouvernement ne néglige pas cette idée, comme il l'a fait
à l'égard de tant d'autres, il pourra retirer une
grande utilité d'une pareille institution. Le président, par la crainte de tomber sous les griffes

de Colocotroni, a pris le prétexte de sa mauvaise
santé pour se retirer à Hydra.

Il paraît qu'au 1ᵉʳ juillet la Grèce était encore
dans l'état que je viens de décrire : car ayant hêlé
deux bricks que nous rencontrâmes près de Cerigo le 29 juin, nous apprîmes qu'aucune bataille importante n'avait encore été livrée.

REMARQUES DIVERSES.

JE crois devoir terminer ce récit succinct de
mon voyage par quelques observations qui m'ont
été suggérées par les circonstances dont j'ai été
témoin.

DU GOUVERNEMENT.

Le gouvernement n'a ni assez d'activité ni
assez de pouvoir. Sa lenteur provient de ce que
le travail n'est point partagé, et sa faiblesse de
ce qu'il est trop nombreux. Les ministres ne sont
que des chefs de bureaux ; ils ne peuvent prendre de décision, même dans les affaires cou-
rantes. Le corps exécutif embrasse et accapare
tout. Il a hérité des pachas turcs leur méfiance
des inférieurs et leur manie de vouloir tout faire
par eux-mêmes. La chambre du corps législatif
n'offre qu'un flux et un reflux continuel de péti-

tionnaires, de demandeurs et d'importuns de toute espèce. Ses séances durent toute la journée et elles ne décident rien. Le nombre de ses membres occasione aussi des différends, toujours funestes à la bienséance et à l'énergie, et qui d'ailleurs ralentissent la marche des affaires. Le corps exécutif est changé deux fois par an. Cette période si courte ne laisse le temps aux membres ni de s'instruire de leurs devoirs ni de mettre à fin aucune affaire. Il est par conséquent essentiel que l'assemblée nationale change la constitution du gouvernement. Il est indispensable qu'un seul chef, assisté par des ministres, imprime un mouvement uniforme aux affaires ; il faut en outre que ce chef reste en place au moins trois ans. Le changement trop fréquent des membres du gouvernement, dans une nation inquiète et ambitieuse, comme le peuple grec, est plus préjudiciable que partout ailleurs.

DE L'ARMÉE.

Quand l'Europe apprendra que le gouvernement grec a pris la résolution, au mois de mai dernier, de prendre à sa solde quatre mille hommes de troupes réglées étrangères, et de former quatre régimens de soldats nationaux, elle ne saura comment concilier ce fait avec les éloges qu'elle a entendu faire des troupes irrégulières

de la Grèce et des prodiges que certains écrivains ont attribués à ces guérillas. Si cependant
on se reporte aux différentes époques,
l'observateur impartial découvrira que l'on n'a
pas trop exagéré le mérite des bandes grecques,
mais que les dernières décisions du gouvernement n'en ont pas moins été fort sages.

Dans les premiers momens de la révolution
un enthousiasme sans bornes pouvait mieux
que tout autre chose effrayer, confondre et détruire un ennemi, qui, attaqué de tous les
côtés par une grande diversité d'armes et d'as-
saillans, ne trouvait nulle part de repos ni de
sûreté. La formation de troupes irrégulières
s'accordait mieux avec cet enthousiasme qui
enflamme toute nation aspirant à la liberté.
On vit des troupes de ce genre se former en Al-
lemagne pendant la guerre de trente ans, dans
l'Amérique septentrionale pendant la guerre de
la révolution, et en Espagne pendant celle de
l'indépendance. Chaque individu, au commencement d'une révolution, sent en lui-même un
excès de courage et de témérité : il éprouve un
ardent désir de vengeance qui ne peut être soumis
à aucune espèce de discipline. Il trouve par
conséquent un champ plus vaste et plus d'accord avec ses passions dans le désordre d'une
guerre irrégulière. Mais l'enthousiasme est pas-

sager par sa nature ; au bout d'un certain temps, il se refroidit, il s'évapore ; la vengeance elle-même se rassasie, l'amour de la gloire, comme toute autre passion, finit par s'affaiblir.

La crise du moment exige de nous la vérité. Soyons sincère. Cette ardeur, qui dans les premiers momens avait mis les armes aux mains du clergé et des femmes, s'est dissipée. Il n'y a plus de vengeance à tirer de l'ennemi, plus de butin à faire. La plupart des Grecs sont retournés à leurs troupeaux et à leurs travaux agricoles, dès qu'ils ont vu leur territoire délivré de la présence des Turcs. Les capitani, qui étaient restés les armes à la main pour défendre leur pays, se sont aperçus du besoin que l'on avait d'eux, et après avoir été des protecteurs désintéressés, ils sont devenus des espèces de condottieri italiens du moyen âge. Tantôt soumis au gouvernement et tantôt rebelles, embrassant tour à tour tous les partis, se vendant alternativement à toutes les factions, ils sont l'effroi de leurs concitoyens plutôt que des ennemis. Le gouvernement, n'ayant aucun moyen de récompenser les officiers de mérite, prodigue vainement les grades de colonel et de général, espérant en outre par là diminuer l'influence de certains chefs ambitieux et insolens. C'est pour cela que nous trouvons en Grèce plus de trois cents généraux, quand l'armée entière ne passe pas quinze mille hommes. Ces capitani n'ont point de paye fixe ; mais ils s'en procurent une exorbitante en portant sur les rôles d'activité plusieurs centaines d'hommes de plus qu'ils n'en ont effectivement sous les armes. Le ministre de la guerre m'a assuré que, durant le mois d'avril, le gouvernement a payé la solde et les rations de dix-sept mille hommes, tandis que l'effectif de l'armée était au-dessous de dix mille. Il n'y a ni loi ni autorité pour réprimer ce désordre ; il n'existe ni inspecteurs aux revues ni commissaires des guerres, et par conséquent aucun moyen de convaincre les capitani de fraude. Un inconvénient plus grave encore qui en résulte, c'est que le gouvernement ne sait jamais au juste quel est le nombre d'hommes qu'il est en état d'opposer à l'ennemi. Le général Anagnostara, un des trois ministres de la guerre, qui devait avoir sous ses ordres une division de deux mille hommes, se présenta le jour de la prise de Sphacterie sur le champ de bataille à la tête de *onze* soldats ! Il était par conséquent bien temps de mettre fin à des manœuvres si funestes. L'ennemi n'est peut-être pas aussi nombreux que dans les premières années de la révolution ; mais il est devenu plus formidable par ses plans, par sa persévérance et par la discipline de ses troupes.

La manière dont les Égyptiens font a guerre ne ressemble point aux irruptions des Turcs, qui descendaient comme un torrent pendant trois ou quatre mois, et qui ensuite s'écoulaient de même. Les opérations des Égyptiens se font avec une prudence, une suite et une ardeur tout européennes. Ils campent, ils manœuvrent, ils obéissent comme des Européens, et ils ont en outre acquis de l'expérience par plusieurs années de guerre contre les Wahabis en Arabie, ou contre les Grecs eux-mêmes dans l'île de Candie. Il est devenu d'après cela indispensable que le gouvernement grec leur oppose des armées semblables aux leurs, et supplée au défaut d'enthousiasme par le talent et la discipline. Les troupes nationales réglées ne reviendront pas en définitive plus chères que celles que l'on a maintenant, et le pays n'aura plus à craindre les rapines d'une soldatesque licencieuse, plus destructive souvent qu'une armée ennemie. Les troupes étrangères coûteront à la vérité plus que les nationales ; mais le gouvernement ne peut s'en passer pour se délivrer sur-le-champ des caprices et de l'insolence des capitani, tandis que, par leur exemple, ils faciliteront l'organisation des régimens nationaux.

DE LA FLOTTE.

La flotte grecque a fait des prodiges pendant la révolution, considérant le petit nombre et la faiblesse de ses vaisseaux. Plusieurs de ses exploits sont dignes de l'antiquité; mais les hauts faits de quelques-uns de ses marins ne doivent pas nous aveugler au point de croire qu'elle ait jamais été maîtresse de la mer. Elle a plutôt effrayé que battu l'ennemi; j'ose affirmer qu'elle ne possède point et n'a jamais possédé l'empire de la mer. A-t-elle pu maintenir le blocus de Patras ? A-t-elle soutenu efficacement l'insurrection de Candie ? A-t-elle empêché la destruction de Scio ou l'incendie d'Ipsara ? A-t-elle prévenu cette année trois débarquemens des Égyptiens en Morée, et la prise de Sphactérie ? D'ailleurs la flotte elle-même gémit sous quelques défauts semblables à ceux de l'armée. Plusieurs bricks n'ont pas le nombre d'hommes portés sur les rôles d'équipage. Les vaisseaux n'appartiennent pas au gouvernement, et leurs propriétaires évitent de combattre l'ennemi de trop près dans la crainte de perdre leurs bâtimens. Il est évident qu'il faudrait au gouvernement une marine entièrement à lui, consistant au moins en six frégates : alors, la flotte, au lieu de se borner à une espèce de petite guerre

maritime , pourrait engager des combats décisifs, et profiter de la supériorité de ses marins
en courage et en adresse.

DE L'EMPRUNT.

Chacun sait que pour faire la guerre il faut
trois choses : de l'argent, de l'argent, et encore
de l'argent. La Grèce en a déjà eu deux fois
depuis sa révolution; mais il lui en faut une
troisième. Comment peut-elle armer des frégates, payer des troupes étrangères, équiper et
nourrir les troupes nationales sans un troisième
emprunt? Ce qui lui manque doit lui être fourni
par les mêmes négocians dont le courage et le
crédit sont déjà deux fois venus à son secours. Le
temps des regrets ou de l'hésitation est passé.
Ceux qui ont soutenu la Grèce sont ses alliés :
ils sont les compagnons de son sort. Pour sauver le tout, il faut qu'ils risquent encore un
peu. Moyennant un million de plus, les entrepreneurs s'assureront la rentrée de la somme
déjà prêtée, tandis que si la froide prudence
leur fait fermer la bourse, le capital avancé
courra de grands risques. Si la Grèce acquiert
l'indépendance, elle aura plus de terre qu'il n'en
faut pour payer dix fois sa dette. Les dix-neuf
vingtièmes de la Morée appartiennent au gouvernement : avant la révolution elle appartenait

presque tout entière aux Turcs, et le gouvernement national a succédé à ces usurpateurs. Au
commencement de la présente année, quand
le danger du côté des Egyptiens paraissait encore
éloigné, les domaines nationaux se sont loués
deux fois le prix de l'année précédente. Si la
paix se faisait, ces terres décupleraient de produit et de valeur. En attendant, si les action-
naires de l'emprunt continuent à exposer leurs
capitaux aux chances de la guerre, il est juste
qu'ils aient des garanties de l'emploi convenable
et avantageux de leur argent. Il serait d'après
cela utile, tant au commerce anglais qu'à la Grèce
elle-même, qu'en lui envoyant d'autres fonds,
on lui imposât les conditions que les gouvernemens mettent aux subsides qu'ils accordent
à leurs alliés. On indiquerait par exemple quelles
seraient les sommes qu'il faudrait employer à la
construction des frégates, à l'approvisionnement
des places fortes, au paiement d'un corps de
troupes régulières, et que l'on nommât un commissaire ou un inspecteur qui demeurât sur les
lieux afin de surveiller l'exécution des articles.

DU VICE-ROI D'ÉGYPTE.

Mohammed-Ali-Pacha a déclaré qu'il consa-
crerait à la conquête de la Morée le dernier
homme et le dernier sol qu'il possède. Ce n'est

pas là une forfanterie de la part d'un homme tel que Mohammed-Ali, persévérant et heureux dans toutes ses entreprises. La Grèce est d'ailleurs d'une importance inappréciable pour ce prince. Par elle il pose un pied dans l'Europe et s'avance vers cette civilisation après laquelle il aspire depuis vingt ans, et il se place dans le voisinage de cette Albanie, dont les troupes l'ont aidé à conquérir l'Arabie. S'il se rend maître de la Grèce, il pourra augmenter son armée de vingt mille soldats robustes et vaillans, et mettre dix mille bons matelots à bord de sa flotte.

L'armée d'Ibrahim-Pacha, fils du vice-roi, qui maintenant combat dans la Grèce, ne pourrait pas à la vérité tenir contre une armée européenne d'égale force ; mais elle est bien supérieure aux Grecs en discipline et en expérience. Ibrahim est entouré de cinq ou six étrangers qui ont instruit les officiers égyptiens dans la tactique européenne, et qui le conseillent dans toutes les opérations qu'il veut entreprendre. Aucun d'eux n'a cependant de commandement, à l'exception du major Selve, Français, qui, après avoir embrassé la religion mahométane, a pris le nom de Soliman-Bey. Cet homme exerce réellement les fonctions de son grade, et jouit de toute la confiance du vice-roi. La même humanité et la même politesse qui règnent dans

les armées des nations civilisées se retrouvent
au quartier-général d'Ibrahim. Au lieu d'irriter
les Grecs par une brutale férocité, il s'efforce
de les concilier et de les désarmer par le système
de pacification qu'il a adopté jusqu'ici. Il
accorde des capitulations, il respecte les personnes et les propriétés dans les lieux dont il
s'empare. Il traite ses prisonniers avec douceur
et avec modération. Après la prise de Navarin,
il accepta la proposition qui lui fut faite d'é-
changer le général Iatracco et le fils de Pétro-
Bey, Mavromicali, contre le pacha que les Grecs
retiennent à Napoli de Romanie. Cette modération, feinte ou sincère, peut devenir fatale à la
Grèce. On dit que le plan d'Ibrahim était de se
borner cette année à la prise de quelques-unes
des forteresses de la Morée, et de ne pénétrer
dans l'intérieur du pays que l'année prochaine.
Il est sans nul doute à la fois prudent et actif.
Il a rassemblé à Modon des provisions de guerre
et de bouche pour deux ans. De tout temps,
les campagnes militaires ont commencé tard
en Grèce. Les batailles de Marathon et de Platée
furent livrées au mois de septembre : celle de
Salamine en octobre, et celle de Chéronée en
août. Depuis quelques années, les Turcs ont
commencé leurs opérations à la fin du printemps. Ibrahim au contraire, ainsi qu'on l'a vu

plus haut, a fait sa descente dans la Morée un mois avant la fin de l'hiver.

L'ambition de Mohammed-Pacha semble pourtant avoir inspiré quelques craintes à la Porte. Ce gouvernement, suivant sa politique ordinaire, qui consiste à détruire un rebelle par l'autre, rechercha, dans un moment de désespoir, le secours du pacha d'Égypte ; mais elle découvrit trop tard qu'elle avait fourni à un ancien rebelle le moyen de devenir très-puissant et peut-être même invincible. Il paraît en effet que les armemens de la Porte n'ont point répondu cette année aux besoins et à l'importance de la campagne. La garnison de Patras, qui aurait pu faire une diversion avantageuse à Ibrahim, est restée dans l'inaction pendant toute la durée du siége. La flotte turque, qui aurait pu débarquer des troupes dans l'île de Négrepont, et placer ainsi la Morée entre deux feux, n'avait pas même, à ce qu'il paraît, de soldats sur ses vaisseaux. Il n'y a pas eu de réunion d'armée en Thessalie, et ce n'est qu'au mois de juin qu'il ait été question d'une attaque de ce côté. Quelques milliers de Turcs ont assiégé Missolonghi, et un petit nombre se sont avancés jusqu'à Salona, mais sans montrer de vigueur et sans avoir de plan arrêté. Tout fait croire que la Porte, se rappelant ce qu'il lui en a coûté il y a peu d'années pour détruire Ali-Pacha, éprouve déjà du repentir d'avoir appelé à la conquête de la Grèce un pacha non moins entreprenant et bien plus heureux qu'Ali.

Le sort de la Grèce est maintenant plus compliqué que jamais. Un nouvel épisode s'est présenté. Qui aurait pu prévoir que le vice-roi d'Égypte, gagné par l'offre du pachalick de Candie et de la Morée, prendrait les armes en faveur de la Porte ?

L'agrandissement de l'Égypte aux dépens de la Grèce serait peut-être avantageux à quelque puissance continentale de l'Europe ; mais un tel agrandissement serait-il utile ou dangereux aux possesseurs des Indes orientales ? Le voisinage d'un despote actif, ambitieux et entreprenant, aurait-il de l'avantage ou du danger pour les protecteurs des îles Ioniennes ? Sous ce point de vue, la question intéresse l'Angleterre. Je ne me permettrai point de la discuter, ce sujet appartenant tout entier aux écrivains et aux hommes d'état qui veillent à la gloire et aux intérêts de leur pays.

FIN DE LA VISITE AUX GRECS.

APPENDIX (*A*).

(*Voyez* page 334.)

TRADUCTION DE LA LETTRE ADRESSÉE A L'AUTEUR AU
SUJET DE L'ÉDUCATION EN GRÈCE.

MONSIEUR ,

« Votre curiosité philhellénique ayant bien
voulu s'intéresser aux écoles qui ont été établies
dans la Grèce depuis qu'elle est libre , je vais,
conformément à vos louables désirs et aux devoirs de ma place, vous soumettre un détail exact
de mon plan , et du but que j'ai eu dans les
règlemens que j'ai formés pour les écoles. Je
vous indiquerai ensuite quelles sont celles qui
existent maintenant en Grèce, tant les écoles
de grammaire que celles d'enseignement mutuel.

» Monsieur , le gouvernement, bien qu'accablé de soins et d'occupations, tant pour repousser l'ennemi que pour établir le bon ordre dans
l'intérieur du pays, n'a point oublié de diriger
son attention et sa sollicitude paternelle vers

l'instruction de la jeunesse , car il n'ignore pas qu'une bonne éducation est la base de toutes les vertus politiques et sociales , et la lumière qui dirige tous les citoyens dans la connaissance et dans l'exécution de leurs devoirs. Pour ces raisons le gouvernement a décrété :

» 1°. L'établissement à Argos d'une école générale d'instruction mutuelle, à laquelle devront être envoyés de chaque province , deux ou trois jeunes gens, ayant une connaissance suffisante de la langue hellénique, pour apprendre cette utile méthode , et pour retourner dans leurs provinces l'enseigner à d'autres , afin qu'il se répande par ce moyen dans toute la Grèce. Cette école a été établie, et elle est maintenant dans un état florissant.

» 2°. L'établissement , aussi à Argos , d'une académie, en harmonie avec l'état actuel de la Grèce , à laquelle devront être invités tous les savans grecs que les circonstances retiennent en différentes parties de l'Europe, afin que chacun d'eux puisse communiquer à la nation les connaissances qu'il a acquises loin de son pays. On invitera aussi à se rendre en Grèce des savans de toutes les nations éclairées de l'Europe, en aussi grand nombre qu'on le jugera nécessaire pour le parfait établissement de l'académie. Le riche et vertueux patriote Varvachi a déjà

fourni les fonds nécessaires au soutien de l'école.
Le gouvernement est disposé à prendre sur les
revenus publics le surplus dont on pourrait
avoir besoin, et dans peu de temps on fera connaître les conditions de cet établissement. Dans
la capitale de chaque province, on formera une
école primaire ou centrale d'enseignement mutuel, ainsi qu'une école de grammaire, dans laquelle on enseignera :

» 1° Le grec ancien (ou littéraire) dans ses
rapports avec le moderne ;

» 2° Les élémens de la géographie, de l'histoire,
de la logique, de la métaphysique, de l'arithmé-
tique, de la géométrie, et tout ce qui sera nécessaire pour préparer les jeunes gens à entrer à
l'académie d'Argos ;

» 3° Une ou deux des langues de l'Europe.

» Dans chaque ville et village de quelque importance, on établira une école particulière
d'enseignement mutuel, et une autre pour le
grec, dans laquelle on enseignera les élémens
de la langue grecque littéraire, et, s'il est possible, quelque langue européenne, telle que le
français ou l'italien.

« Ce sont là, Monsieur, les intentions du
gouvernement au sujet des écoles, et il emploie
les moyens les plus convenables pour les mettre
à exécution.

27

» Des écoles de grammaire et des écoles d'enseignement mutuel sont déjà établies dans les
provinces libres ; et c'est d'elles que je vais maintenant vous entretenir.

» A Athènes , il y a deux écoles centrales d'enseignement mutuel et deux écoles de grammaire,
l'une desquelles a reçu le nom de *lycée*. Dans celle-
ci on enseigne :

» 1° Le grec ancien comparé avec le moderne ;

» 2° L'italien ;

» 3° Les élémens de la géographie , de l'arith-
métique , de la géométrie , de la logique et de la
métaphysique.

» La ville possède aussi une petite presse ty-
pographique , donnée par le comité philhellénique anglais.

» Dans l'île de Tino , il y a une école centrale
d'enseignement mutuel et une école de grammaire nommée *lycée*, où l'on enseigne le grec
ancien et les élémens de la philosophie.

» Dans l'île d'Andros , il y a trois écoles d'enseignement mutuel répandues en différens lieux,
ainsi que deux écoles de grammaire , qui sont
aussi dans des lieux différens , où l'on enseigne
l'ancien grec et les élémens de la philosophie.

» Dans l'île de Syphno , il y a une école de
grammaire que les habitans voudraient changer

en lycée. Des écoles d'enseignement mutuel n'ont pas encore été établies dans cette île, faute de maîtres ; mais on en cherche. Dans l'île de Patmos il existait avant la révolution une célèbre école grecque, où l'on enseignait avec beaucoup d'exactitude le grec littéraire, la philosophie d'Aristote, la rhétorique et la poésie. De cette école sont sortis des maîtres sages et vertueux, qui ont répandu l'instruction dans toute la Grèce et qui ont adopté une méthode plus facile et plus exacte d'apprendre la langue grecque. Cette école, quoiqu'elle ait un peu souffert par les circonstances, existe toujours, et le gouvernement a l'intention de lui rendre son éclat et sa réputation ancienne. Il s'y trouve une bibliothèque et plusieurs manuscrits précieux : une école d'enseignement mutuel a déjà été établie à Patmos.

» Il y a aussi des écoles dans les Cyclades et les Sporades ; on en trouve une, deux ou trois dans chaque île, en proportion de son étendue. On y enseigne le grec ancien, les élémens de la philosophie et souvent la langue française et la langue italienne. Elles ne sont pourtant pas très-florissantes, à cause de la situation incertaine des affaires publiques. Dans quelques îles on a formé aussi des écoles d'enseignement mutuel, et l'on y en ajoute journellement de nouvelles, conformément aux intentions du gouvernement.

» A Tripolitza, capitale du Péloponnèse, il y
a une école centrale d'enseignement mutuel et
une école de grammaire. Les habitans et le gouvernement comptent transformer cette dernière
en lycée, pour l'enseignement de la philosophie
élémentaire et des langues européennes.

» Dans la ville de Saint-Jean (Astros), on
trouve une école d'enseignement mutuel, ainsi
qu'une école de grammaire pourvue d'une bonne
bibliothèque et d'un cabinet d'instrumens de
physique expérimentale. On y enseigne aussi
l'italien.

» A Saint-Pietros, village près d'Astros, il y a
une école d'enseignement mutuel et une école
de grammaire, qui n'a pas encore pris d'exten-
sion à cause de la situatiou des affaires.

» On trouve quatre écoles de grammaire dans
la province de Karitena; savoir : à Vitina, à Di-
mitzena, à Stemnitza et à Lancadia; mais elles
sont mal dirigées. On compte y établir aussi des
écoles d'enseignement mutuel, ainsi que dans
les autres provinces du Péloponnèse.

» A Missolonghi, il y a une école centrale
d'enseignement mutuel, ainsi qu'une école de
grammaire, où l'on enseigne l'ancien grec, le
français et l'italien.

» Il y avait autrefois dans les provinces grecques soumises au joug musulman plusieurs fa-

meuses écoles , enrichies de bibliothèques et d'instrumens de physique ; mais elles n'existent plus.

» Ce sont là , monsieur, les écoles de grammaire et celles d'enseignement mutuel qui sont établies dans la Grèce libre, et vous connaissez maintenant leur situation.

» Il me reste à vous indiquer, d'après votre désir, les objets dont ces diverses écoles se trouvent avoir le plus de besoin.

» Les écoles d'enseignement mutuel manquent de tout ce qui est nécessaire pour cette méthode ; savoir : d'ardoises, de plumes, de crayons et d'exemples d'écriture. Les écoles de grammaire ont très-peu de livres , ou pour mieux dire elles en sont entièrement dépourvues. Si l'académie d'Argos avait une presse assez grande pour pouvoir imprimer des livres en différens caractères, et tout ce qui serait nécessaire pour cela , elle pourrait fournir les exemples pour les écoles d'enseignement mutuel et les livres nécessaires à l'enseignement des sciences élémentaires. Le gouvernement désire et veut obtenir pour les écoles nationales, les moyens de répandre l'instruction ; mais des besoins plus urgens s'opposent à ce dessein. Veuille le ciel que tous les obstacles soient bientôt écartés ! En attendant, si la société philhellénique obtenait pour notre

nation les moyens nécessaires à son instruction, la reconnaissance des Grecs s'étendra jusqu'aux siècles à venir, et leurs descendans
reconnaîtront, à juste titre, les bontés de leurs
bienfaiteurs.

» Particulièrement charmé d'avoir pu acquérir votre amitié, j'ai l'honneur d'être,

» L'éphore de l'instruction publique en Grèce,

» GREGORIO CONSTANTAS. »

APPENDIX (*B*).

(*Voyez* page 347.)

DÉTAILS DES OPÉRATIONS MILITAIRES QUI ONT EU LIEU LE 26 AVRIL DANS L'ÎLE DE SPHACTÉRIE ET DANS LES EAUX DE NAVARIN.

« Ibrahim-Pacha s'était aperçu de l'impossibilité de s'emparer de la forteresse de Navarin, sans se rendre d'abord maître de l'île de Sphactérie, d'où il pouvait facilement bombarder tant la forteresse que le vieux Navarin, situé à l'extrémité du port. L'arrivée de la flotte qu'il attendait depuis long-temps le mit en état d'exécuter son projet.

» Le président du corps exécutif, qui commandait l'expédition, mais qui par suite d'une indisposition avait été obligé de s'éloigner de l'armée, ayant appris l'intention du pacha, résolut d'envoyer son excellence le prince Mavrocordato au camp général des Grecs, pour les engager à mettre des renforts dans les positions indiquées plus bas.

» Son excellence arriva au vieux Navarin dans la nuit du 24 au 25, et le trouva défendu par une garnison de cent hommes, sous les ordres du général Hadji-Christo et de l'archevêque de Modon. Le 25, à cinq heures du matin, les avant-postes annoncèrent l'arrivée des Égyptiens, qui s'avançaient sur la langue de terre qui sépare le port du lac.

» Les Crétois que le prince avait amenés avec lui chargèrent l'ennemi, et le feu des tirailleurs les força de se retirer. Pendant le combat, la vue de la flotte grecque, qui s'approchait avec un vent favorable de celle des ennemis, redoubla le courage de nos troupes. Cependant les Égyptiens ne se retirèrent pas tout-à-fait, ils se placèrent seulement hors de la portée du canon. Nous croyions que l'affaire était terminée; mais à midi, l'attaque commença du côté du vieux Navarin. Elle ne dura pas long-temps, et nous nous aperçûmes que l'ennemi n'avait eu d'autre but que de reconnaître nos positions, et de s'emparer du village de Petrochori, situé près du vieux Navarin et de la langue de terre, en attendant qu'il fît contre la vieille ville une attaque en règle et que la flotte eût débarqué des troupes dans l'île. Le prince, convaincu que cette attaque aurait lieu le lendemain, envoya durant la nuit quelques troupes dans l'île pour

garnir les points les plus faibles, et dans la matinée il s'y rendit lui-même. Le nombre
d'hommes commandés pour défendre cette position, ne montaient pas à cinq cents, y
compris les matelots tirés de huit vaisseaux
grecs qui se trouvaient dans le port, et son
excellence ne tarda pas à découvrir que ce nombre n'était pas à beaucoup près suffisant. Mais
que fallait-il faire ? Il était surtout essentiel d'empêcher, s'il était possible, un débarquement,
que la flotte ennemie, qui ne cessait de côtoyer
l'île, montrait assez l'intention de tenter. Le
prince visita toutes les positions, renforça les
plus faibles, et exhorta les soldats à faire leur
devoir. Il aurait voulu former un petit corps de
réserve de cent hommes qui se serait porté du
côté où l'ennemi essaierait sa descente ; mais le
désordre qui règne toujours parmi des troupes
irrégulières ne permit pas d'exécuter un dessein si important. Trois batteries, portant huit
pièces de canons et un mortier, avaient été élevées dans l'île, mais elles ne furent pas d'un
grand secours.

» La flotte de l'ennemi, forte de cinquante-
deux voiles, était rangée en ordre de bataille ;
les bricks formaient le premier rang ; ils étaient
défendus par les frégates et les corvettes contre
les attaques de la flotte grecque, qui malheureu-

sement était trop éloignée pour pouvoir la trou-
bler. Pendant que le prince s'occupait avec une
ardeur infatigable à tout ordonner et disposer
pour le mieux, la flotte ennemie s'approcha,
nous examina et tira ensuite deux coups de canon comme signal. Sur-le-champ l'attaque commença contre le vieux Navarin, et au même
instant les vaisseaux de l'ennemi ouvrirent leur
feu contre l'île. Ceci se passait à onze heures.
Le prince, qui portait le costume européen, fut
reconnu par ces Francs qui avaient autrefois servi
sous ses ordres, et qui, désertant honteusement
la croix, avaient passé du côté des Africains.
Le canon fut immédiatement dirigé sur l'endroit
où le prince se tenait. Tremblans pour sa vie,
nous le suppliâmes de se retirer ; mais nos prières
furent vaines.

» Nous vîmes les chaloupes se remplir d'Arabes,
qui y descendaient au bruit du tambour. Elles
étaient rangées en demi-cercle, et commencèrent
à s'approcher du lieu désigné pour le débarquement. Un feu vif s'ouvrit des deux côtés et
celui de la flotte s'y joignit. Les Arabes furent
d'abord repoussés et parurent vouloir se retirer,
mais un brick égyptien les força de revenir à la
charge. Une demi-heure s'écoula pendant laquelle une épaisse fumée ne nous permit pas
de distinguer les progrès du débarquement :

quand tout à coup un cri s'éleva : « Les Égyptiens
sont dans l'île ! » Le prince et ceux qui l'entouraient s'efforcèrent pour lors de gagner une
hauteur, au milieu d'une grêle de balles, quand
le prince à la fin, épuisé de fatigue, s'écria :
« A mon secours, je tombe ! » A l'instant son
général, le fidèle Catzaro et un des soldats le
prirent dans leurs bras et le portèrent au haut
de la colline. Arrivés en ce lieu nous vîmes que
les Grecs prenaient la fuite, poursuivis par les
Égyptiens. Toute espérance était perdue, déjà les
vaisseaux grecs dans le port avaient appareillé,
à l'exception d'un seul, qui n'avait pas encore
coupé ses câbles ; c'était le brick du capitaine
Anastasio Psamadò ; ce capitaine avait débarqué dans l'île avec le prince, mais il l'avait
perdu de vue dans la confusion du combat.

» Nous nous hâtâmes de descendre sur le rivage,
et une chaloupe nous fut envoyée pour prendre
le prince. Les matelots nous demandèrent des
nouvelles de leur capitaine. « Était-il sauvé ? »
Hélas ! nous ignorions son sort. Comme nous
entrions dans la chaloupe, les Égyptiens avaient
déjà gagné les hauteurs, après avoir accablé
les malheureux Grecs et les avoir poursuivis jusqu'à la mer. On renvoya la chaloupe pour chercher le capitaine Psamadò, que les matelots
croyaient pouvoir distinguer sur le rivage. Les

vaisseaux grecs qui étaient partis les premiers, profitant d'une brise favorable, étaient déjà loin. Le brick de Psamadò restait seul, on ordonna de couper les câbles, les matelots s'écrièrent : « Où est le capitaine? » La chaloupe ne revenait pas. Nous commencions à craindre qu'un retard ne nous perdît. Enfin la chaloupe reparut; mais, hélas! sans le capitaine (1). On coupa donc les câbles et nous mîmes à la voile, mais le vent commençait à manquer. Dimitri Sartouri, commandant la forteresse de Navarin, qui, la veille au matin, était venu dans l'île pour voir le prince, fut poursuivi jusqu'au rivage par les Arabes; il se jeta dans la mer et parvint au vaisseau à la nage, au milieu d'une grêle de balles. Il avait vu périr le capitaine Psamadò : telle fut la fin de ce brave guerrier, le frère d'armes de Miaoulis et l'un des capitaines les plus distingués de la Grèce. Dans le désespoir que lui causa la mort de son capitaine, un des hommes de l'équipage fut sur le point de faire sauter le vaisseau, et nous eûmes la plus grande peine à le mettre à la raison. Cependant nous nous préparions à combattre, Sartouri fut choisi pour commander le vaisseau. Il encoura-

---

(1) Cette relation est bien différente de celle de M. Emerson. *Voyez* page 114 (T).

gea l'équipage par sa tranquilité , et montra la résolution de vaincre ou de périr. Il fut décidé que nous traverserions la flotte de l'ennemi, qui nous attendait à l'entrée du port, et croyait voir en nous une proie certaine. Les batteries élevées dans l'île vis à vis de Navarin devaient contribuer à notre destruction. Les Arabes les tournèrent contre nous , mais le désespoir donne du courage, et nous avançâmes avec une légère espérance de pouvoir nous sauver. Nous quittâmes donc le port, et bientôt cinq vaisseaux , une frégate , une corvette et trois bricks , nous entourèrent et commencèrent leur feu. Nos marins ripostèrent avec un courage à toute épreuve ; et l'ennemi, s'apercevant que nous avions l'avantage sur lui, résolut d'en venir à l'abordage. Les marins quittèrent sur-le-champ leurs pièces et s'armèrent de fusils et de coutelas ; mais ce fut alors que l'espérance nous abandonna tout-à-fait, et nous fûmes sur le point de faire sauter le vaisseau. Le prince, qui continuait à montrer le même sang-froid que dans l'île , fut renversé par un boulet (1), et attendait tranquillement la mort, trop heureux de la recevoir en combattant pour son pays , et n'ayant

____

(1) Comment un boulet renverse-t-il sans même blesser ? (T)

d'autre regret que de ne pouvoir plus servir la cause
des Grecs. Son excellence, un pistolet à la main ,
n'attendait que le moment de l'abordage pour se
brûler la cervelle. Vils Africains ! en vain vous
flattiez-vous de vous emparer du meilleur des
Grecs. Les matelots descendirent , ils se recom-
mandèrent à la Sainte Vierge , embrassèrent son
image , et pleins de confiance en la miséricorde
divine , ils retournèrent au combat avec la plus
grande intrépidité. Le vent s'éleva un peu ;
mais des vaisseaux en plus grand nombre encore
commencèrent à tirer sur nous. Cependant
notre brick avançait toujours ; nos marins sen-
taient renaître leur espoir , et nous commençâmes à croire qu'il était possible que nous pussions échapper à la mort. Un vieux brick , mauvais
voilier , nous harassa beaucoup et nous causa de
grands dommages. Nos voiles étaient percées de
balles , nos mâts avaient souffert ainsi que notre
gouvernail ; mais bientôt le cri se fit entendre ,
que Miaoulis avait attaqué la flotte égyptienne ,
sur quoi chacun redoubla d'efforts , et le brick ,
qui nous gênait et dont l'équipage était, sans aucun doute , composé d'Européens vira de bord;
mais à quoi sert-il d'en dire davantage ? On par-
lera désormais de cette bataille et on la regar-
dera comme une fable. En un mot , après avoir
soutenu l'attaque de trente-quatre vaisseaux de

guerre, tant frégates que corvettes et bricks, avoir causé à l'ennemi une perte considérable, après avoir combattu pendant six heures sans aucun espoir de succès, nous pûmes enfin continuer notre route, sans autre empêchement de la part des vaisseaux égyptiens. Grâce au Dieu des batailles, un brick marchand de dix-huit canons, a pu combattre une flotte nombreuse et sortir vainqueur de la lutte ! O vous amiraux d'Angleterre et de France ! on raconte de vous des traits de bravoure presque incroyables, mais que dira le monde entier du combat soutenu par le *Mars?* Nos marins, poussés par le désespoir, ont combattu comme des lions ; et, osant à peine eux-mêmes ajouter foi à leur succès, ils se sont humiliés devant le Dieu des armées, qui les a préservés d'une mort en apparence inévitable. Gloire à l'Éternel ! le premier et le plus illustre soutien de la liberté grecque, le prince Mavrocordato, n'est pas mort. Il est destiné, par ses talens, à sauver son pays ; et il n'était pas écrit dans le livre du destin qu'un des plus grands ornemens de ce monde serait enlevé à la fleur de son âge et au sein des plus grands dangers. Son excellence était parfaitement résignée et se sentait heureuse de mourir pour sa patrie. Toujours bon et généreux, le prince gémissait de nous voir enveloppés dans son malheur, et

semblait nous reprocher d'avoir eu trop d'attachement pour lui. Nous n'avons eu que deux
tués et sept blessés. Au nombre des derniers,
se trouve le capitaine Sartouri. Si jamais homme
a rempli son devoir dans un jour de bataille, si
jamais homme s'est couvert de gloire, c'est bien
certainement le brave Dimitri Sartouri.

» Le soir, après que la flotte égyptienne se fut
retirée, nous vîmes que deux de ses vaisseaux
brûlaient, mais nous ne pûmes concevoir comment cela était arrivé. En attendant, quoique
nous ayons réussi sur la mer, notre perte sur
terre a été considérable. Le ministre de la guerre,
Anagnostarà Papa George, le brave colonel Stavro, Skaine (1) d'Hydra, le général Catzaro et
Zaffiropulo, membre du corps législatif, qui était
venu avec le prince pour obtenir, moyennant
une rançon, la liberté de son frère, Panagioti
Zaffiropulo, fait prisonnier quelque temps auparavant, et deux autres chefs ont péri dans la
bataille. Nous avons aussi à déplorer la mort
d'un digne et illustre philhellène, le comte de
Santa Rosa, qui servait en qualité de volontaire
dans l'armée grecque.

» Ayant été à la fois acteur et témoin dans

____

(1) Ce nom est sans doute mal écrit; il est probable
qu'on a fait deux personnes d'une seule. (T)

cette affaire, je puis certifier l'exactitude de tous
les faits que je viens de rapporter.

(Signé) » *Le secrétaire particulier du
prince Mavrocordato,*

» ODOUARD GRASSET. »

« A Napoli de Romanie, le 7 - 19 mai 1825. »

wwwwwwwwwwwwwwwwwwwwwwwwwwwwwwwwwwwwwwwwwwwwwwwww

APPENDIX (*C*).

(*Voyez* page 348.)

TROIS LETTRES DU COMTE DE SANTA ROSA.

______

LETTRE PREMIÈRE.

A bord du brick *le Mars*, 1er mai 1825.

«MON CHER PECCHIO,

» Je savais que vous aviez l'intention de faire un long voyage, mais j'étais loin de m'attendre à vous retrouver ici. Si vous aviez demandé mes conseils, je ne vous aurais certainement pas engagé à y venir, car je me repens bien amèrement d'avoir, à quarante ans, manqué à la résolution que j'avais prise de ne jamais servir d'autre pays que le mien. Je me repens parce que je sens que je ne suis pas utile, et que je crains de ne le devenir jamais. Pour qu'un étranger rende de véritables services à la Grèce , il lui faut surtout deux choses : beaucoup d'argen et une grande facilité à parler la langue du pays. Quant à moi, la première de ces choses m'est impossible à trouver, et la seconde très-difficile à acquérir. Il ne me reste donc qu'à souffrir avec résignation des privations et des dégoûts; à chercher du danger sans espoir de récompense, et sans éprouver la consolation de souffrir pour un pays que j'aime. Telles sont mes pensées, telle est ma situation. Je suis entré à Navarin au moment où la retraite de l'armée grecque des positions qu'elle occupait le 19 avril, lui donnait lieu de supposer qu'Ibrahim renouvellerait ses attaques contre la ville. Les assiégeans ont au contraire cessé leur feu. Ils répondent à peine par quelques bombes au nôtre qui est fort peu animé : aussi, la vie que nous menons à Navarin est-elle très-monotone. Si nous restons maîtres de la mer, je pense qu'Ibrahim ne tardera pas à se trouver dans une position fort embarrassée; mais, s'il reçoit des renforts d'hommes et de munitions, Navarin sera en danger, parce que la garnison est mal approvisionnée, et, je l'ajoute à regret, parce que je n'y trouve pas ce zèle pour la cause qui donnerait les moyens de profiter du loisir qu'on lui laisse, afin de mettre la place dans un meilleur état de défense. Le gouverneur a de la fermeté et du courage; il a bien mérité de son pays.

» Je passe de temps à autre la matinée ou la soirée à bord du *Mars* : quoique le capitaine soit un homme de manières rudes et peu civilisées, il est plein d'obligeance pour Collegno et moi. Son vaisseau est un beau brick, et nous vivons à bord comme des princes. Il n'en est pas de même à Navarin ; mais les privations même auraient pour moi des charmes, si du moins notre vie militaire avait quelque activité. Les lettres de Nottingham m'ont consolé et attendri. Oui, les Anglais sont de vrais, de précieux amis !

» Adieu, mon cher Pecchio. Puisse notre arrivée être d'un heureux présage pour toute la Grèce ! Les 60,000 francs que vous apportez avec vous seront fort utiles s'ils sont judicieusement employés. Il ne faut pas perdre de temps cette campagne. L'hiver doit être ensuite employé en préparatifs militaires, et l'année 1826 sera l'année du triomphe : les suivantes n'auront plus pour objet que le règlement de l'ordre intérieur. Veuille le ciel que la discorde et l'ambition irréfléchie de tant d'hommes sans talens ne trompent pas mes espérances et mes désirs ardens ! *Je vois de graves intérêts liés à l'heureuse issue de cette lettre qui remplit en conséquence mon âme d'une vive inquiétude, et je suis d'autant plus affligé de n'en être qu'un spectateur presque inutile.* Continuez-moi votre estime, et écrivez-moi le plus souvent que vous pourrez.

» Votre affectionné ami,

» Santorre Santa-Rosa. »

LETTRE II.

Lettre du comte Santa-Rosa au Signor Pecchio, en date du 5 avril, mais que le Signor Pecchio ne reçut qu'à son retour à Londres.

« Napoli de Romanie, le 5 avril 1825.

» Mon cher Pecchio,

» Je ne sais si ma lettre vous trouvera à Londres ou à Nottingham. Si vous êtes dans cette dernière ville, vous avouerez qu'on y couche sur des roses et que je l'ai échangée contre un lit d'épines ! Je pense souvent à Nottingham avec l'émotion la plus délicieuse, car j'y ai laissé des amis que je n'oublierai jamais, dussé-je atteindre l'âge des patriarches qui précédèrent le déluge.

» Tout annonce que la campagne sera sérieuse de ce côté. Je vais y prendre part moi-même, comme volontaire ; et, afin de faire plaisir à ceux qui ont le droit d'exiger de ma part un pareil acte de complaisance, je prendrai le nom du comte Derossi, bien que la précaution, quand même elle serait nécessaire, arriverait trop tard. Je suis forcé de me déguiser ainsi pour faire du bien à un peuple infortuné.

» Les Égyptiens sont organisés, et j'espère que le maudit *Mehemet* n'aura pas (comme Carnot) organisé les choses pour la victoire, quoiqu'il soit aidé dans son entreprise par plusieurs officiers européens, tant français qu'italiens : misérables ! que je ne puis m'empêcher de maudire, ainsi que ceux qui les paient avec tant de prodigalité, afin de les attacher irrévocablement à leur cause.

» Les Grecs n'ont pas d'organisation pour ce qui regarde les opérations de terre, ce qui leur occasione sans doute de grands embarras ; mais pour la mer, il n'y a rien à craindre. Les Grecs sont bons et braves, mon cher Pecchio, et la seule difficulté est de savoir comment civiliser leur nation sans la corrompre. On a formé pour cela quelques institutions excellentes et qui tendent à améliorer le système général. Celle d'une garde nationale est une des plus essentielles, et je m'efforcerai d'en bien faire sentir l'importance. Quand je me suis mis en route, votre parfaite

connaissance du monde vous avait fait prévoir
que mon voyage n'aurait aucun résultat avantageux. Cette opinion ayant été jusqu'à présent
confirmée par les faits, mon intention est de
retourner après la campagne dans l'heureuse
Angleterre. Collegno est maintenant au quartier
général. Je pars demain; mais je ne me plais
dans un quartier-général que comme militaire :
sous tout autre aspect cette vie n'a rien qui me
tente.

» *Porro* est bien vu ici et se résigne héroïque-
ment à toutes les privations qu'impose la manière de vivre en Grèce. Il n'a aucune intention
de retourner dans notre monde. Vous m'accusez
peut-être de ne pas pouvoir m'accoutumer à
souffrir : vous seriez dans l'erreur. Mais la certitude que je souffre sans aucune utilité et l'idée
de me voir éloigné de toute consolation du cœur
m'engagera probablement à quitter ce pays.
Adieu.

» Votre plus fidèle ami,

» Santorre Santa Rosa. »

LETTRE III.

Lettre du même au marquis de Prié.

« Napoli de Romanie, le 3 avril 1825.

» Tu possèdes, mon cher Démétrius, le don de la prophétie, et je crois te voir encore sur ton sopha me prédisant le résultat de mon voyage en Grèce, de l'air d'un homme sûr de ce qu'il affirme. Mais aurais-tu jamais pensé à cette époque que Porro s'y serait rendu aussi? A dire vrai, lorsqu'en arrivant à Naples j'appris qu'il était ici, je crus rêver. Quant à moi, je compte retourner en Angleterre afin de pouvoir mieux supporter ma vie actuelle. J'exécuterai probablement ce projet vers le mois de novembre, c'est-à-dire à la fin de la campagne militaire.

» Carlo (1), à qui j'ai écrit, pourra te donner des renseignemens sur tout ce qui a rapport à la situation des affaires publiques. Je pars demain pour retourner à Tripolitza, où je rejoindrai Collegno, qui, après quatre mois d'incertitude, vient enfin d'être nommé commandant d'un corps d'ingénieurs dans l'armée destinée au

____

(1) Le général marquis de Saint-Marsan (A).

siége de Patras. Mais ce siége n'aura pas lieu,
et il paraît que, dans le cours de cette annnée,
il faudra plutôt songer à défendre qu'à prendre
des places. J'ai beaucoup de confiance dans la
marine grecque. Les deux escadres sont en mer,
l'une et l'autre bien équipées. Les officiers, les
équipages, les armes sont ce qu'ils doivent être.
Le courage, le talent et l'ambition y règnent;
et, comme la fortune leur est en quelque sorte
favorable, il y a apparence que les vils musulmans seront bien battus. Tu sais, mon cher
Démétrius, que, si les Grecs avaient voulu se fier
à moi, à mon arrivée dans leur pays, j'aurais pu
leur être utile. A mon retour d'Athènes, après
un séjour de deux mois, je trouvai ici Mavrocordato installé et à la tête des affaires. J'allai
le voir. Il me rendit poliment ma visite; il est
bien élevé et ses manières sont tout-à-fait européennes. Quant à la sincérité, je connaissais
trop bien son caractère pour me flatter d'en
trouver en lui. Je lui demandai et j'obtins une
lettre de service comme *volontaire*, sous le nom
de comte Derossi, afin de me conformer aux
idées, raisonnables ou non, de certaines personnes; et, ainsi que je te l'ai dit plus haut, je
pars demain avec un *palicari*, ou domestique de
troupe, et un capitaine *suliote*, homme de bonne
mine et qui parle anglais et italien.

» Quant au beau sexe, dont tu as toujours été un grand adorateur, je te dirai qu'à une noce à laquelle j'ai assisté à Athènes, j'ai vu quelques jolies figures, mais dont la beauté devait beaucoup à certain fard, très-artistement composé. C'est surtout dans notre sexe qu'on retrouve ces belles et nobles figures, pour lesquelles la Grèce était autrefois célèbre. Je ne puis concevoir comment la Vénus de Médicis a pu avoir pour modèle une femme grecque. Ces femmes ont aujourd'hui un caractère de figure tout-à-fait oriental : à quelques faibles exceptions près, elles ne sont belles que dans les romans; les jeunes Grecs au contraire sont très-beaux. J'ai été enchanté de la situation d'Athènes; mais les charmes de la fertile plaine seraient bien relevés si elle était parsemée de *chaumières* anglaises. J'ai parlé à Carlo de l'enthousiasme que j'ai éprouvé en voyant les temples situés sur les montagnes solitaires, et je t'assure que quiconque possède le goût du sublime et du beau, ne peut que se sentir rempli d'admiration à la vue des ruines de ceux d'Egine et de Sunium ; je pourrais presque dire que seuls ils dédommagent de la fatigue d'un voyage en Grèce ; Collegno m'a assuré que les ruines de Rome ne lui avaient jamais inspiré de pareils sentimens.

. . . .

Et ne t'ai-je pas parlé de mes enfans? Je n'emporte
avec moi que leurs portraits, deux ou trois
livres, une chemise et quelques mouchoirs de
soie; mais je garderai toujours dans mon cœur
le désir de t'embrasser.

» SANTORRE SANTA-ROSA. »

———

APPENDIX (*D*).

(*Voyez* page 366.)

«Peu de temps auparavant, c'est-à-dire en 1799, l'Autriche avait cruellement livré à la Porte le poète Riga, que les Grecs regardaient comme le fondateur de leur *Eteria*. Ce nouveau Tyrtée, peu d'instans avant d'être mis à mort par les Turcs, dit : « Ma mort ne m'afflige pas. La semence de la liberté est jetée ; elle produira un jour du fruit en abondance. »

APPENDIX (*E*).

(*Voyez* page 348.)

Note.

« Ce n'est pas sans raison que j'ai appelé la Grèce *l'antique sœur de l'Ausonie*. L'histoire justifie cette épithète. Il n'y a peut-être pas deux nations dans le monde qui, comme la Grèce et l'Italie, se soient aussi constamment fait l'une à l'autre tant de bien et si peu de mal. Non-seulement la ressemblance du climat, des productions du sol, de l'imagination, du génie, du caractère de leurs habitans, donne à ces deux peuples une sorte de physionomie de famille; mais encore les bienfaits qu'ils ont mutuellement répandus l'un sur l'autre, avec un très-faible mélange de mal, durant l'espace de deux mille ans, sont des preuves évidentes de sympathie et d'affection fraternelle.

» Parcourons rapidement le bien et le mal que ces deux nations se sont faits, et nous verrons jusqu'à quel point le premier surpasse le second.

» L'ancienne Grèce, mère de tant de républiques, dissémina par le moyen de ses colonies en Sicile et dans le midi de l'Italie, connu sous le nom de Grande-Grèce, l'esprit de liberté, l'élégance, les beaux-arts, en un mot, tout ce qui formait à cette époque la civilisation. Pythagore abandonna Samos pour aller répandre sa philosophie dans la Grande-Grèce.

» Rome dut à la Grèce, ou plus probablement à la Grande-Grèce, ce qui revient du reste au même, ses lois des *douze Tables*. A une époque plus rapprochée, les philosophes et les astrologues grecs introduisirent à Rome le goût de la philosophie et l'instruction; et, quoique bannis de Rome sous Caton et les censeurs, ils y revinrent sous les empereurs, comme précepteurs de la jeunesse romaine et comme professeurs de philosophie. Il est vrai que les Romains, dans le cours de leurs conquêtes, finirent par subjuguer la Grèce; mais l'indépendance et la liberté des républiques grecques avaient précédemment déjà été violées et foulées aux pieds par les rois de Macédoine, et la république romaine, en faisant la conquête de la Grèce, montra du moins une apparence de générosité. Titus Quintus Flaminius fit proclamer à son de trompe, aux jeux isthmiques à Corynthe, la liberté des villes grecques avec l'exemption de toute espèce de contribution ; et les Romains envoyèrent depuis leurs jeunes gens en Grèce pour étudier la philosophie et la langue grecque. A Athènes, il y avait un quartier considérable habité par les Romains, et qu'ils ornèrent de monumens. Plusieurs en existent encore, tels que la Tour des vents, le monument de Filopape, le temple de Jupiter Olympien et la porte d'Adrien, qui sont des édifices romains. Par contre, la plus grande partie des monumens de Rome furent élevés sous la direction d'architectes et de sculpteurs grecs, qui, de même que les rhéteurs et les philosophes, purent sous les empereurs s'établir librement à Rome ; en un mot, les dépouilles de la Grèce servirent à orner l'Italie, et aujourd'hui encore les ouvrages immortels du ciseau grec embellissent plusieurs des villes italiennes. A la fin Constantin, croyant le Bosphore une situation plus convenable à la grandeur de l'empire, y transporta la capitale du monde, fonda un empire nouveau et créa une nouvelle époque dans l'histoire de la Grèce. Par un changement de fortune, auquel toutes les nations sont exposées, les Romains, auparavant maîtres de la Grèce, devinrent sujets de l'empire grec et furent gouvernés par des exarques et des lieutenans de cette nation. Mais ces conquêtes alternatives, qui plus tard, à la vérité, furent accompagnées de ruine, de pillage et de tous les effets des passions féroces de la vengeance et de l'avarice, furent au contraire, dans les commencemens, toujours adoucies par la magnanimité et une sympathie irrésistible. D'un côté, les généraux romains protégèrent la Grèce contre les invasions de Mithridate et des barbares de l'Asie ; et de l'autre, Narsès et Bélisaire défendirent l'Italie contre les irruptions des Barbares du nord. On ne saurait nier que, quand les princes croisés usurpèrent et partagèrent entre eux l'empire grec, les Vénitiens ne fussent complices de cette usurpation et qu'ils ne reçussent une portion de son territoire pour récompense de leur secours. Néanmoins, cet acte d'injustice n'occasiona pas une destruction totale ; même après que la barbarie eut, comme un nuage épais, enveloppé tout l'ancien empire romain, la Grèce conserva encore le feu sacré de la science et des arts. Vers le milieu du treizième siècle, les Grecs introduisirent l'art de la peinture à Pise et celui de la musique à Venise, ou du moins les Italiens, qui faisaient le commerce avec la Grèce, les apprirent-ils dans le pays. La Grèce fut la dernière nation qui tomba dans l'abîme de l'ignorance, et elle ne s'y enfonça même totalement qu'après sa conquête par les Turcs. L'Italie, se rappelant les anciens bienfaits qu'elle avait reçus de la Grèce, lui tendit les bras, et reçut dans son sein les exilés de Constantinople.

» Les philosophes et les savans grecs apportèrent pour lors en Italie la philosophie platonicienne et la connaissance de leurs grands historiens et poètes, et l'Italie en récompense leur fit oublier, par une hospitalité magnifique, la patrie qu'ils avaient perdue. Et, comme si ces deux peuples, les Grecs et les Italiens, fussent destinés par le sort à être unis dans la science, dans les vicissitudes et dans les désastres, les Vénitiens combattirent pendant deux siècles avec de glorieux succès pour repousser les Turcs en Asie, et la Grèce fut près d'être délivrée par le sang italien du joug des musulmans.

» Cette esquisse historique, tout imparfaite qu'elle est, suffira, je l'espère, pour justifier une épithète qui m'est échappée, et que dictaient à la fois les souvenirs du passé et les sentimens actuels de mon cœur. »

FIN DES APPENDIX.

NOTICE

SUR LES ÉVÉNEMENS QUI SE SONT PASSÉS EN GRÈCE
DEPUIS LE DÉPART DE M. EMERSON,

PAR LE TRADUCTEUR.

NOTICE

SUR LES ÉVÉNEMENS QUI SE SONT PASSÉS EN GRÈCE
DEPUIS LE DÉPART DE M. EMERSON,

PAR LE TRADUCTEUR.

QUOIQUE l'ouvrage qu'on vient de lire soit le dernier qui ait paru sur les affaires de la Grèce, et quoiqu'il conduise ses lecteurs jusqu'à l'époque la plus récente dont on puisse espérer d'obtenir des détails par des témoins oculaires et dignes de foi, on concevra néanmoins sans peine que le temps indispensable à sa composition, à son impression et à sa traduction, n'a pu manquer d'amener quelques changemens dans la situation naturellement si mobile d'un pays théâtre d'une guerre moitié étrangère, moitié civile. Nous avons cru, d'après cela, faire une chose agréable au public en ajoutant aux récits de MM. Emerson et Pecchio une notice succincte de ce qui s'est passé en Grèce depuis que ces deux voyageurs l'ont quittée. Nos lecteurs ne devront point chercher dans ce qui suit l'intérêt ni même l'authenticité de leurs piquans et agréables ouvrages. Nous nous sommes cependant efforcé de distinguer autant que possible les événemens certains de ceux qui jusqu'ici peuvent offrir encore quelques doutes, et nous n'avons admis dans cette notice que les faits sur lesquels on pouvait compter. Aussi croyons-nous pouvoir nous flatter que ceux que l'on y trouvera seront tous vrais pour le fond, et que les inexactitudes ne consisteront que dans quelques détails impossibles à vérifier à la distance où nous sommes placé du théâtre de la guerre, et dans le manque à peu près absolu de tout document ayant un caractère officiel.

Un des derniers tableaux que le voyageur anglais nous a offerts en terminant son Journal a été celui de la joie dont les habitans de Missolonghi furent pénétrés en voyant l'armée et la flotte ennemies s'éloigner en même temps de leurs murs, et leur ville délivrée par là du troisième siége qu'elle avait souffert depuis le commencement de la guerre. L'époque avancée de l'année leur faisait regarder la campagne comme terminée; ils espéraient que les Turcs indolens se hâteraient, selon leur coutume, de prendre des quartiers d'hiver, d'où ils ne sortiraient qu'après six mois de repos. Mais la joie et la confiance des Grecs furent de courte durée. Le sultan, furieux d'avoir échoué si complètement dans la Grèce occidentale, et ne regardant pas les succès d'Ibrahim-Pacha en Morée comme assez décisifs, envoya sur-le-champ à Reschid-

Pacha l'ordre de se rapprocher de Missolonghi, de faire une campagne d'hiver et de ne rien négliger pour s'emparer de cette place importante. On lui promit des secours efficaces par mer, et on le flatta même de l'assistance des Égyptiens.

Cependant, la position de ceux-ci devenait de jour en jour plus critique. Ibrahim-Pacha, ayant échoué dans le coup de main qu'il avait tenté sur Napoli de Romanie, et ne voyant pas arriver les renforts qu'il attendait, n'osait se risquer à conserver une position aussi avancée que Tripolitza dans un moment où les pluies n'allaient pas tarder à rendre les sentiers impraticables, tandis que la neige, en couvrant les sommets des hautes montagnes de la Morée, offrirait à ses Arabes et à ses Nègres un spectacle et des sensations également nouveaux pour eux. Il résolut donc de transférer son quartier-général de Tripolitza à Mistra, et vers le milieu de septembre il se mit en route pour cette dernière ville, après avoir laissé une garnison assez forte dans l'ancienne capitale de la Morée. Arrivé à Pentalonia, le pacha y trouve le général grec Nicétas, qui l'attaque et lui fait éprouver une perte considérable. Il rebrousse alors chemin pour gagner la vallée occidentale de la Laconie; mais Colocotroni, qui avait épié le moment de son départ de Tripolitza, et qui depuis lors ne cessait de le harceler, l'atteint près du Vasilipo-

tamos, et le bat une seconde fois. Ibrahim se retire à Coron, et Colocotroni retourne auprès du
général Londos, qu'il avait laissé en observation
près de Tripolitza.

. La nouvelle de la retraite du pacha ranima
les espérances du gouvernement grec ; mais,
mal instruit des mouvemens de l'ennemi, il
ajouta foi à de faux rapports qui lui représentè-
rent la garnison égyptienne de Tripolitza comme
n'étant composée que de quatre à cinq cents
hommes, la plupart blessés ou malades. Le gouvernement ne douta point qu'il ne fût extrêmement facile de surprendre une place aussi mal
gardée, et le colonel Fabvier partit à la tête de
trois cent cinquante hommes du nouveau régiment de troupes de ligne avec quelques artilleurs et deux pièces de campagne. En arrivant
devant la ville il se disposa sans retard à l'attaquer ; déjà il avait fait sauter une des portes,
quand, à son grand étonnement, il y découvrit
une garnison de près de trois mille hommes
bien disposés à se défendre ; il n'eut que le
temps de se retirer précipitamment, après avoir
éprouvé une légère perte.

Pendant que ces divers combats se livraient
en Morée, Reschid-Pacha éprouvait la plus
grande difficulté à remplir les intentions de son
maître. Chassé d'abord des positions de Modeni-
con, de Dragomeste, de Candela, etc., il voit

ensuite son camp de réserve de Carvassara attaqué et pris par le général Carahiscos. D'un autre
côté ses soldats, aspirant après le repos, le quittent successivement, et son armée se trouve au
bout de quelque temps tellement affaiblie qu'il
se voit obligé d'implorer le secours des Égyptiens. Ibrahim-Pacha détache deux mille hommes pour renforcer le séraskier.

Une circonstance malheureuse pour les Grecs
allait bientôt changer de nouveau la face des
affaires. Topal, capitan pacha, sort d'Alexandrie, après avoir fait répandre partout que son
intention est de s'emparer d'Hydra et de Spezzia,
et de réduire ces deux îles à feu et à sang. Sa
flotte se dirige effectivement de ce côté. Les
Grecs, selon leur coutume, plus attentifs à la
défense de leurs foyers qu'à celle de la patrie,
hésitent et partagent leurs forces. L'amiral ennemi, profitant de leur incertitude, change
tout à coup de direction, fait voile vers Neo-
Castro, et y débarque huit mille hommes dans
les premiers jours de novembre. Cependant les
Grecs ne tardent pas à découvrir qu'ils ont été
trompés par une fausse manœuvre des Turcs;
ils se réunissent de nouveau, et le 16 novembre
leur flotte, ayant avec elle vingt brûlots, jette
l'ancre devant le port de Navarin. Mais déjà ce
port ne contenait plus qu'une partie des vaisseaux
ennemis; le reste avait fait voile pour Patras.

Miaoulis divisa pour lors lui-même sa flotte en deux escadres; il en envoya une sous les ordres de Saktouri à la poursuite de l'ennemi, et resta avec l'autre en observation devant Sphactérie.

Les renforts que la flotte égyptienne avait débarqués ayant mis Ibrahim-Pacha en état de reprendre l'offensive, il crut devoir venir efficacement au secours du séraskier. Il changea donc le premier plan de sa campagne, qui avait été de s'emparer de la Morée, plan que la saison rendait d'ailleurs impraticable, et se rendit à Patras avec l'intention d'attaquer Missolonghi. A son arrivée il envoie sommer la place de se rendre; mais il reçoit pour réponse que les Grecs l'attendent au pied du mont Aracynthe, où ils ont déjà enterré trois armées turques. Alors Ibrahim déclare qu'il va s'embarquer à bord de la flotte du capitan pacha, et qu'il prendra terre à l'embouchure de l'Evenus, c'est-à-dire au camp de Reschid-Pacha. La garnison de Missolonghi s'apprêtait déjà à le recevoir, quand tout à coup il change de plan, et des châteaux de Lépante il se dirige inopinément sur Vostitza. Les Grecs, jugeant avec raison que son dessein était de s'emparer de Corinthe et de l'isthme, pour couper les communications entre la Morée et la Romélie, se mirent en devoir de s'opposer à l'exécution de ce plan. Ils rassemblèrent un corps considérable à Argos, et firent occuper le grand défilé par cinq mille hommes sous les ordres de Nicétas.

Pour expliquer la présence d'une division aussi considérable sous le commandement de Nicétas, il est nécessaire d'observer que la répugnance que les Grecs avaient montrée jusqu'alors pour la discipline européenne avait été remplacée par un enthousiasme sans bornes en sa faveur. Dès le 22 octobre une loi en huit articles avait ordonné la levée, par forme de conscription militaire, d'un homme sur cent habitans. Les conscrits devaient être tirés au sort parmi les hommes de dix-huit à trente ans ; ils étaient engagés pour trois ans, et devaient se renouveler par tiers. Les fils uniques étaient seuls exempts du tirage. Indépendamment de cette mesure, des troupes régulières s'organisaient de toutes parts ; le régiment du colonel Fabvier augmentait rapidement, et le gouvernement avait pris à sa solde quinze mille Moréotes, sous la condition expresse qu'ils ne pourraient pas quitter les drapeaux pour courir à la défense de leurs foyers. La division de Nicétas faisait partie de ces quinze mille hommes ; le reste était demeuré sous le commandement immédiat de Colocotroni.

Le projet d'Ibrahim-Pacha ne réussit pas ; après avoir vainement essayé dans le commencement de décembre de s'emparer du passage de l'isthme de Corinthe, et après avoir sacrifié

beaucoup de monde à cette entreprise , il changea une seconde fois de plan , et s'embarqua à
Naupacte pour aller attaquer Missolonghi. Aussitôt qu'il arriva devant cette place, il ordonna un
assaut général, qui eut lieu le 27 décembre;
mais la garnison lui opposa une résistance vigoureuse , et , repoussé sur tous les points, il se vit
obligé de rentrer dans les anciens retranchemens
du séraskier. Cette victoire arrivait fort à temps
pour la garnison de Missolonghi , qui, depuis
quelques jours, était vivement pressée du côté de
la mer. Miaoulis, qui croisait dans les environs
de Patras, inquiet de ne pas voir arriver les
deux autres divisions de la flotte, retenues à
Spezzia par quelques-unes de ces difficultés in-
signifiantes qui ôtent toute apparence d'unanimité aux mouvemens de la marine grecque,
Miaoulis, disons-nous, s'était décidé à partir
pour aplanir ces obstacles si intempestifs; son
éloignement avait laissé la mer libre à la flotte
turque , et Missolonghi commençait à manquer
de vivres.

Cependant Ibrahim-Pacha ne se consolait
pas de la défaite qu'il venait d'éprouver. Afin de
réparer autant que possible cet échec, il engagea
le capitan pacha à profiter de l'absence des deux
divisions de la flotte grecque, et à attaquer l'escadre de Miaoulis, qui ne se composait que de
vingt-six voiles : ne doutant pas qu'il n'accablât

facilement une flotte si peu nombreuse, Topal céda aux instances du pacha, et se prépara à risquer un combat naval. Il appareilla en conséquence; mais en doublant le cap Papa sa surprise fut grande de se trouver en face d'une force grecque de soixante-seize vaisseaux de guerre. Une bataille s'ensuivit, qui fut tout à l'avantage des Grecs, mais dont les détails ne sont pas encore bien exactement connus. On dit que, les lignes formées de part et d'autre, les Grecs, par la supériorité de leurs manœuvres, gagnèrent le vent, et engagèrent la canonnade le 8 janvier au matin; que la victoire fut d'abord disputée avec acharnement; que Miaoulis, ayant vu mettre en pièces son bâtiment, eut néanmoins le bonheur de se sauver avec son équipage, et qu'il réarbora aussitôt son pavillon sur un autre vaisseau; qu'ensuite, quelques brûlots ayant incendié une frégate turque, le désordre se mit dans les rangs des Ottomans, qui perdirent un vaisseau rasé, trois frégates et quatorze autres vaisseaux; enfin qu'à l'issue du combat le capitan pacha se retira sous le canon du château de Lépante.

L'expédition d'Ibrahim-Pacha contre Missolonghi avait abandonné à elle-mêmes les places de la Morée. Colocotroni voulut en profiter pour reprendre Tripolitza : il attaqua cette ville à trois reprises infructueusement; mais il paraît cependant avoir enfin réussi à s'en emparer. La nouvelle de son succès n'a pas encore une authenticité complète ; mais les avis s'accordent assez généralement à dire que dans les derniers jours de décembre Tripolitza est retombée dans les mains du Klepht audacieux, qui, ajoute-t-on, a passé au fil de l'épée la garnison égyptienne, de plus de deux mille hommes, n'en exceptant que quelques officiers étrangers, qu'il aurait réservés pour les offrir en spectacle au peuple comme d'infâmes apostats.

Tel est aujourd'hui l'état des opérations militaires dans la Grèce. Il nous reste à faire connaître en peu de mots ce qui s'est passé dans le gouvernement civil ; mais auparavant nous croyons devoir faire observer qu'ayant suivi, pour l'orthographe des noms propres, celle de l'ouvrage anglais, nous ne pouvons répondre de leur exactitude. Celui du brave capitaine Tsamadò a été partout écrit à tort Psamadò. Cette correction nous a été fournie par un des fils même de ce héros, qui se trouve maintenant à Paris, où il reçoit une éducation soignée sous les yeux du comité grec.

Le 12 septembre on vit arriver dans le port de Napoli de Romanie une escadre américaine, composée d'un vaisseau de cent quatre canons, d'une frégate et de deux corvettes, commandée par le chef d'escadre Roger. Elle futreçue avec les plus grandes démonstrations de joie et d'amitié.

Dans le commencement d'octobre le ministre de la justice Theotochi fut arrêté : il était
accusé d'avoir des intelligences avec les ennemis
du pays. Vers le même temps une assemblée nationale fut convoquée pour le 27 décembre , afin
de s'occuper des nouvelles élections.

Dans l'intervalle le corps législatif rendit diverses lois pour l'organisation intérieure : par
l'une d'entre elles il fut défendu aux Grecs de
s'adresser aux consuls ou agens des puissances
de l'Europe pour obtenir une protection étrangère; une autre, en date du 12 décembre, régla
l'organisation de la justice : elle établit quatre
espèces de tribunaux, savoir, des justices de paix
dans chaque ville , bourg ou village; des tribunaux provinciaux dans chaque province ; six
cours d'appel, à Tripolitza, à Napoli, à Athènes,
à Missolonghi , à Naxos, à Candie; enfin une
cour suprême dans la capitale.

Un décret ordonna l'aliénation d'une partie des
domaines nationaux pour subvenir à l'entretien
de l'armée.

Quatre hôpitaux furent établis , à Napoli, à
Athènes, à Missolonghi et à Candie. Nous avons
omis de dire plus haut que dans cette île l'esprit d'insurection gagnait tous les jours, et que
Constantin Botzari y avait été nommé commandant militaire.

Enfin, s'il faut en croire une lettre de Trieste,

arrivée depuis peu de jours à Paris, le gouvernement grec aurait enfin connu ses véritables intérêts, et aurait renoncé définitivement à alimenter
la source de ses divisions intestines. D'après cette
lettre les deux corps constitués auraient d'eux-
mêmes offert de suspendre leurs fonctions et de
remettre provisoirement toute leur autorité dans
les mains d'une commission de gouvernement
composée de trois membres, qui cumulerait tous
les pouvoirs, mais qui s'occuperait principalement de poursuivre la guerre contre les ennemis. Ce projet de loi a été, dit-on, renvoyé à une
autre séance pour y être mûrement discuté.
Tous ceux qui désirent franchement le succès
de la cause des Grecs doivent former des vœux
pour l'adoption de cette mesure, ou de quelque
autre du même genre, qui puisse donner à leurs
conseils cette force, cette énergie et cette
unité qui leur manquent et qui manqueront
toujours dans toutes les républiques où la moindre arrière-pensée d'intérêt personnel se mêle
aux actions, aux écrits ou aux discours des citoyens.

FIN.